土建类高职高专创新型规划教材

土木工程制图

（第2版）

主　编　于习法

副主编　顾玉萍　孙怀林
　　　　孙　霞

参　编　（以拼音为序）
　　　　黄利涛　庞金昌　张　会
　　　　章国美　周柳琴

东南大学出版社
·南京·

内 容 提 要

本书主要内容有：制图基础，画法几何（即投影理论，包括正投影、轴测投影、透视投影、标高投影），投影制图（组合体的投影、工程形体的图示方法），专业制图（建筑、结构、水电、道路和桥涵工程图），计算机绘图（AutoCAD 绘图软件的使用方法）等。

本书编写力求做到条理性强，既简明扼要又突出重点，有理论基础更强调应用。

本书可作为高职高专院校土木、建筑类（含道路、桥涵及装饰装潢等）各专业制图课程的通用教材，也可作为电大、职大、函大、自学考试及各类培训班的教学用书。

图书在版编目（CIP）数据

土木工程制图 / 于习法主编. — 2 版.
— 南京：东南大学出版社，2016.7
土建类高职高专创新型规划教材 / 成虎主编
ISBN 978-7-5641-6615-1

Ⅰ. ①土… Ⅱ. ①于… Ⅲ. ①土木工程－建筑制图－高等职业教育－教材 Ⅳ. ①TU204

中国版本图书馆 CIP 数据核字（2016）第 155462 号

土木工程制图（第 2 版）

出版发行：东南大学出版社
社　　址：南京市四牌楼 2 号　邮编：210096
出 版 人：江建中
责任编辑：史建农　戴坚敏
网　　址：http：//www.seupress.com
电子邮箱：press@seupress.com
经　　销：全国各地新华书店
印　　刷：常州市武进第三印刷有限公司
开　　本：787mm×1 092mm　1/16
印　　张：18
字　　数：446 千字
版　　次：2016 年 7 月第 2 版
印　　次：2016 年 7 月第 1 次印刷
书　　号：ISBN 978-7-5641-6615-1
印　　数：1—3 000 册
定　　价：43.00 元（含光盘）

本社图书若有印装质量问题，请直接与营销部联系。电话（传真）：025-83791830

高职高专土建系列规划教材编审委员会

序

　　东南大学出版社以国家 2010 年要制定、颁布和启动实施教育规划纲要为契机,联合国内部分高职高专院校于 2009 年 5 月在东南大学召开了高职高专土建类系列规划教材编写会议,并推荐产生教材编写委员会人员。会上,大家达成共识,认为高职高专教育最核心的使命是提高人才培养质量,而提高人才培养质量要从教师的质量和教材的质量两个角度着手。在教材建设上,大会认为高职高专的教材要与实际相结合,要把实践做好,把握好过程,不能通用性太强,专业性不够;要对人才的培养有清晰的认识;要弄清高职院校服务经济社会发展的特色类型与标准。这是我们这次会议讨论教材建设的逻辑起点。同时,对于高职高专院校而言,教材建设的目标定位就是要凸显技能,摒弃纯理论化,使高职高专培养的学生更加符合社会的需要。紧接着在 10 月份,编写委员会召开第二次会议,并规划出第一套突出实践性和技能性的实用型优质教材;在这次会议上大家对要编写的高职高专教材的要求达成了如下共识:

一、教材编写应突出"高职、高专"特色

　　高职高专培养的学生是应用型人才,因而教材的编写一定要注重培养学生的实践能力,对基础理论贯彻"实用为主,必需和够用为度"的教学原则,对基本知识采用广而不深、点到为止的教学方法,将基本技能贯穿教学的始终。在教材的编写中,文字叙述要力求简明扼要、通俗易懂,形式和文字等方面要符合高职教育教和学的需要。要针对高职高专学生抽象思维能力弱的特点,突出表现形式上的直观性和多样性,做到图文并茂,以激发学生的学习兴趣。

二、教材应具有前瞻性

　　教材中要以介绍成熟稳定的、在实践中广泛应用的技术和以国家标准为主,同时介绍新技术、新设备,并适当介绍科技发展的趋势,使学生能够适应未来技术进步的需要。要经常与对口企业保持联系,了解生产一线的第一手资料,随时更新教材中已经过时的内容,增加市场迫切需求的新知识,使学生在毕业时能够适合企业的要求。坚决防止出现脱离实际和知识陈旧的问题。在内容安排上,要考虑高职教育的特点。理论的阐述要限于学生掌握技能的需要,不要囿于理论上的推导,要运用形象化的语言使抽象的理论易于为学生认识和掌握。对于实践性内容,要突出操作步骤,要满足学生自学和参考的需要。在内容的选择上,要注意反映生产与社会实践中的实际问题,做到有前瞻性、针对性和科学性。

三、理论讲解要简单实用

　　将理论讲解简单化,注重讲解理论的来源、出处以及用处,以最通俗的语言告诉学生所学的理论从哪里来用到哪里去,而不是采用烦琐的推导。参与教材编写的人员都具有丰富的课堂教学经验和一定的现场实践经验,能够开展广泛的社会调查,能够做到理论联系实

际,并且强化案例教学。

四、教材重视实践与职业挂钩

教材的编写紧密结合职业要求,且站在专业的最前沿,紧密地与生产实际相连,与相关专业的市场接轨,同时,渗透职业素质的培养。在内容上注意与专业理论课衔接和照应,把握两者之间的内在联系,突出各自的侧重点。学完理论课后,辅助一定的实习实训,训练学生实践技能,并且教材的编写内容与职业技能证书考试所要求的有关知识配套,与劳动部门颁发的技能鉴定标准衔接。这样,在学校通过课程教学的同时,可以通过职业技能考试拿到相应专业的技能证书,为就业做准备,使学生的课程学习与技能证书的获得紧密相连,相互融合,学习更具目的性。

在教材编写过程中,由于编著者的水平和知识局限,可能存在一些缺陷,恳请各位读者给予批评斧正,以便我们教材编写委员会重新审定,再版的时候进一步提升教材质量。

本套教材适用于高职高专院校土建类专业,以及各院校成人教育和网络教育,也可作为行业自学的系列教材及相关专业用书。

高职高专土建系列规划教材编审委员会

再版前言

改革开放以来,我国高等教育事业得到了迅猛的发展,尤其是高职高专教育更是高歌猛进,在校学生数已经占了半壁江山。办出特色、办出质量是决定高职自身发展的"命门"所在。现在国家推出"卓越工程师计划",对高职高专来说既是机遇,更是挑战。

人才培养模式和教学内容体系改革与建设,是关系到高等职业技术教育特色能否形成的关键。"编写一批高质量的高等职业技术教育的教材"是教育部对办好高职高专教育提出的基本目标之一。本书就是按照教育部的有关精神和有关土建制图方面的国家标准,以及适应当前教学改革的需要、精选教学内容、加强应用型人才培养等发展趋势而编写的,在继承原有课程体系的基础上有所创新。主要特点如下:

(1)合理调整章节的安排和分量,从"点—线—面—基本体—组合体—剖面图—专业图"的体系更加合理,结构更加紧凑。

(2)强化应用性,弱化理论性。画法几何部分虽然仍然保留了传统的标题,但是内容做了较大的调整:削减了"点、线、面"的一般相对位置的内容,只介绍特殊位置;删除了比较抽象难学的"相贯线"的内容,以形象思维的方式解决部分截交线的问题,强化了形象思维培养。特别是对组合体、剖面图等重点内容进行了强化。

(3)本着响应教学基本要求中提出的适当扩大知识面的精神,同时根据授课对象对于"标高投影"和"透视投影"要求不高的特点,这些部分的内容只介绍基本概念和一般的作图方法,并且放在教材的尾部,作为选学内容。

(4)专业图部分以一套完整、在建的住宅楼的施工图为蓝本,结合国家相关制图标准和相关行业最新的规范,详细阐述了施工图的内容、表达、绘制和阅读方法。配以相应的练习,使读者能理论联系实际、学以致用。

(5)计算机绘图突破了专门教材过于完整、详细、篇幅过大,而一般教材里又过于简单,不能解决实际问题的弊端,强调实战和应用,以恰当的篇幅使读者能够掌握计算机绘图的技法。

本书由扬州大学于习法主编,扬州江海学院顾玉萍和扬州大学孙怀林、孙霞副主编,参加编写的有:章国美(南京应天职业技术学院),周柳琴、张会(南京金肯职业技术学院),黄利涛(徐州九州职业技术学院),庞金昌(南通紫琅职业技术学院)。

感谢刘祥为本书所做的许多技术处理工作。

限于编者的学识,书中难免有不当甚至错误之处,请读者、同行不吝指正,待再版时进一步修改完善。

编　者

2016 年 5 月于扬州大学

目　　录

0 绪 论

0.1 本课程的目的和任务

任何建筑从无到有都要经历两个重要的过程:设计过程和施工过程。在设计阶段,首先由几个设计单位根据建设单位提供的基本资料和要求进行方案设计,并以图样的形式提供给建设单位,这样的设计称为初步设计。建设单位对多个方案进行审查、比较、选优,这便是设计方案的招投标。通过比较,确定一个最佳方案并委托该方案的设计单位,参考其他方案的优点进行修改,同时进一步扩大设计,即施工图设计。在施工阶段,首先也是由多个施工单位根据施工图纸,制订施工方案和工程造价等进行招投标,通过招投标,最终确定施工单位组织施工。而且施工时必须完全按图纸进行,也就是将图纸变为现实。

这样,从设计、招投标到施工完成的各个过程中,设计单位、建设单位和施工单位之间交流的主要资料便是图样。任何一项土木工程,都不可能以文字的形式将它描述清楚,而必须借助于图样。一套图纸可以用一系列图形、符号,加以数字、字母的标注和必要的文字说明来表示出构筑物的形状、大小、各部分的相互关系、所需的材料、数量以及对施工技术的要求等。因此,图样被称为"工程界(师)的语言"。作为一个工程技术人员必须掌握这种语言,认识这种语言就是识图,熟练地运用这种语言就是设计绘图。不懂这种语言的当然就是"图盲"。

本课程的目的也就是培养和训练学生掌握和运用这种语言的能力,并通过实践,提高和发展学生的空间想象能力,训练形象思维,继而为培养创新思维打下必要的基础。

工程图样是按照一定的投影原理和图示方法,同时遵守国家制定的制图标准中有关规定绘出的。因此投影法——也称画法几何,是本课程的理论基础,或者说是这种语言的"语法",而国家标准则是本课程的纲领。这些都是为实现上述目的而必学的内容,具体来说,本课程的主要任务是:

(1) 学习各种投影法的基本理论及其应用。

(2) 学习有关工程制图的国家标准、规定。

(3) 学习工程图样的图示方法、图示内容,培养阅读和绘制工程图样的能力。

(4) 学习计算机绘图的基本方法,培养计算机绘图的初步能力。

(5) 培养认真、细致、踏实的工作作风。

0.2 本课程的学习方法和要求

本课程作为工科类专业的一门必修的技术基础课程,主要研究平面和空间的几何问题以及绘制和阅读工程图样的理论和方法。为了完成上述任务并达到相应的目的,必须了解本课程的特点,并结合特点制订相应的学习方法。

（1）本课程的知识来源于社会实践同时又直接为社会实践服务,所以是一门实践性、应用性很强的课程。学习就是为了应用,同时在应用中不断提高。所以,要求学生在学习的过程中要理论联系实际,培养工程意识。

（2）本课程有完整的理论体系和严格的制图标准。要求通过投影理论和制图基础的学习,养成正确使用绘图仪器和工具,按照制图标准的有关规定正确地循序制图和准确作图的习惯;培养认真负责的工作态度和严谨细致的工作作风。

（3）工程图样在很久以前叫"工程画",说明它与画有千丝万缕的联系,从字体、图线到构图等很多方面都有美学的要求。所以,要求学生在学习的过程中要从美学的高度要求与审视自己的作业与作品,不能马虎了事。通过认真学习,提高美学修养,为未来建造美好的建筑物、创造美好的环境打下必备的基础。

（4）投影理论也叫投影几何,素有"头疼几何"之称,充分说明了它的难度。空间想象能力(包括形象思维能力和逻辑思维能力)的建立有一个循序渐进的过程,必须由空间到平面、平面到空间不断反复训练才能逐步建立,因此要求学生必须通过一定数量的练习,并且勤于和善于思考才能取得好的效果。同样,绘图技能的提高也需要大量的动手实践(绘图)并且严格要求才能练就。所以,总的要求就是多画、多问、多思考。

0.3 本课程的发展简史和方向

工程图样在我国有悠久的历史,据史记记载,"秦每破诸侯,写其宫室于咸阳北阪上",这是关于建筑图样较早的记载。到了宋代李戒所著的《营造法式》,其建筑技术、艺术和制图已经相当完美,也是世界上较早刊印(1103 年)的建筑图书,书中所运用的图示方法和现代建筑制图所用方法很接近。如图 0-1 所示即为《营造法式》中的四幅图样:上面的两幅与现在使用的多面正投影类似;下面的两幅则分别类似于现代制图的轴测投影(左)和透视投影(右)。可惜的是这些绘图方法没有形成完整的理论体系。

1794 年法国的数学家、几何学家加斯帕·蒙日(Gaspard Monge, 1746—1818)将投影原理成功地用于堡垒设计,并将其方法于 1795 年正式发表。所以这个原理也叫"蒙日几何",画法几何或投影几何是后来人们根据其实际内容而翻译命名的。

随着画法几何和数学的高度结合,逐步发展出了解析画法几何、微分画法几何、拓扑画法几何和多维画法几何等。计算机技术的发展,又出现了计算画法几何,即计算机图形学,这是工程制图的一个重要的发展方向,计算机绘图则是其具体的应用,也是每个工程技术人员必须掌握的基本绘图技能。

计算机绘图及在其基础上发展起来的计算机辅助设计,已经成为教学、科研、生产和管理等部门的一种非常重要的工具,特别是在工程技术领域有着十分广阔的应用前景。

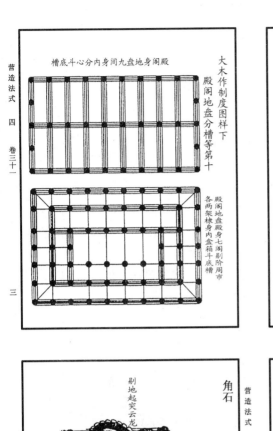

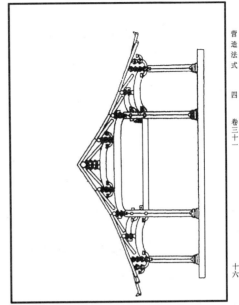

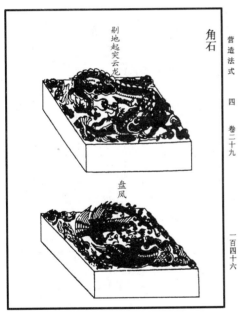

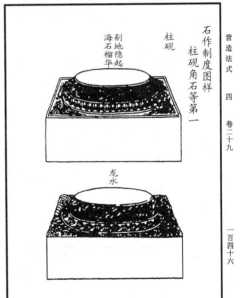

图 0-1 《营造法式》中建筑工程图样示例

1 制图基本知识

1.1 制图基本规定

　　建筑工程图是表达建筑工程设计的重要技术资料，是建筑施工的依据。为便于技术交流，国家制定了统一的制图标准，它是工程图样必须遵守的基本法规。国家标准简称国标，用代号 GB/T 或 GB 表示。

　　本节主要介绍和使用国家《技术制图标准》和《房屋建筑制图统一标准》（GB/T 50001—2001）中的有关内容，包括图幅、字体、图线、比例等。

1.1.1 图纸

1）图纸幅面

　　图纸幅面是指图纸的大小规格，从 $A_0 \sim A_4$。图纸的样式可分为横式和立式，图纸以短边作为垂直边称为横式，如图 1-1 所示；以短边作为水平边称为立式，如图 1-2 所示。一般 $A_0 \sim A_3$ 图纸宜横式使用，必要时也可立式使用；A_4 图纸宜立式使用。

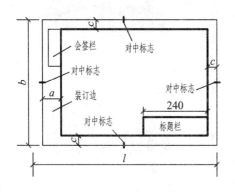

图 1-1　横式图纸

图 1-2　立式图纸

　　图框是图纸上绘图范围的边线。图纸的幅面和图框尺寸应符合表 1-1 的规定，其中 c、a 为图框与图纸边的距离。

表 1-1　幅面及图框尺寸（mm）

尺寸代号	幅面代号				
	A_0	A_1	A_2	A_3	A_4
$b \times l$	841×1189	594×841	420×594	297×420	210×297
c	10			5	
a	25				

2）标题栏

标题栏是图样中填写工程或产品名称,设计单位名称,设计、绘图、校核、审定人员的签名、日期,以及图样名称,图样编号、材料、重量、比例等内容的表格。每幅图纸上都必须带有标题栏,标题栏的尺寸、格式及分区可根据工程需要选择确定,一般各设计院都有自己的样式。这里只介绍学习期间常用的标题栏,如图1-3所示。

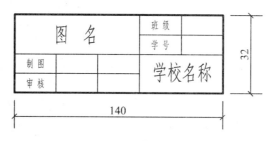

图1-3　标题栏

1.1.2　图线

制图标准规定,工程建设制图应选用表1-2中所示的图线。

每个图样应先根据形体的复杂程度和比例的大小,确定基本线宽 b 的大小(即粗线宽度)。b 值可以从相应的线宽系列 0.18 mm、0.25 mm、0.35 mm、0.5 mm、0.7 mm、1.0 mm、1.4 mm、2.0 mm 中选取,常用的 b 值为 0.35～1.0 mm。

表1-2　图线

线名及代码		线　型	线宽	一般用途
实线	粗		b	主要可见轮廓线
	中		$0.5b$	可见轮廓线
	细		$0.25b$	可见轮廓线,图例线
虚线	粗		b	见各有关专业制图标准
	中		$0.5b$	不可见轮廓线
	细		$0.25b$	不可见轮廓线,图例线
单点长画线	粗		b	见各有关专业制图标准
	中		$0.5b$	见各有关专业制图标准
	细		$0.25b$	中心线、对称线等
双点长画线	粗		b	见各有关专业制图标准
	中		$0.5b$	见各有关专业制图标准
	细		$0.25b$	假想轮廓线、成型前原始轮廓线
折断线			$0.25b$	断开线
波浪线			$0.25b$	断开线

绘制图样时,图线要求做到:全局清晰整齐、均匀一致、粗细分明、交接正确。

其基本规定有:

（1）同一张图纸内,相同比例的各图样,应采用相同的线宽组。

（2）相互平行的图线，其间隙不宜小于其中的粗线宽度，且不宜小于 0.7 mm。

（3）虚线、点画线的线段长度和间隔应均匀。虚线、点画线与其他图线交接时的画法见图 1-4 所示。

（4）图线不得与文字、数字或符号重叠、混淆，不可避免时，应首先保证文字等的清晰。

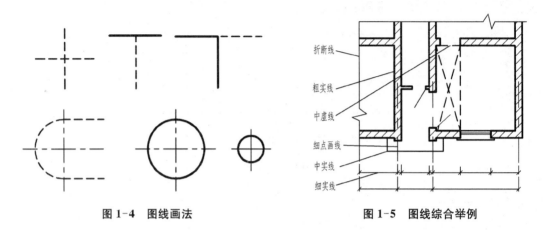

图 1-4　图线画法　　　　　　　图 1-5　图线综合举例

图线综合举例：

常用的各种图线画法如图 1-5 的建筑平面图所示。被剖切到的墙体轮廓用粗实线绘制；未剖切到的台阶、窗台用中粗实线绘制；看不见的轮廓线用中粗虚线表示；定位轴线用细点画线绘制；断面材料图例用 45°的细实线绘制；折断线用作图形的省略画法，采用细实线绘制；尺寸标注时，尺寸线和尺寸界线采用细实线，45°的起止符号采用中粗实线绘制。

1.1.3　文字

工程图中的字体包括汉字、字母、数字和符号等。国标规定工程图中的字体应做到字体工整、笔画清楚、间隔均匀、排列整齐。

字体高度（h）代表字体的号数，简称字号。国标规定常用的字号系列是：1.8、2.5、3.5、5、7、10、14、20 号。

1）汉字

国标规定工程图中的汉字采用长仿宋体，字高与字宽的比例大约为 1∶0.7。

书写长仿宋体字的要领是：横平竖直，注意起落，结构均匀，填满方格。如图 1-6 所示。

10号土木工程专业制图课程

7号　土木工程专业制图课程字体工整

5号　　土木工程专业制图课程字体工整笔画清楚

3.5号　　土木工程专业制图课程横平竖直注意起落结构均匀填满方格

图 1-6　长仿宋体示例

仿宋字的基本笔画写法见表1-3所示。

表1-3 仿宋字的基本笔画写法

名称	勾						竖	横	
运笔笔法	竖勾		右曲勾		横折勾		 平横		
	平勾		竖弯勾		竖折勾		斜横		
	左曲勾		包勾		折勾				
字例	圩 子 代 龙 男 瓦 也 污						十 上	丁 主 七 毛	

名称	点	撇	捺	挑	折	
运笔笔法	尖点	 平撇	 平捺	 平挑	 左折	
	垂点				 右折	
	撇点	 斜撇	 斜捺	 斜挑	 斜折	
	上挑点				 双折	
字例	方 火	千 八 月 人	延 又	功 刁	凹 口	如 延

2) 字母和数字

字母和数字可写成斜体或直体，其中斜体字字头向右倾斜，与水平线基准线成75°角（图1-7）。拉丁字母、罗马数字与阿拉伯数字的写法如图1-8所示。

图 1-7　数字和字母的写法

图 1-8　拉丁字母、罗马数字与阿拉伯数字示例

1.1.4　尺寸注法

工程图样中除了画出工程形体的形状外,还必须标注尺寸以确定其大小。

1) 尺寸组成

图样上的尺寸由尺寸界线、尺寸线、尺寸起止符号和尺寸数字四部分组成(如图 1-9(a)所示)。

(1) 尺寸界线

尺寸界线应用细实线绘制,一般应与被注长度垂直,其一端应离开图样的轮廓线不小于 2 mm,另一端宜超出尺寸线 2~3 mm,如图 1-9(a)所示。必要时可利用轮廓线作为尺寸界线(如图 1-9 中的尺寸 240 和 3070)。

(2) 尺寸线

尺寸线也应用细实线绘制,并应与被注长度平行,但不宜超出尺寸界线之外。图样上任何图线都不得用作尺寸线。

(3) 尺寸起止符号

尺寸起止符号一般用中粗斜短线绘制,其倾斜方向应与尺寸界线成顺时针 45°角,长度宜为 2~3 mm。半径、直径、角度及弧长的尺寸起止符号宜用箭头表示,如图 1-9(b)所示。

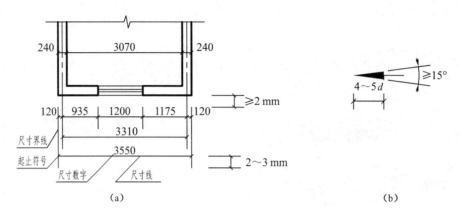

图 1-9　尺寸的组成

（4）尺寸数字

国标规定，图样上标注的尺寸，除标高及总平面图以米为单位外，其他均以毫米为单位，图上尺寸数字都不再注写单位。本书文字和插图中的数字，一般没有特别注明单位的，也一律以毫米为单位。图样上的尺寸，应以所注尺寸数字为准，不得从图上直接量取。尺寸数字字头的方向，应按图 1-10（a）的规定注写，基本要求是向左或者向上。若尺寸数字在 30° 斜线区内，宜按图 1-10（b）的形式注写。

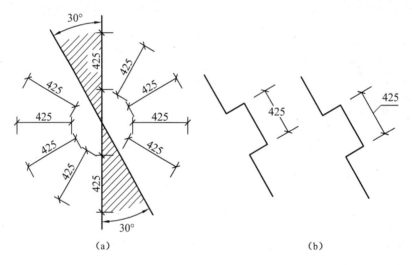

图 1-10　尺寸数字的注写方向

尺寸数字一般应依据其方向注写在靠近尺寸线的上方中部。如没有足够的注写位置，最外边的尺寸数字可注写在尺寸界线的外侧，中间相邻的尺寸数字可错开注写（图 1-11）。

图 1-11　尺寸数字的注写位置

(5) 尺寸标注的主要事项

尺寸宜标注在图样轮廓以外,不宜与图线、文字及符号等相交。

互相平行的尺寸线,应从被注写的图样轮廓线由近向远整齐排列,注意小尺寸在里面,大尺寸在外面。离图样轮廓线最近的尺寸线,其间距不宜小于 10 mm。尺寸线之间的间距宜为 7～10 mm,并应保持一致。

2) 半径、直径、角度、弧长和弦长的尺寸注法

标注半径、直径、角度和弧长时,尺寸起止符号用箭头表示,角度标注的尺寸数字一律水平书写,如图 1-12 所示。

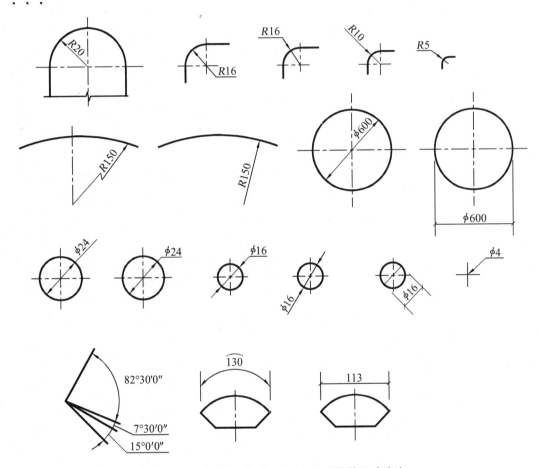

图 1-12　半径、直径、角度、弧长和弦长的尺寸注法

1.1.5　比例

图样的比例是指图形中与实物相对应的线性尺寸之比。工程图样中的常用比例为 $(1:1) \times 10^n$,$(1:2) \times 10^n$,$(1:5) \times 10^n$($n = 0,1,2,3,\cdots$),见表 1-4 所示。

表 1-4　绘图所用比例

常用比例	$1:1$、$1:2$、$1:5$、$1:10$、$1:20$、$1:50$、$1:100$、$1:150$、$1:200$、$1:500$、$1:1000$、$1:2000$、$1:5000\cdots$

如果一张图纸上各个图样的比例相同，则比例可集中标注。否则，比例宜注写在图名的右侧，字高宜比图名的字高小 1 号或 2 号（如图 1-13）。

平面图 1:100　⑥ 1:20

图 1-13　比例的注写

1.2　绘图工具和仪器的使用

1.2.1　图板和丁字尺

图板用于固定图纸，其大小一般与图纸规格相配套，使用时将图纸的 4 个角用胶带固定在图板合适的位置，如图 1-14 所示。丁字尺主要用来和图板配合绘制水平线，或者与三角尺配合绘制竖直线以及 30°、45°、60°等斜线。丁字尺由尺头和尺身两部分组成，使用时尺头需与图板的工作边靠紧，上下滑动，利用尺身带刻度一侧绘制一系列的水平线，如图 1-15 所示。

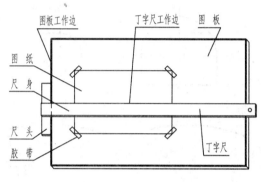

图 1-14　图板与丁字尺

1.2.2　三角尺

一副三角尺由两块组成，一块是 30°、60°角，一块是 45°角，与丁字尺配合可以绘制竖直线以及 30°、45°、60°等 15°角整数倍的斜线。两个三角尺组合还可以画任意方向的平行线和垂直线。如图 1-16 和图 1-17 所示。

图 1-15　用丁字尺画水平线

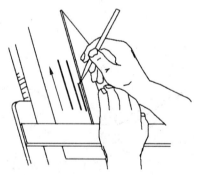

图 1-16　用丁字尺和三角尺画竖直线

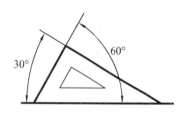

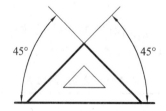

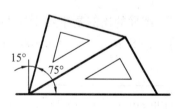

图 1-17　三角尺的用法

1.2.3 铅笔

绘图使用的铅笔型号分为3种,一种是画底稿时使用的笔芯较硬的铅笔,如 H、2H 等,画出的线颜色较淡,易擦除;一种是加深描粗图线时使用的笔芯较软的铅笔,如 B、2B 等,画出的线颜色较深(黑);另一种介于软、硬之间的为 HB,常用于写字。

打底稿的铅笔笔芯应削成锥形(如图 1-18(a)上),并在画线过程中不断旋转,以保持图线均匀;加深描粗的铅笔笔芯宜削成扁平状,宽度与加深的线宽一致(如图 1-18(a)下)。

画线时铅笔的姿势如图 1-18(b)所示,正面看与图纸成 60°~70°角,侧面看与图纸垂直。

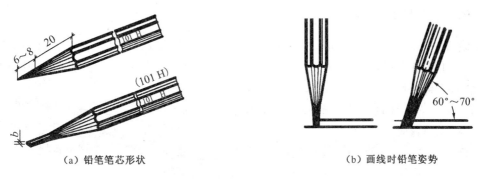

(a)铅笔笔芯形状   (b)画线时铅笔姿势

图 1-18 铅笔用法

1.2.4 圆规和分规

圆规主要用来绘制圆或圆弧。圆规的脚一般有针尖、铅芯、鸭嘴等,可替换使用。画圆时,使用铅芯脚和带有针肩的针尖脚,铅芯应磨削成 65°左右的斜面(如图 1-19(a)),将针尖固定在圆心上,使铅芯脚与针尖长度对齐,按顺时针方向,并稍向前进方向倾斜,一次旋转完成(如图 1-19(b))。画较大圆时,则应使圆规的两脚都与纸面垂直,如图(如图 1-19(c))所示。

(a)圆规   (b)圆规的用法一   (c)圆规的用法二

图 1-19 圆规及其用法

圆规的两个脚都是针尖时便是分规,主要用于截取长度或等分线段(如图 1-20)。

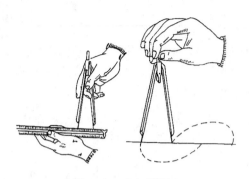

图 1-20　分规的用法

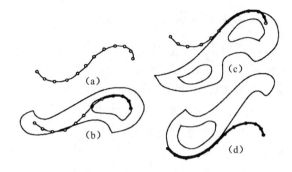

图 1-21　曲线板的用法

1.2.5　曲线板和比例尺

　　曲线板主要用于绘制非圆曲线。曲线板的使用方法如图 1-21 所示,先定出曲线上的若干点,并徒手将各点轻轻连成曲线,然后找出曲线板上与曲线上 3～4 个点曲度大概一致的一段,沿曲线板将曲线描深,不断重复直至曲线绘制完成。为了保证每段曲线间的光滑过渡,前后两段曲线应至少有 1～2 个点的重合。

　　比例尺主要用来量取不同比例时的长度,一般为三棱柱状,如图 1-22 所示,共有 6 种不同比例的刻度。画图时可按所需比例,用比例尺上相应的刻度直接量取距离,不需再做换算。

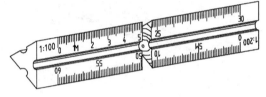

图 1-22　比例尺

1.3　几何图形的尺规作图方法

1.3.1　等分线段

　　如图 1-23 所示,将已知线段 AB 五等分。先过某一端点 A 做任意直线 AC,并在 AC 上任作 5 个等分线段 1、2、3、4、5,连接 $B5$,然后过 AC 上的 1、2、3、4 四个等分点作 $B5$ 的平行线,交于 AB 上 4 个等分点,即为所求。

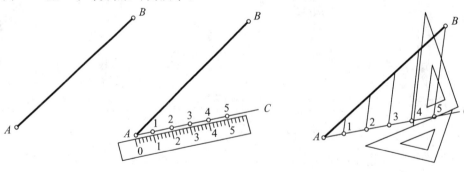

图 1-23　等分线段

1.3.2　正多边形的画法

这里以正七边形为例,介绍圆内接任意正多边形的通用近似画法。如图 1-24 所示。

(1) 先将圆的竖向直径 AB 七等分,得等分点 1、2、3、4、5、6。

(2) 以点 A 为圆心、AB 为半径画弧,交水平直径延长线于 E、F 两点。

(3) 将 E、F 点与 AB 上的偶数点(2、4、6)相连并延长,与圆周相交于Ⅰ、Ⅱ、Ⅲ、Ⅳ、Ⅴ、Ⅵ点。

(4) 顺次连接 A、Ⅰ、Ⅱ、Ⅲ、Ⅳ、Ⅴ、Ⅵ各点,即可作出正七边形。

注:如果正多边形为偶数边,那么上述第(3)步就改为连接奇数点。

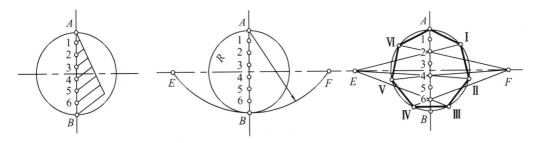

图 1-24　圆内接正七边形的画法

1.3.3　圆弧连接

用圆弧连接已知图形的关键是求出连接圆弧圆心和连接点的位置。各种圆弧连接的作图步骤见表 1-5 所示。

表 1-5　圆弧连接的作图方法

	已知条件	作图步骤
连接两直线		
连接一直线和一圆弧		

续表 1-5

已知条件	作图步骤
外切两圆弧	
内切两圆弧	
内切一圆弧外切另一圆弧	

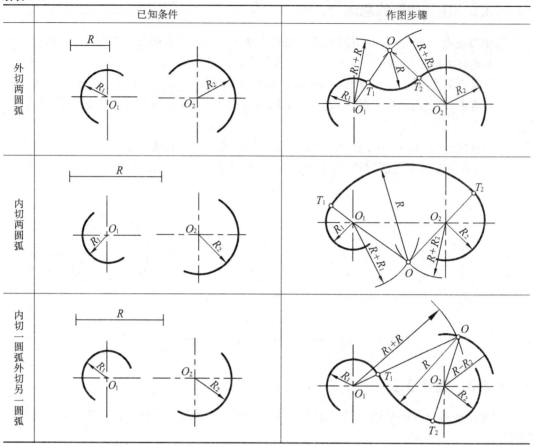

1.3.4 平面图形的画法

1）平面图形的尺寸分析

平面图形中的尺寸是确定其大小和形状的必要要素，按其作用可分为定形尺寸和定位尺寸两种。

（1）定形尺寸

确定平面图形中线段的长度、圆的直径或半径，以及角度大小等的尺寸称为定形尺寸。如图 1-25(a)中，48、10 是确定线段长度的尺寸，$R13$、$\phi12$、$R8$ 等是确定圆弧半径大小的尺寸，都是定形尺寸。

（2）定位尺寸

确定平面图形中各部分之间相对位置的尺寸称为定位尺寸。定位尺寸应以尺寸基准作为标注尺寸的起点。平面图形中应有长度和宽度两个方向的尺寸基准。通常以图形的对称线、中心线或较长的直轮廓线作为尺寸基准。如图 1-25(a)中，长度方向以左边 $\phi12$ 圆的竖向中心线为基准，宽度方向以线段 48 为基准，而 4、40 和 18 即为相应圆圆心的定位尺寸。

2）平面图形的线段分析

平面图形是由若干条线段（直线段或曲线段）连接而成的，作图时，需要先对图形进行分析，确定线段绘制的先后顺序。

平面图形中的线段按给出尺寸的情况可分为：

(1) 已知线段。尺寸齐全,根据基准线位置和定形尺寸就能直接画出的线段。如图 1-25(a)中,圆弧 $R13$、圆 $\phi12$ 以及线段 48、线段 10 和线段 L_1 都是已知线段。

(2) 中间线段。尺寸不齐全,只知道一个定位尺寸,另一个定位尺寸必须借助于已知线段的连接条件确定的线段。如图 1-25(a)中,圆弧 $R26$ 和 $R8$ 即为中间线段。

(3) 连接线段。缺少定位尺寸,需要依靠与其两端相邻线段的连接条件才能确定的线段。如图 1-25(a)中,圆弧 $R7$ 和线段 L_2 即为连接线段。

3) 平面图形的绘图步骤

(1) 准备工作

包括绘图工具和仪器的准备(如削好铅笔、固定图纸等)、选定图幅和比例、进行图样分析、了解绘图要求等。

(2) 画底稿

① 在图纸合适的位置画两个方向的基准线,如图 1-25(b)。

② 画已知线段,如图 1-25(c)。

③ 画中间线段,如图 1-25(d)。

④ 画连接线段,如图 1-25(e)。

(3) 加深描粗图线

对上述底稿进行检查、复核,确认无误后加深描粗图线,顺序同画底稿。另外,对于整体图样,应该按照自上而下、从左到右依次画出同一线型、同一线宽的各图线。当图形中有曲线时,应先画曲线后画直线,以便连接处平整光滑。加深描粗后的图应该是图面上的图线深度一致而线型和线宽有别,如图 1-25(f)。

(4) 注写文字及符号

一般在图形绘制好后才书写各种文字和符号,包括文字说明、尺寸数字等。

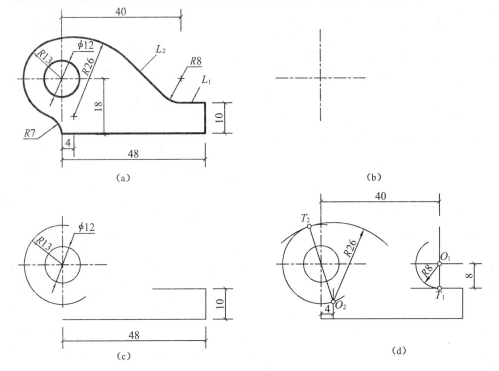

(a)

(b)

(c)

(d)

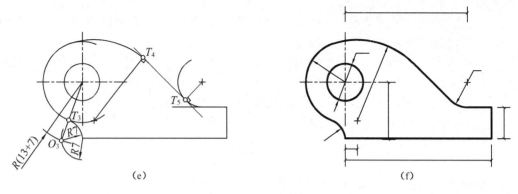

(e)　　　　　　　　　　　　　(f)

图 1-25　平面图形的画法

1.4　徒手作图的方法

1.4.1　直线的画法

画直线时,水平线应自左向右画出,笔杆放平(如图 1-26(a));铅垂线自上而下画出,笔杆要立直些(如图 1-26(b))。画斜线时从斜上方开始,向斜下方画出(如图 1-26(c));也可将图纸转动,按水平线画出。直线绘制时的技巧是目测终点,小指压住纸面,手腕随线移动,一次完成。

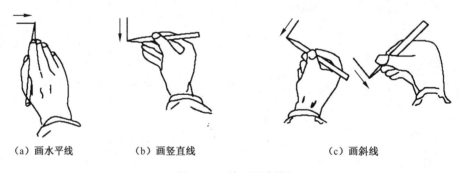

(a) 画水平线　　　　(b) 画竖直线　　　　　(c) 画斜线

图 1-26　徒手画直线

1.4.2　角度的画法

徒手画角度时,可采用图 1-27 所示的画法:先画出相互垂直的两条直线,以其交点为圆心,以适当长度为半径,勾画出 1/4 圆周。如果要画 45°角,可将该 1/4 圆周估分为两等份,如图 1-27(c);如将 1/4 圆周三等分,则每份为 30°,可得到 30°和 60°角,如图 1-27(d)。

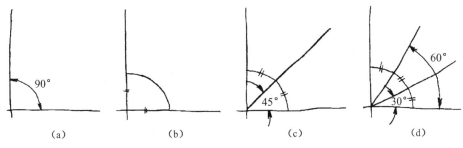

（a）　　　　　（b）　　　　　（c）　　　　　（d）

图 1-27　徒手画角度

1.4.3　圆的画法

画小圆时，一般只画出垂直相交的中心线，并在其上按半径定出 4 个点，然后勾画成圆，如图 1-28（a）。画较大圆时，可加画两条 45°斜线，并按半径在其上再定 4 个点，一共 8 个点连成一个圆，如图 1-28（b）。画更大的圆时，可先画出圆的外切正方形，找到 4 个对角线的三分之二分点，连同正方形的中点，将 8 个点连接成圆，如图 1-28（c）。

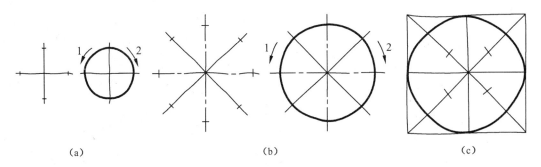

（a）　　　　　　　　　　（b）　　　　　　　　　　（c）

图 1-28　徒手画圆

1.4.4　椭圆的画法

画椭圆的方法与画圆大致相同。画小椭圆时，一般只画出垂直相交的中心线，并在其上按长短轴定出 4 个点，然后勾画成椭圆如图 1-29（a）。画大椭圆时，可先根据长短轴画出椭圆的外切矩形，找到 4 个对角线的三分之二分点，连同矩形的中点，将 8 个点连接成椭圆，如图 1-29（b）。

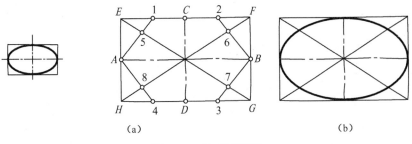

（a）　　　　　　　　　　　　　　　（b）

图 1-29　徒手画椭圆

1.4.5 立体草图的画法

画立体草图时应注意以下 3 点：

（1）先定物体的长宽高方向，使高度方向竖直，长度方向和宽度方向各与水平线倾斜 30°。

（2）物体上相互平行的直线，在立体草图上也应相互平行。

（3）画不平行于长宽高的斜线时，只能先定出它的两个端点，然后连线。

如图 1-30(f)所示的模型，可以看成一个长方体被切去一个角。画草图时，可先确定长宽高的方向（图 1-30(a)），估计其大小，定出底面矩形（图 1-30(b)）；由底面矩形 4 个角点沿竖向定出 4 条棱线的高度，再连接上底面，得出完整的长方体（图 1-30(c)）；然后根据切角大小，先在上底面沿两条底边定出斜线的两个端点后连接（图 1-30(d)），再由两个端点沿竖向画线定出下底面斜线两个端点后连接（图 1-30(e)）；最后擦除多余的线条并加深图线即可。

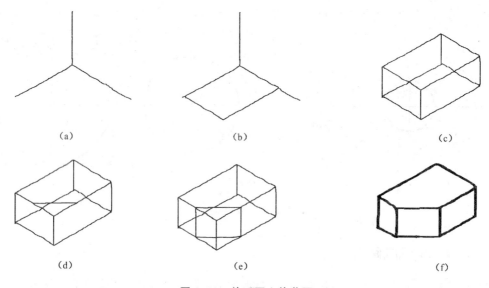

(a)   (b)   (c)

(d)   (e)   (f)

图 1-30　徒手画立体草图

2 投影的基本知识

投影是工程制图的基本原理,投影的方法有两大类,即中心投影法和平行投影法。建筑工程制图采用的最主要方法是正投影法,它能够从一定程度上反映出物体的真实形状和大小。要掌握正投影法,首先应该掌握正投影的几何性质,然后通过几何规律了解正投影的基本规律,从而可以读图和绘图。

2.1 投影的形成与分类

人们对自然现象中的影子进行科学的抽象和概括,把空间物体表现在平面上,形成了工程图中常用的各种投影法。

2.1.1 投影的形成

生活中,我们经常看到影子这个自然现象。在光线(灯光或阳光)的照射下,物体会在墙面或者地面上投射影子,随着光线的照射方向不同,影子也随之发生变化,如图 2-1(a)所示。

人们对自然界的这一物理现象加以科学的抽象和概括,做了这样的假设:光线能够穿透物体,将物体上的各个点和线都在承接影子的平面上落下它们的影子,从而使这些点、线的影子连成能够反映物体形状的"线框图",把这样形成的"线框图"称为投影图,简称投影,如图 2-1(b)所示。

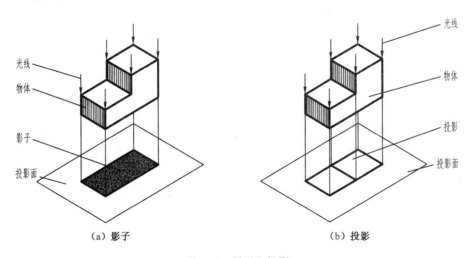

（a）影子   （b）投影

图 2-1 影子和投影

研究物体与投影之间的关系就是投影法。下面介绍有关投影法的几个概念,如图 2-2

所示。

（1）投影中心：光源 S 抽象为一点，称为投影中心。

（2）投影线：S 点与物体上任一点之间的连线，称为投影线。

（3）投影面：投影所在的平面称为投影面。

（4）投影：延长投影线与投影面 P 相交，连接各点得到的图形，就是投影，也称投影图。

这种把空间形体转化为平面图形的方法称为投影法。其中，投影线、物体、投影面为投影的三要素。

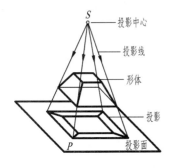

图 2-2　中心投影

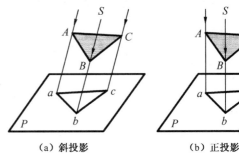

（a）斜投影　　　　　（b）正投影

图 2-3　平行投影

2.1.2　投影的分类

根据投影线之间的相互关系，可将投影分为中心投影和平行投影。

（1）中心投影：投影中心 S 在有限的距离内，所有的投影线都交汇于一点，这种方法所产生的投影，称为中心投影，如图 2-2 所示。

用中心投影法绘制的图形具有立体感和真实感，符合人的视觉，因此在建筑工程外形设计中常用中心投影法，即建筑透视图。但其图形大小和形状会随着投影中心、物体、投影面三者相对位置的改变而改变，作图复杂，且度量性较差，所以在工程中只作为辅助图和效果图使用（详见第 13 章）。

（2）平行投影：把投影中心 S 移到离投影面无限远处，则投影线可视为互相平行，由此产生的投影称为平行投影。

平行投影的投影线互相平行，所得投影的大小与物体离投影中心的距离无关。

根据投影线与投影面之间的位置关系，平行投影又分为斜投影和正投影，如图 2-3 所示。

斜投影：投影线与投影面倾斜时称为斜投影，如图 2-3(a)所示。

正投影：投影线与投影面垂直时称为正投影，如图 2-3(b)所示。

平行投影法是由投影面和投射方向确定的，物体沿投射方向移动时，物体的投影大小不发生改变。

2.2　工程中常用的投影图

用图样表达空间形体的方法，称为图示法。用图示法表达建筑形体时，由于表达目的和被表达对象特性的不同,往往需要采用不同的图示法。常用的图示法有正投影图、轴测投影图、透视投影图和标高投影图。以下作概要介绍。

2.2.1 正投影图

正投影图是用正投影法得到的投影图,土建工程中常采用多面正投影图来表达工程形体。本书主要讲述的就是正投影图。

优点:能准确地反映物体的形状和大小,作图方便,度量性好。

缺点:立体感差,不易看懂。如图 2-4 所示。

2.2.2 轴测投影图

轴测投影图是物体在一个投影面上的平行投影图,简称轴测图。将物体相对投影面安置在比较合适的位置,选定适当的投影方向,就可以得到这种富有立体感的轴测投影,工程中常用作辅助图样。在本书第 6 章中详细介绍。

优点:图立体感强,容易看懂。

缺点:形体变形,度量性差,且作图较麻烦。如图 2-5 所示。

2.2.3 透视投影图

透视投影图是物体在一个投影面上的中心投影图,简称透视图。适当安置投射中心、物体和投影面之间的相对位置,就可以得到形象逼真如照片一样的透视投影。一般用来表现所设计的建筑物建成后的外貌。关于透视投影图的绘制方法在本书第 13 章中详细介绍。

优点:形象逼真,如照片一样。

缺点:度量性差,作图繁杂。如图 2-6 所示。

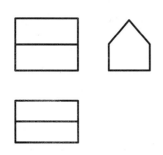
图 2-4 正投影图

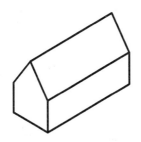
图 2-5 轴测投影图

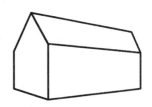
图 2-6 透视投影图

2.2.4 标高投影图

用一组平行、等距的水平面剖切起伏不平、不规则的地形面,截得一系列的水平曲线,再用正投影法将这些水平曲线投射在水平投影面上,并标注出各水平曲线相应的高程,从而表达该局部的地形。这种加注了标高的水平正投影图,称为标高投影图。这种图常用来表达地形面的形状,在建筑工程中应用广泛。如图 2-7 所示。

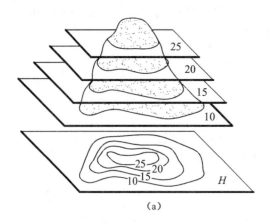 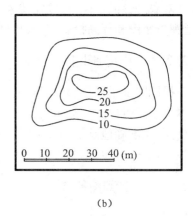

图 2-7　标高投影图

2.3　正投影的特性

1) 真实性

当线段或平面图形平行于投影面时,其正投影反映实长或实形,即线段的长短和平面图形的大小都可以在正投影上直接确定,这种性质称为真实性,如图 2-8 所示。

2) 积聚性

当线段或平面图形垂直于投影面时,线段的正投影积聚为一点,平面图形的正投影积聚为一线段,该投影称为积聚投影,这种性质称为积聚性。此时,线段上点的投影必落在线段的积聚投影上,平面图形上的点和线段的投影必落在平面图形的积聚投影上。如图 2-9 所示。

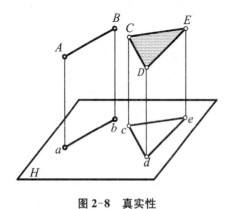 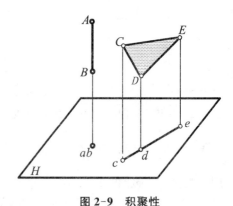

图 2-8　真实性　　　　　　　　　　　　图 2-9　积聚性

3) 类似性

当直线或平面倾斜于投影面时,则直线的投影小于直线的实长,平面的投影小于平面实形,但直线的投影仍是直线,平面的投影形状相像(不存在相似比),这种性质称为类似性。如图 2-10 所示。

4）平行性

当空间两直线互相平行时,它们在同一投影面上的投影仍互相平行,这种性质称为平行性。如图 2-11 所示。

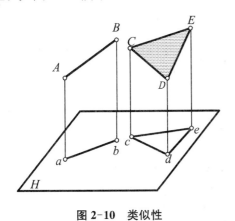

图 2-10 类似性

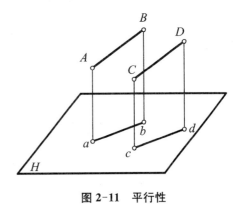

图 2-11 平行性

2.4 正投影的基本原理

在建筑工程中,大到一座建筑物,小到一个构件,都是具备长、宽、高三维向度的立体。怎样在平面图纸上真实地表达出物体的长、宽、高和形状,又如何通过平面投影图想象出物体的实际形状,这是工程制图首先要解决的问题。

一般情况下,要用 3 个不同方向的投影图才能将物体空间形状表达清楚。为此,我们设立了三面投影体系。

2.4.1 三面投影体系的建立

如图 2-15(a)所示,设立 3 个互相垂直的平面作为投影面,组成一个三面投影体系。在三面投影体系中,3 个投影面分别为:

水平投影面用 H 标记,简称水平面或 H 面;

正立投影面用 V 标记,简称正立面或 V 面;

侧立投影面用 W 标记,简称侧立面或 W 面。

3 个投影面间的交线,称为投影轴。它们分别为 OX 轴、OY 轴、OZ 轴。

OX 轴:V 面和 H 面的交线,代表物体的长度方向。

OY 轴:H 面和 W 面的交线,代表物体的宽度方向。

OZ 轴:V 面和 W 面的交线,代表物体的高度方向。

3 个投影轴垂直相交的交点 O,称为原点。

将物体放在三投影面体系中,物体的位置处在人与投影面之间,然后将物体向各个投影面进行投影,得到 3 个投影图,这样才能把物体的长、宽、高 3 个方向,上下、左右、前后 6 个方位的形状表达出来。3 个投影图的形成如下所述：

从上向下投影，在 H 面上得到水平投影图，简称水平投影或 H 投影。

从前向后投影，在 V 面上得到正面投影图，简称正面投影或 V 投影。

从左向右投影，在 W 面上得到侧面投影图，简称侧面投影或 W 投影。

在实际作图和图纸使用中，需要将 3 个投影面在一个平面(纸面)上表示出来，我们必须将其展开。假设 V 面不动，H 面沿 OX 轴向下旋转 90°，W 面沿 OZ 轴向后旋转 90°，使 3 个投影面处于同一个平面内。如图 2-12(b)所示。

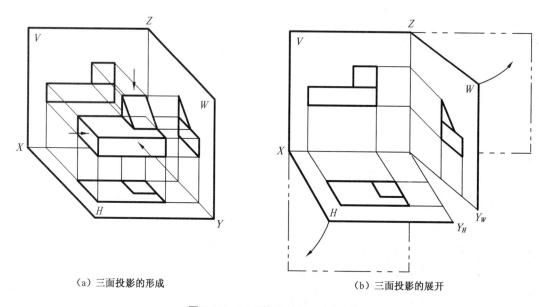

（a）三面投影的形成　　　　　　　　　　　（b）三面投影的展开

图 2-12　三面投影的形成与展开

可以看出，H 投影在 V 投影的正下方，W 投影在 V 投影的正右方。如图 2-13(a)所示。

在这里应特别注意的是：同一条 OY 轴旋转后出现了两个位置，因为 OY 是 H 面和 W 面的交线，也就是两个投影面的共有线，所以 OY 轴随 H 面旋转到 OY_H 的位置，同时又随 W 面旋转到 OY_W 的位置。

实际绘图时，为了作图方便，投影图外不必画出投影面的边框，不注写 H、V、W 字样，也不必画出投影轴。这种不画投影面边框和投影轴的投影图称为无轴投影，如图 2-13(b)所示。

2.4.2　三面正投影的投影规律

如果把物体左右之间的距离称为长，前后之间的距离称为宽，上下之间的距离称为高，则正面投影和水平投影都反映了物体的长度，正面投影和侧面投影都反映了物体的高度，水平投影和侧面投影都反映了物体的宽度。因此，3 个投影图之间存在下述投影关系：

V 面投影与 H 面投影——长对正；

V 面投影与 W 面投影——高平齐；

H 面投影与 W 面投影——宽相等。

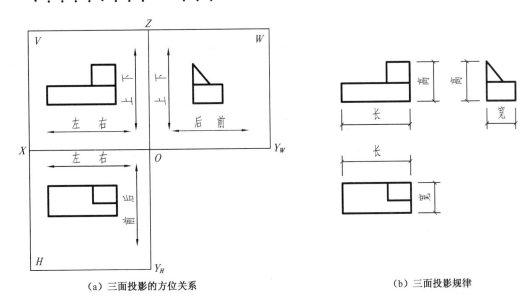

（a）三面投影的方位关系　　　　　　　　　　（b）三面投影规律

图 2-13　三面投影的方位关系和投影规律

　　"长对正"、"高平齐"、"宽相等"的投影关系是三面投影之间的重要特性，也是绘图和读图时必须遵守的基本投影规律——简称三等规律。绘制三面投影图，首先要弄清楚空间物体在三投影面中的位置，然后仔细分析物体表面的正投影特性，按照"三等"关系和正确的投影方法画出三面投影。

　　绘三面投影图时应注意，为符合"三等"投影规律，投影图之间的作图关系线用细实线连接，物体轮廓线最后要加粗为粗实线，不可见的轮廓线用虚线表示，当虚线和实线重合时只画出实线。

3 点、直线、平面的投影

任何空间形体都是由点、线、面等几何元素所构成的,研究点、线、面的投影规律是掌握空间形体投影规律的基础。

3.1 点的投影

3.1.1 点的三面投影及其特性

1) 点的三面投影

首先建立一个 H、V、W 三面投影体系,将空间点 A 置于三面投影体系中,过 A 点向 H、V、W 面作投射线,分别得到交点 a、a'、a''。a 称为点 A 的水平投影(H 面投影),a' 称为点 A 的正面投影(V 面投影),a'' 称为点 A 的侧面投影(W 面投影)。如图 3-1(a)所示。

然后将 3 个投影面展开到一个平面内:V 面不动,将 H 面绕着 OX 轴向下旋转 90°,W 面绕着 OZ 轴向后旋转 90°,就得到了点 A 的三面投影图,如图 3-1(b)所示。为了简化作图,投影面边框线往往不画。45°斜线为作图辅助线,用来保证 H 面和 W 面投影的宽度对应关系。

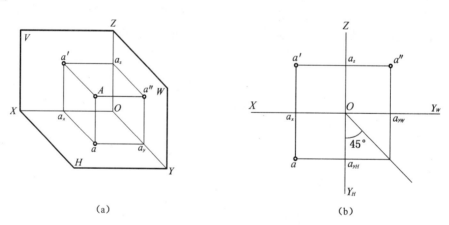

(a)   (b)

图 3-1 点的三面投影

2) 点的三面投影的特性

在图 3-1(a)中,投射线 Aa、Aa' 形成一个矩形平面 Aaa_xa',该平面与 H 面、V 面互相垂直且交 OX 轴于 a_x。可以证明,$a'a_x \perp OX$,$aa_x \perp OX$,则展开后 $a'a \perp OX$,如图 3-1(b)所示。同时,因为平面 Aaa_xa' 是一个矩形,则有 $Aa = a'a_x$,$Aa' = aa_x$。

同理,当 V 面保持不动,W 面绕着 OZ 轴旋转 90°与 V 面处于同一平面时,可得:$a'a'' \perp OZ$;$aa_{yH} \perp OY_H$;$aa_{yW} \perp OY_W \cdots$

综上所述,可得出点的三面投影的投影规律:

(1)点的投影连线垂直于相关的投影轴。即:

点 A 的 H 面投影与 V 面投影连线垂直于投影轴 X 轴——$aa' \perp OX$。

点 A 的 V 面投影与 W 面投影连线垂直于投影轴 Z 轴——$a'a'' \perp OZ$。

点 A 的 H 面投影与 W 面投影有:$aa_{yH} \perp OY_H$,$a''a_{yW} \perp OY_W$。

(2)点的投影到投影轴的距离,等于空间点到相关的投影面的距离。即:

$Aa = a'a_x = a''a_{yW}$,等于空间点 A 到 H 投影面的距离;

$Aa' = aa_x = a''a_z$,等于空间点 A 到 V 投影面的距离;

$Aa'' = a'a_z = aa_{yH}$,等于空间点 A 到 W 投影面的距离。

显然,点的两面投影即可唯一确定点的空间位置。由点的任意两面投影,运用上述投影特性,便可求出点的第三个投影。

【**例 3-1**】 已知 A、B 点的两面投影,求作其第三面投影,如图 3-2(a)所示。

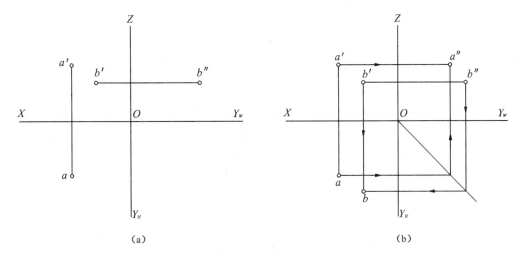

(a)　　　　　　　　　　　　　　(b)

图 3-2　求作点的第三个投影

【**解**】 根据点的投影规律,由点的两面投影可以求出点的第三个投影。具体作法如图 3-2(b)所示。

过 a 作水平线与 45°辅助线相交,再由交点向上作铅垂线,与过 a' 向右所作的水平线相交的交点即为 a''。

同理,过 b'' 作铅垂线与 45°辅助线相交,再由交点向左作水平线,与过 b' 向下所作的铅垂线相交于 b。

3.1.2　两点的相对位置

1)点的坐标

点的空间位置可以用直角坐标来确定。空间点 A 的坐标可表示为 $A(x,y,z)$,x 坐标表示 A 点到 W 面的距离 $x = Aa''$,y 坐标表示 A 点到 V 面的距离 $y = Aa'$,z 坐标表示 A 点到 H 面的距离 $z = Aa$。如图 3-3 所示。

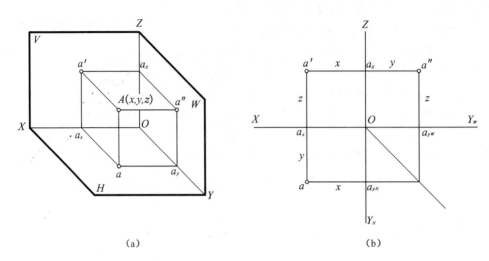

（a）　　　　　　　　　　　　　（b）

图 3-3　空间点的坐标

当点的 3 个坐标中有一个坐标为零,则该点位于某一投影面上。如图 3-4 所示,点 A 的 z 坐标为零,则 A 点位于 H 面上;点 B 的 y 坐标为零,则点 B 位于 V 面上;点 C 的 x 坐标为零,则 C 点位于 W 面上。投影面上的点,一个投影与自身重合,另两个投影在相应的投影轴上。

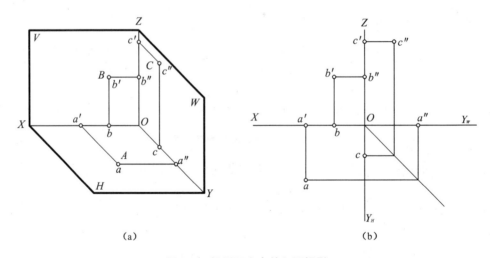

（a）　　　　　　　　　　　　　（b）

图 3-4　投影面上点的三面投影

当点的 3 个坐标中 2 个坐标为零,则该点位于某一投影轴上。如图 3-5 所示,点 D 的 y、z 坐标均为 0,则 D 点位于 X 轴上;点 E 的 x、y 坐标均为 0,则 E 点位于 Z 轴上;点 F 的 x、z 坐标均为 0,则 F 点位于 Y 轴上。投影轴上的点,一个投影在原点,另两个投影在相应的投影轴上。

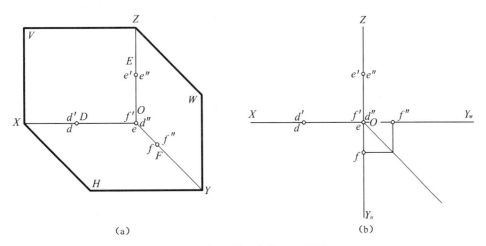

（a）　　　　　　　　　　　　　　（b）

图 3-5　投影轴上点的三面投影

【例 3-2】　已知点 $A(20,8,14)$，作其三面投影图。

【解】　作图步骤如下：

（1）以原点 O 为起点，在坐标轴 OX、OY_H、OZ 上分别截取长度 20 mm、8 mm、14 mm，得到点 a_x、a_{yH}、a_z，如图 3-6(a)所示。

（2）过点 a_x、a_z 分别作坐标轴 OX、OZ 的垂线，两垂线的交点为 a'；过点 a_{yH} 作水平线，左边与 $a'a_z$ 延长线的交点为 a，右边与 45°辅助线相交，过交点向上引垂线，该垂线与 $a'a_z$ 的延长线交点为 a''，如图 3-6(b)所示。

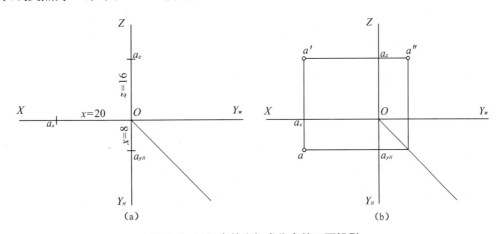

（a）　　　　　　　　　　　　　　（b）

图 3-6　已知点的坐标求作点的三面投影

2）两点的相对位置

两点的相对位置可以用点的坐标值的大小来判定。x 坐标反映两点的左右关系，大者在左面，小者在右面；y 坐标反映两点的前后关系，大者在前面，小者在后面；z 坐标反映两点的上下关系，大者在上面，小者在下面。一般以 x、y、z 坐标的顺序来判定两点的相对位置关系。

【例 3-3】　如图 3-7(a)所示，已知 A、B 两点的三面投影图，判断两点的相对位置关系，并画出两点的直观图。

【解】　由图 3-7(a)可知，B 点的 x 坐标大于 A 点，y 坐标小于 A 点，z 坐标大于 A 点，

因此 A、B 两点的相对位置为 B 点在 A 点的左面、后面和上面，称为 B 点在 A 点的左后上方。按各坐标作出其直观图，如图 3-7(b) 所示。

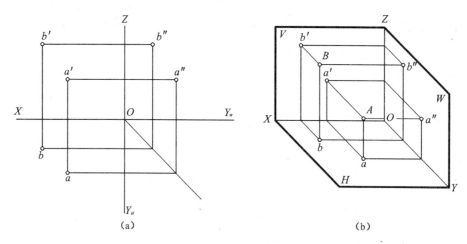

(a)   (b)

图 3-7　两点的相对位置关系

3）重影点及其可见性

如果空间两点的某两个坐标相同，两点位于某一投影面的同一投射线上，则两个点在这个投影面上的投影重合，这两点称为该投影面的重影点。对于重影点需判别其可见性，投射线先遇到的点可见，后遇到的不可见，将不可见点的投影加上括号表示。各投影面的重影点如表 3-1 所示。

表 3-1　投影面的重影点

	H 面的重影点	V 面的重影点	W 面的重影点
直观图			
投影图			
投影特性	A、B 两点的水平投影重合为一点，投影线自上而下，先遇到 B 点后遇到 A 点，因此 b 点可见，a 点不可见	C、D 两点的正面投影重合为一点，投影线从前往后，先遇到 C 点后遇到 D 点，因此 c' 点可见，d' 点不可见	E、F 两点的侧面投影重合为一点，投影线从左往右，先遇到 E 点后遇到 F 点，因此 e'' 点可见，f'' 点不可见

综上所述,各投影面的重影点的可见性判断规律为:上遮下,左遮右,前遮后。

3.2 直线的投影

  一条直线的空间位置可由直线上两点的空间位置来确定。因此,一条直线的投影,也可由直线上的两点的投影来确定。一般情况下,用线段的两个端点的投影连线来确定直线的投影。

  根据直线对投影面的相对位置的不同,可将直线分成 3 种:投影面垂直线、投影面平行线和一般位置直线。下面依次介绍每一种直线的投影特性。

3.2.1 投影面垂直线

  投影面垂直线是指与某一个投影面垂直的直线(必然平行于其他两个投影面),它又可以分为 3 种:铅垂线——垂直于 H 面而平行于 V、W 面;正垂线——垂直于 V 面而平行于 H、W 面;侧垂线——垂直于 W 面而平行于 V、H 面。

  投影特性:投影面垂直线在所垂直的投影面上的投影积聚成一个点(积聚性),另两个投影平行于相关的投影轴,且反映实长(实长性)。如表 3-2 所示。

表 3-2　投影面垂直线

	铅垂线	正垂线	侧垂线
定义	垂直于 H 面的直线	垂直于 V 面的直线	垂直于 W 面的直线
直观图			
投影图			
投影特性	(1) A、B 的水平投影 a、b 积聚为一点 $b(a)$; (2) $a'b'$ // $a''b''$ // OZ,且反映实长,即 $a'b'=a''b''=AB$	(1) C、D 的正面投影 c'、d' 积聚为一点 $c'(d')$; (2) cd // OY_H,$c''d''$ // OY_W,且反映实长,即 $cd=c''d''=CD$	(1) E、F 的侧面投影 e、f 积聚为一点 $e''(f'')$; (2) ef // $e'f'$ // OX,且 ef、$e'f'$ 反映实长,即 $ef=e'f'=EF$

3.2.2 投影面平行线

投影面平行线是指与某一个投影面平行而倾斜于另外两个投影面的直线,它又可以分为 3 种:水平线——平行于 H 面而倾斜于 V、W 面;正平线——平行于 V 面而倾斜于 H、W 面;侧平线——平行于 W 面而倾斜于 V、H 面。

投影特性:投影面平行线,在所平行的投影面上的投影反映实长,且该投影与相应投影轴的夹角反映直线与另两个投影面的倾角(直线对 H、V、W 面的倾角分别用字母 α、β、γ 表示);另外两个投影垂直于相关的投影轴。如表 3-3 所示。

表 3-3 投影面平行线

	水平线	正平线	侧平线
定义	平行于 H 面,且与另外两个面倾斜的直线	平行于 V 面,且与另外两个面倾斜的直线	平行于 W 面,且与另外两个面倾斜的直线
直观图	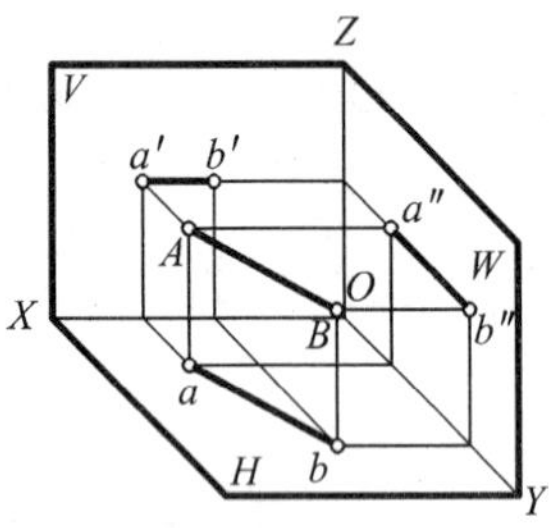	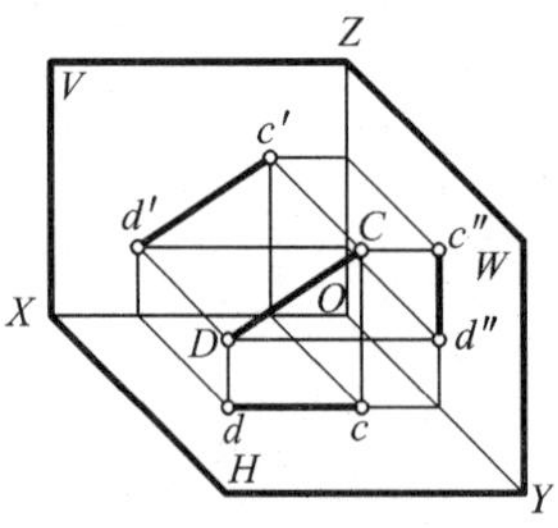	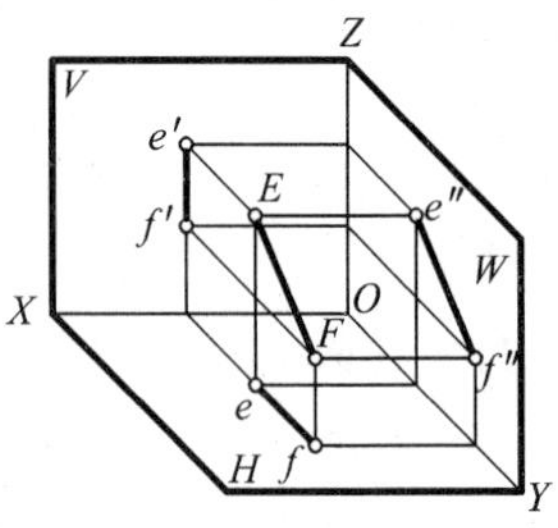
投影图	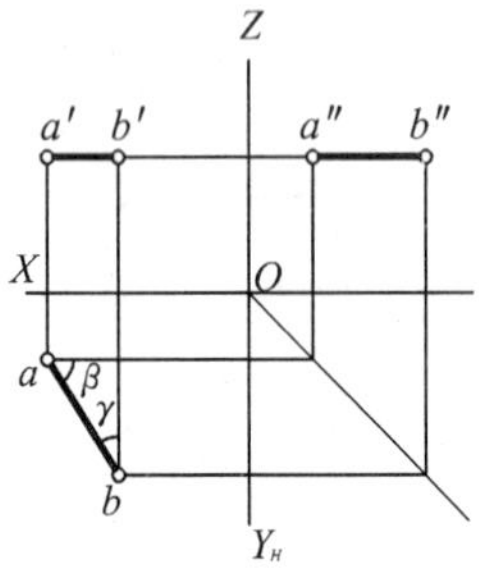	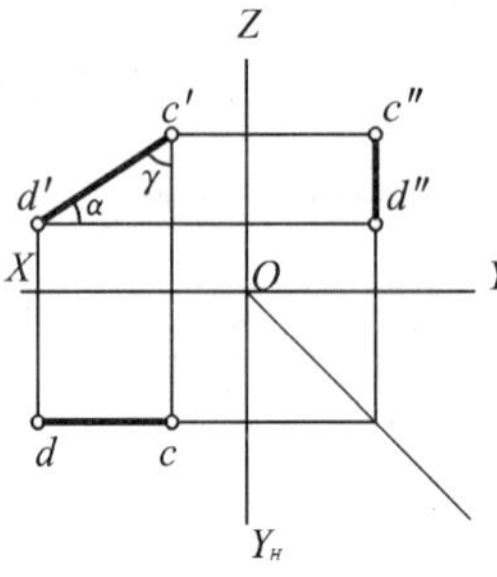	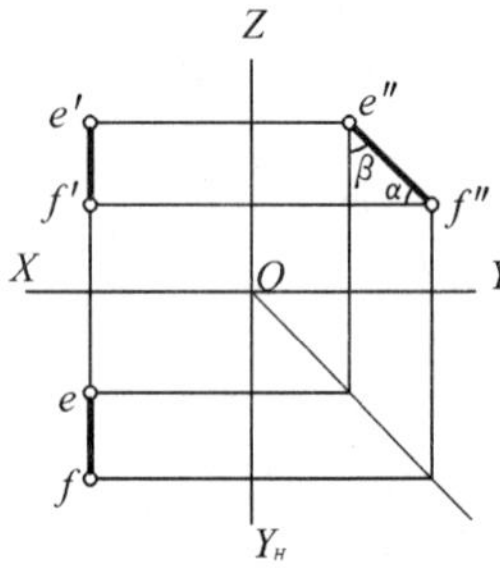
投影特性	(1) ab 反映实长,即 $ab = AB$,且反映倾角 β、γ 的真实大小; (2) $a'b' \perp OZ$,$a''b'' \perp OZ$	(1) $c'd'$ 反映实长,即 $c'd' = CD$,且反映倾角 α、γ 的真实大小; (2) $cd \perp OY_H$,$c''d'' \perp OY_W$	(1) $e''f''$ 反映实长,即 $e''f'' = EF$,且反映倾角 α、β 的真实大小; (2) $ef \perp OX$,$e'f' \perp OX$

3.2.3 一般位置直线

一般位置直线是指与 3 个投影面都倾斜的直线。

如图 3-8(a)所示,一般位置直线与 H 面、V 面、W 面的倾角分别为 α、β、γ,它们既不等于 0° 也不等于 90°。由 3-8(b)可知,一般位置直线的三面投影 ab、$a'b'$、$a''b''$ 均为斜线,投影长度均小于直线实长;投影与投影轴的夹角不能反映直线对投影面倾角的真实大小。但是可以通过作图求出其实长和倾角实形,此方法通常称为直角三角形法。

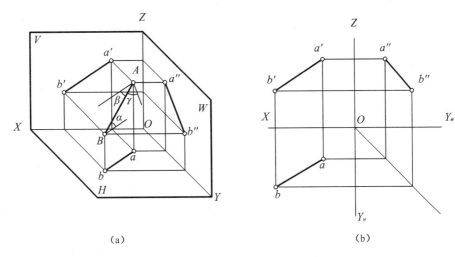

(a)　　　　　　　　　　　　　(b)

图 3-8　一般位置直线的三面投影

如图 3-9(a)所示，由 A_1B ∥ ab 可得△AA_1B 为直角三角形。其中，AB 为斜边，其长度即直线的实长；A_1B 为一条直角边，$A_1B = ab$，∠$ABA_1 = \alpha$；AA_1 为另一条直角边，其长度为 A、B 两点 z 坐标的差值 Δz。为了求出直线 AB 的实长和倾角 α，只要能作出 Rt△AA_1B 即可。

如图 3-9(b)所示，ab、$a'b'$ 分别为 AB 的 H 面、V 面投影。在 H 面投影上，以 ab 为一直角边，过 a 作其垂线，并截取 $aa_1 = \Delta Z$，aa_1 为另一直角边，连接 b、a_1，得到 Rt△aa_1b。显见，Rt△AA_1B 全等于 Rt△aa_1b，因此 ba_1 为直线 AB 的实长，∠aba_1 为直线与 H 面的倾角 α。

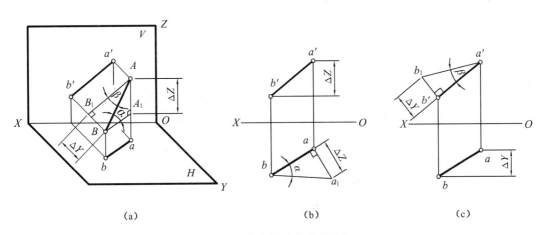

(a)　　　　　　　　　　(b)　　　　　　　　　　(c)

图 3-9　求直线的实长及倾角

同理可求 β 角，由 AB_1 ∥ $a'b'$ 可得△AB_1B 为直角三角形。其中，AB 为斜边，其长度即直线的实长；AB_1 为一条直角边，$AB_1 = a'b'$，∠$BAB_1 = \beta$；BB_1 为另一条直角边，其长度为 A、B 两点 Y 坐标的差值 ΔY。如图 3-9(c)所示，以 $a'b'$ 为一直角边，过 b' 作其垂线，并截取 $b'b_1 = \Delta Y$，$b'b_1$ 为另一直角边，连接 $a'b_1$，得到 Rt△$a'b_1b'$。显见，Rt△AB_1B 全等于 Rt△$a'b_1b'$，

因此 $a'b_1$ 为直线 AB 的实长，$\angle b_1a'b'$ 为直线与 V 面的倾角 β。

至于倾角 γ，只要作出 W 投影，就可以用同样的方法作出其直角三角形，请读者自己完成，需要注意的是各直角边的含义和倾角 γ 的位置。

根据上述作图的分析，可以总结出构成直角三角形法的 4 个要素：

(1) 三角形的一个直角边为一投影长。

(2) 三角形的另一个直角边为线段的"第三坐标差"：H 面上为 ΔZ、V 面上为 ΔY、W 面上为 ΔX。

(3) 三角形的斜边是线段的实长。

(4) 斜边与投影长的夹角为对应的倾角实形。

3.2.4 直线上的点

直线是点的结合，所以直线上点的投影有如下特性：

(1) 从属性：点 K 在直线 AB 上，则点 K 的三面投影在直线 AB 的各同面投影上，并符合点的投影规律。反之，若点 K 的三面投影在直线 AB 的各同面投影上，并符合点的投影规律，则点 K 在直线 AB 上，如图 3-10 所示。

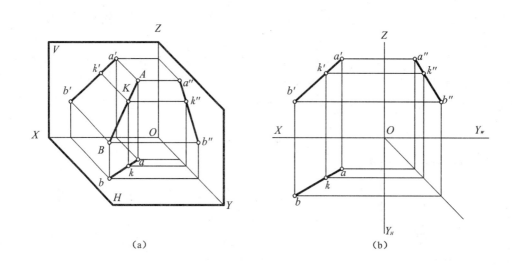

(a)   (b)

图 3-10　直线上点的投影规律

(2) 定比性：点 K 在直线 AB 上，则有：$AK:KB = ak:kb = a'k':k'b' = a''k'':k''b''$。反之，若点 $ak:kb = a'k':k'b' = a''k'':k''b''$，则此点 K 在直线 AB 上。

利用上述两个投影特性，可求出直线上点的投影或判断点是否在直线上。

【例 3-4】　如图 3-11 所示，已知 AB 上一点 C 的 V 面投影 c'，求 H 面投影 c。

【解】　过 a 作一条射线，在射线上截取 $ac_1 = a'c'$，$c_1b_1 = c'b'$，连接 b、b_1，过 c_1 作 bb_1 的平行线，交 ab 于 c。由 $cc_1 // bb_1$，可得 $ac:ac_1 = cb:c_1b_1$。又因为 $ac_1 = a'c'$，$c_1b_1 = c'b'$，则 $ac:a'c' = cb:c'b'$，因此 c 即为所求。作图见图 3-11。

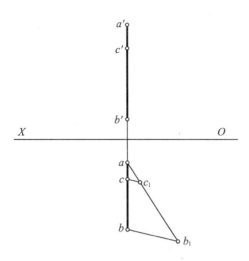

图 3-11　利用定比性求直线上点的投影

【例 3-5】　如图 3-12(a)所示，判断点 K 是否在侧平线 AB 上。

【解】　方法一：利用从属性

如图 3-12(b)所示，由直线 AB 和 K 点的两面投影，补出侧面投影 $a''b''$、k''。因为 k'' 不在 $a''b''$ 上，所以 K 点不在直线 AB 上。

方法二：利用定比性

如图 3-12(c)所示，过 a' 作一条射线，在射线上截取 $a'k_1 = ak$，$k_1b_1 = kb$，分别连接 b'、b 与 k'、k_1。由图可知 $k'k_1$ 不平行于 $b'b_1$，所以 K 点不在直线 AB 上。

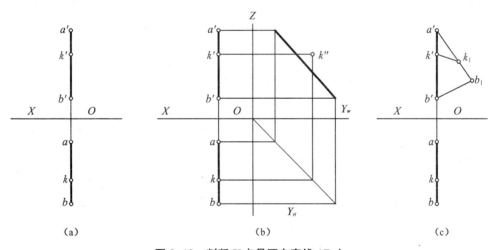

(a)　　　　　　　　　　　(b)　　　　　　　　　　　(c)

图 3-12　判断 K 点是否在直线 AB 上

3.2.5　两直线的相对位置

空间两直线的相对位置有 3 种情况：平行、相交和交叉。在后两种位置中还有一种特殊情况——垂直相交和垂直交叉。

1）两直线平行

若两直线在空间相互平行，则它们的同面投影除了积聚和重影外仍然相互平行。如

图 3-13 所示,直线 AB 和直线 CD 为一般位置直线,且 $AB \parallel CD$,则 $ab \parallel cd$、$a'b' \parallel c'd'$、$a''b'' \parallel c''d''$。

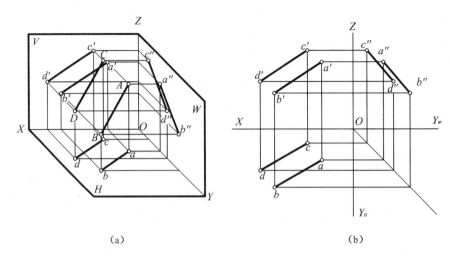

(a)　　　　　　　　　　(b)

图 3-13　两直线平行

注意:若两直线是某一投影面的平行线,则必须是两直线在该投影面上的投影相互平行,两直线在空间才相互平行,不能仅根据其他两个投影而直接判别。

【例 3-6】　如图 13-14(a)、(c)所示,已知两侧平线 AB 和 CD、EF 和 GH 的 V、H 投影都是平行的,判断空间 AB 和 CD、EF 和 GH 是否平行。

【解】　方法一:作第三投影,如图 13-14(b)、(d)所示。可以看出,AB 和 CD 是平行的,而 EF 和 GH 是不平行的。

方法二:指向判别。仔细分析可以发现,AB 和 CD 的 V、H 投影字母顺序是一致的,而且长度也是相等的,说明 AB 和 CD 的指向是完全一致的,当然是平行的;而 EF 和 GH 的 V、H 投影字母顺序是相反的,说明它们的指向是不一致的,所以空间也是不平行的。

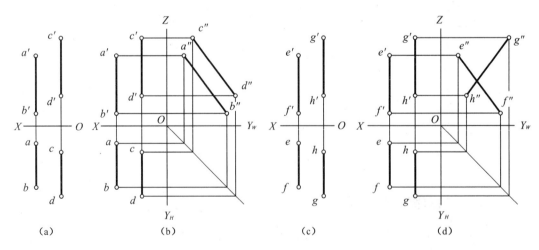

(a)　　　　　(b)　　　　　(c)　　　　　(d)

图 3-14　判断两直线是否平行

若两直线是某一投影面的垂直线,则两直线必在空间相互平行。

2）两直线相交

两直线在空间相交，则它们的同面投影仍然相交，且交点满足点的投影规律。如图 3-15 所示，直线 AB 和直线 CD 相交于点 K，则有 ab 与 cd 相交于 k，$a'b'$ 与 $c'd'$ 相交于 k'，且 $kk' \perp OX$，满足点的投影规律。

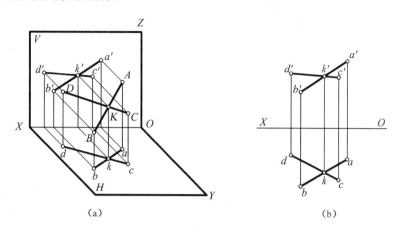

(a)   （b）

图 3-15　两直线相交

注意：若两直线中有某一投影面的平行线时，那么在不反映实长的两个投影面上的投影可能是相交的，但是不能据此评定两直线在空间也是相交的，如图 3-16 所示，AB 与 EF 都是侧平线，它们在 H 面和 V 面的投影中分别与 CD 和 GH 相交，但是从 W 面投影可知 EF 和 GH 是不相交的。当然，也可不作 W 面投影，而根据定比性判断它们是否相交，请读者自己分析。

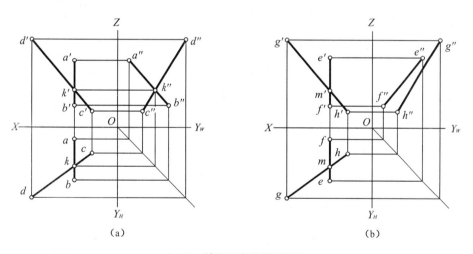

（a）   （b）

3-16　判断两直线是否相交

3）两直线交叉

两直线在空间既不平行也不相交，则称两直线交叉，又称为异面直线。两直线交叉，其同面投影可能有平行的，但三面投影不可能都平行；其同面投影也可能都是相交的，但交点不满足点的投影规律，如图 3-17 所示。

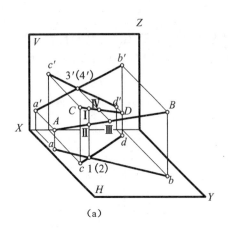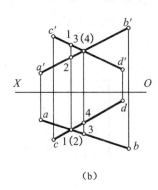

图 3-17　两直线交叉

两直线交叉,其同面投影的交点为该投影面重影点的投影,可根据其他投影判别其可见性。如Ⅰ、Ⅱ点为 H 面的重影点,通过 V 面投影可知Ⅰ点在上,Ⅱ点在下,因此Ⅰ点可见,Ⅱ点不可见;Ⅲ、Ⅳ点为 V 面的重影点,通过 H 面投影可知Ⅲ点在前,Ⅳ点在后,因此Ⅲ点可见,Ⅳ点不可见。

4）两直线垂直

垂直两直线的投影不一定垂直。当垂直两直线中至少有一条直线平行于某投影面时,则两直线的在该投影面上的投影相互垂直。反之,如果两直线在某个投影面上的投影相互垂直,且其中一条直线平行于该投影面(即为该投影面的平行线),则两直线在空间必定相互垂直。这种特性称为直角投影定理。如图 3-18 所示,AB 与 BC 垂直相交,$AB/\!/V$ 面,在 V 面投影上,$a'b'\perp b'c'$。

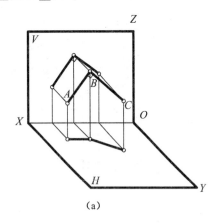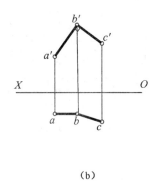

图 3-18　两直线垂直

【例 3-7】　求作 AB、CD 的公垂线,见图 3-19(a)。

【解】　AB 为铅垂线,CD 是一般位置直线,它们的公垂线必定是水平线。根据直角投影定理,由铅垂线 AB 的 H 面投影 $a(b)$ 向 cd 作垂线交于 f,由 f 向上作垂线与 $c'd'$ 相交于 f',由 f' 向 $a'b'$ 作垂线(水平线)交于 e',则 ef 和 $e'f'$ 即为所求公垂线 EF 的两面投影,如图 3-19(b)所示。

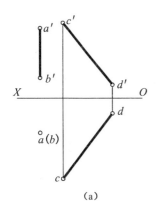
(a)

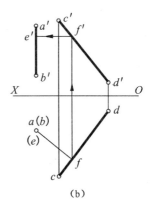
(b)

图 3-19　求作 AB、CD 的公垂线

3.3　平面的投影

3.3.1　平面的表示方法

平面的表示方法有两种,一种是用几何元素表示平面,另一种是用迹线表识平面。

1) 几何元素表示法

(1) 不在同一直线上的三点,如图 3-20(a)所示。

(2) 一直线和直线外一点,如图 3-20(b)所示。

(3) 相交两直线,如图 3-20(c)所示。

(4) 平行两直线,如图 3-20(d)所示。

(5) 任意平面图形,如三角形、四边形、圆形等,如图 3-20(e)所示。

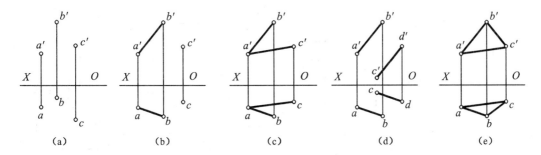

(a)　　　　　(b)　　　　　(c)　　　　　(d)　　　　　(e)

图 3-20　用几何元素表示平面

2) 迹线表示法

如图 3-21(a)所示,平面 P 与 H、V、W 3 个投影面相交,平面 P 与 H 面的交线称为水平迹线,用 P_H 表示;平面 P 与 V 面的交线称为正面迹线,用 P_V 表示;平面 P 与 W 面的交线称为侧面迹线,用 P_W 表示。显然,3 条迹线中任意 2 条都可以确定平面 P 的空间位置。

迹线表示法常用于特殊位置平面,如图 3-21(b)、(c)所示,而且往往只用有积聚性投影的迹线表示,其他迹线可以省略。

41

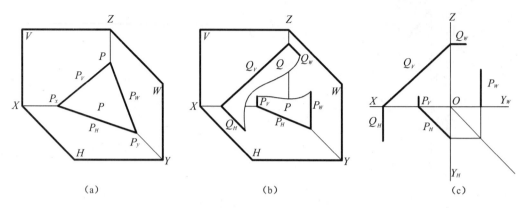

(a)   (b)   (c)

图 3-21　用迹线表示平面

3.3.2　各种位置平面的投影特性

根据平面对投影面的相对位置的不同,可将平面分成 3 种:投影面平行面、投影面垂直面和一般位置平面。下面依次介绍每一种平面的投影特性。

1) 投影面平行面

投影面平行面是指与某一个投影面平行的平面,它又可以分为 3 种:水平面——平行于 H 面而垂直于 V、W 面;正平面——平行于 V 面而垂直于 H、W 面;侧平面——平行于 W 面而垂直于 H、V 面。

投影特性:投影面平行面,在所平行的投影面上的投影反映实形;它的另外两个投影积聚成直线,且垂直于相关的投影轴。如表 3-4 所示。

表 3-4　投影面平行面的投影特性

	水平面	正平面	侧平面
定义	平行于 H 面的平面	平行于 V 面的平面	平行于 W 面的平面
直观图			
投影图			

	水平面	正平面	侧平面
投影特性	(1) H 面投影 p 反映实形； (2) V 面和 W 面投影 p'、p"积聚成直线，且均垂直于 OZ 轴	(1) V 面投影 q'反映实形； (2) H 面和 W 面投影 q、q"积聚成直线，且分别垂直于 OY_H、OY_W 轴	(1) W 面投影 r"反映实形； (2) H 面和 V 面投影 r、r'积聚成直线，且均垂直于 OX 轴

2) 投影面垂直面

投影面垂直面是指与某一个投影面垂直，且与另外两个投影面倾斜的平面，它又可以分为 3 种：铅垂面——垂直于 H 面而倾斜于 V、W 面；正垂面——垂直于 V 面而倾斜于 H、W 面；侧垂面——垂直于 W 面而倾斜于 H、V 面。

投影特性：在所垂直的投影面上的投影积聚成一条直线，该直线与相应投影轴的夹角反映了平面与投影面的倾角；另两个投影与空间平面具有类似性。如表 3-5 所示。

表 3-5 投影面垂直面的投影特性

	铅垂面	正垂面	侧垂面
定义	垂直于 H 面，且与 V、W 面倾斜的平面	垂直于 V 面，且与 H、W 面倾斜的平面	垂直于 W 面，且与 H、V 面倾斜的平面
直观图	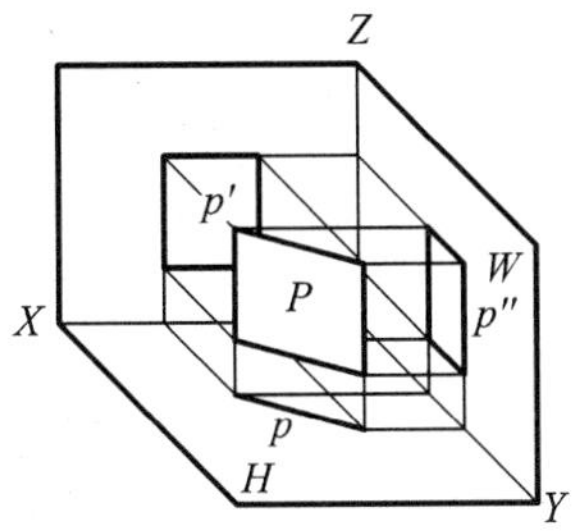	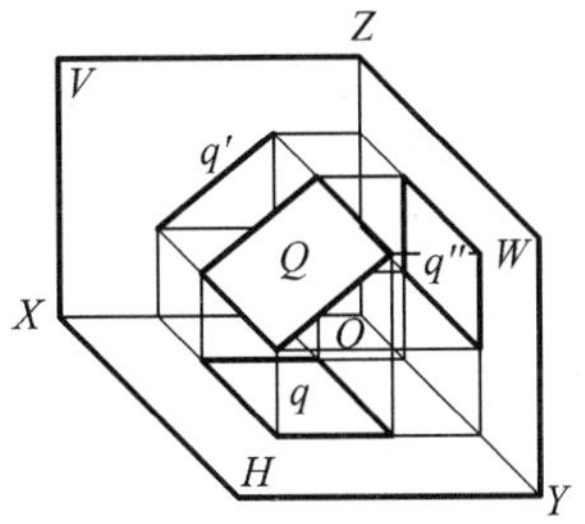	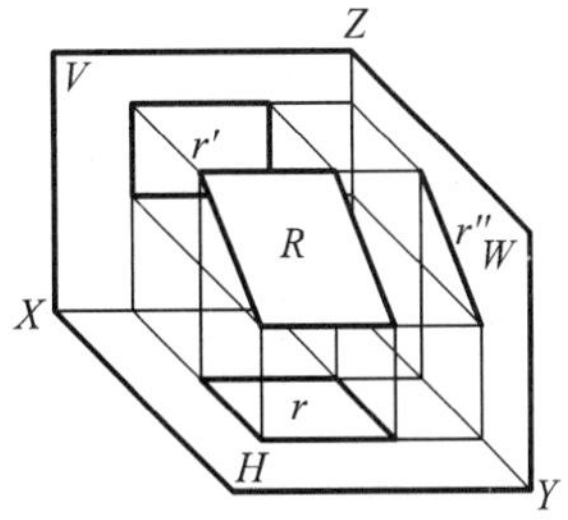
投影图	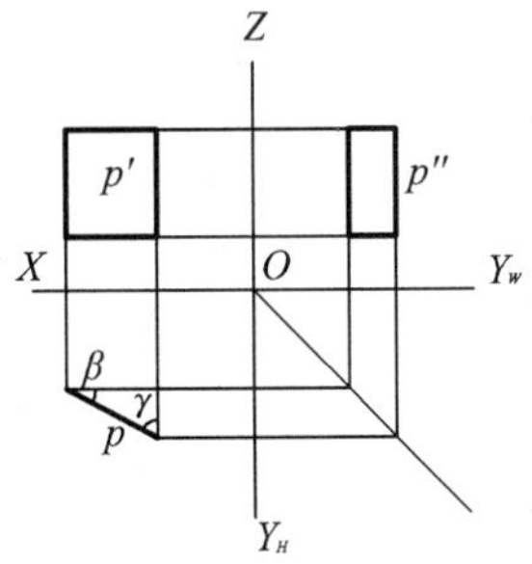	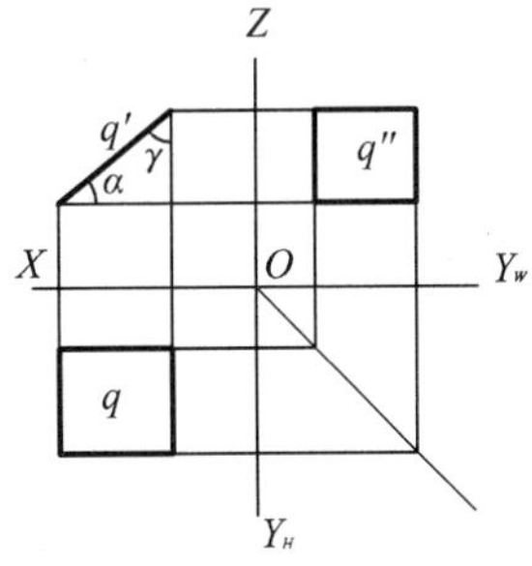	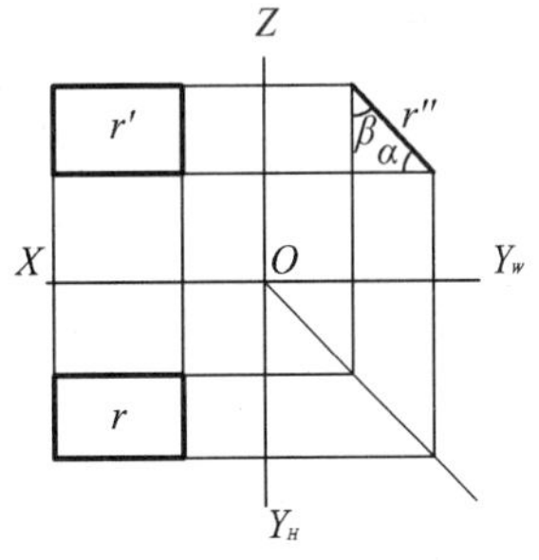
投影特性	(1) H 面投影 p 积聚成直线，且反映倾角 β、γ 的真实大小； (2) V 面和 W 面投影 p'、p"与平面 P 具有类似性	(1) V 面投影 q'积聚成直线，且反映倾角 α、γ 的真实大小； (2) H 面和 W 面投影 q、q"与平面 Q 具有类似性	(1) W 面投影 r"积聚成直线，且反映倾角 α、β 的真实大小； (2) H 面和 V 面投影 r、r'与平面 R 具有类似性

3) 一般位置平面

一般位置平面是指与 3 个投影面都倾斜的平面，如图 3-22 所示。3 个投影都不反映空间平面的实形，且投影均不具有积聚性，投影也不反映平面对投影面的倾角的大小，三面投影都具有类似性。

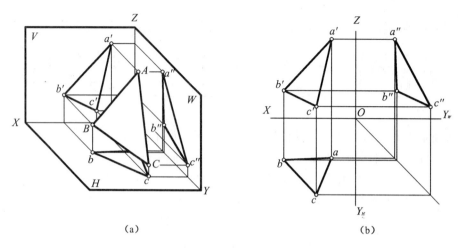

(a)   (b)

图 3-22　一般位置平面的投影

3.3.3　平面上的点和直线

（1）若点在平面内的一条直线上，则点在该平面上。如图 3-23(a)所示，点 M、N 分别在直线 AC 和 AB 上，则点 M、N 在平面 ABC 上。根据这一投影特性可知，若要在平面上作点，必须确定平面上的点所在的直线。

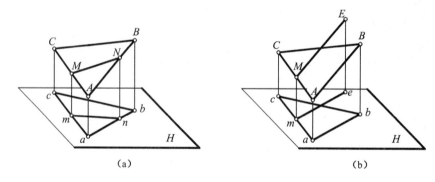

(a)   (b)

图 3-23　平面上的点和直线

（2）若直线在平面上，则：

① 必通过平面上的两个点。如图 3-23(a)所示，直线 MN 通过平面上的两个点 M 和 N，所以直线 MN 在平面上。

② 过一个点并平行于平面上的一条直线。如图 3-23(b)所示，直线 ME 过平面上的一点 M，且平行于平面上的直线 AB，所以直线 MN 在平面 ABC 上。

【例 3-8】　已知平面 ABC 的两面投影及 K 点的水平投影 k，如图 3-24(a)所示。点 K 在平面 ABC 上，求作 K 点的 V 面投影。

【解】　因为点 K 在平面 ABC 上，则点 K 必定属于平面上的某一条直线上。连接 a、k 得直线 ak，与 bc 相交于点 d。过点 d 向上引投影连线与 $b'c'$ 相交于点 d'，连接 $a'd'$；过点 k 向上引投影连线，与直线 $a'd'$ 的交点即为 K 点的 V 面投影 k'。如图 3-24(b)所示。

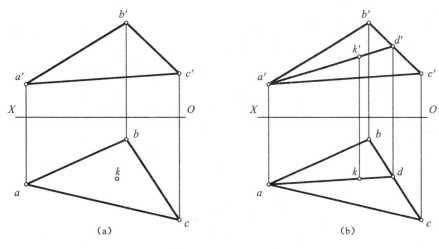

图 3-24　求作平面上点的投影

3.3.4　平面上的最大斜度线

平面内对投影面倾角最大的直线称为该平面的最大斜度线,它必垂直于该平面上的投影面平行线。平面上的最大斜度线有 3 种:垂直于水平线的直线称为对 H 面的最大斜度线;垂直于正平线的直线称为对 V 面的最大斜度线;垂直于侧平线的直线称为对 W 面的最大斜度线。

如图 3-25(a)所示,直线 CD 是平面 P 上的水平线,过点 A 作 $AB \perp CD$,则 AB 是对 H 面的最大斜度线。最大斜度线的意义是可以用它测定平面对投影面的倾角。由于 $AB \perp EB$,则 $\angle ABa = \alpha$,α 即是 P、H 两面的二面角。所以平面 P 与 H 面的夹角就是最大斜度线 AB 对 H 面的倾角。

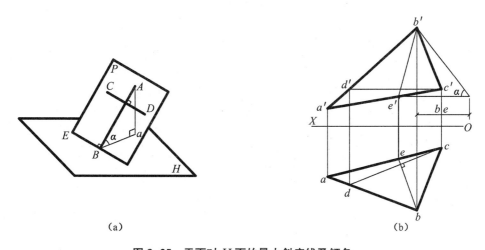

图 3-25　平面对 H 面的最大斜度线及倾角 α

【例 3-9】 已知平面 $\triangle ABC$ 的两面投影,求作 $\triangle ABC$ 对 H 面的最大斜度线,并求出 $\triangle ABC$ 对 H 面的倾角 α。

【解】 如图 3-25(b)所示。

作平面 $\triangle ABC$ 内的水平线 CD 的两面投影 cd、$c'd'$。根据直角投影定理,当垂直两条线中有一条直线平行于某投影面时,则两条线在该投影面上的投影必定垂直。过 b 作 be 垂直于 cd 交 ac 于 e,过 e 向上作垂线得到 e'。be、$b'e'$ 即 $\triangle ABC$ 对 H 面的最大斜度线 BE 的两面投影。

根据直角三角形法,以 BE 的 $\triangle z$ 坐标差值为一直角边,be 为另一直角边,斜边与 be 直角边的夹角即为 α。

4 曲线和曲面的投影

  曲线和曲面由于其流畅、平滑和造型美观，如今在建筑形体中得到了越来越广泛的应用。如图 4-1 所示的国家体育馆——鸟巢，是 2008 年第 29 届奥林匹克运动会的主体育场，其主体结构和屋面大量采用了曲线和曲面元素。本章介绍一些曲线、曲面的基本知识。

图 4-1　国家体育馆

4.1　曲线

4.1.1　曲线的形成和分类

  曲线是指由点运动而形成的非直线的圆滑轨迹。按照点是否在同一平面内，将曲线分成两大类：

  (1) 平面曲线。曲线上所有的点属于同一平面，如圆、椭圆、双曲线、抛物线等；

  (2) 空间曲线。曲线上任意 4 个连续的点不在同一平面上，如螺旋线。

  另外，也可以按照点的运动有无规则，将曲线分成规则曲线和非规则曲线。比如圆、椭圆、双曲线、抛物线、螺旋线均属于规则曲线。

  圆和圆柱螺旋线是常见的两种曲线。

4.1.2　圆

  圆的投影特性：

  (1) 若圆平面平行于投影面，则圆在该投影面上的投影仍为圆，反映实形，如图 4-2(a)。

  (2) 若圆平面垂直于投影面，则圆在该投影面上的投影为直线，直线长度等于圆的直径，如图 4-2(b) 的 V 面投影。

  (3) 若圆平面与投影面倾斜，则圆在该投影面上的投影为椭圆，如图 4-2(b) 的 H 面投影。

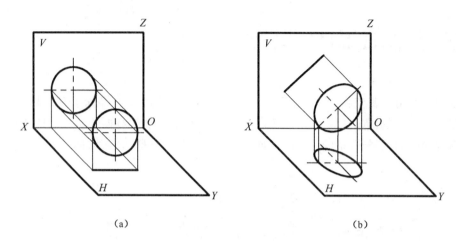

(a)   (b)

图4-2 圆的投影

当圆的投影为椭圆时,长轴是平行于这个投影面的直径的投影且反映实长;短轴是对这个投影面成最大斜度的直径的投影。椭圆的画法参照其他章节。

4.1.3 圆柱螺旋线

1) 圆柱螺旋线的形成及分类

一动点绕着圆柱面的轴线做等角速度旋转运动,同时沿圆柱面上的直母线做匀速直线运动,则该动点在圆柱面上的轨迹称为圆柱螺旋线,动点旋转一周沿轴线方向移动的距离称为导程S。如图4-3(a)所示,A点的轨迹即为圆柱螺旋线。

根据动点的旋转方向的不同,可以把圆柱螺旋线分成两类:当圆柱的轴线为铅垂线时,如果螺旋线自左往右而上升的,称为右螺旋线,如图4-3(b)所示;反之,称为左螺旋线,如图4-3(c)所示。

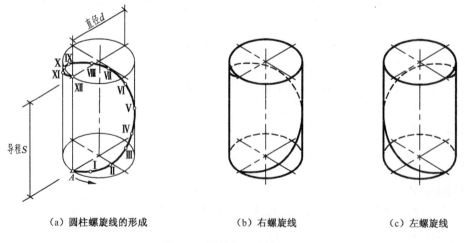

(a) 圆柱螺旋线的形成   (b) 右螺旋线   (c) 左螺旋线

图4-3 圆柱螺旋线的形成

2）圆柱螺旋线的画法

已知圆柱轴线垂直于 H 面,圆柱直径为 D,作出导程为 P_n 的右旋螺旋线的 H 面和 V 面投影。

作图步骤如下:

（1）作出直径为 D、高为 P_n 的圆柱面的两面投影,并将 H 面的圆周和 V 面的导程 P_n 分成相同的等份（图中为 12 等份）,分别按顺序标出各等分点 0、1、2、…、12,如图 4-4(a)所示。

（2）从 H 面的圆周等分点向上引投影连线,依次与导程相应等分点引出的水平线相交,得到相应的交点 $0'$、$1'$、$2'$、…、$12'$,如图 4-4(b)所示。

（3）用光滑的曲线将 $0'$、$1'$、$2'$、…、$12'$ 连接起来,并将可见的螺旋线投影画成粗实线,将不可见的螺旋线投影画成中虚线,该曲线即为螺旋线的正面投影,如图 4-4(c)所示。

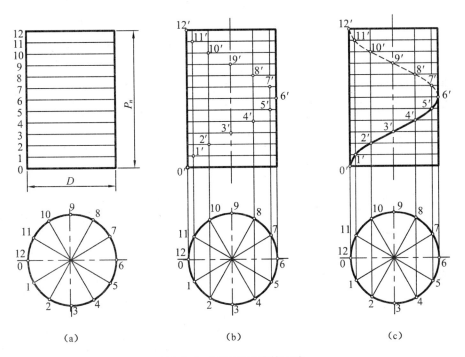

（a）　　　　　　　　（b）　　　　　　　　（c）

图 4-4　圆柱螺旋线的画法

4.2　曲面

4.2.1　曲面的形成和分类

1）曲面的形成

曲面是一动线在空间按照一定约束条件（导线）连续运动所形成的轨迹,该动线称为母线 L。母线处于曲面上任意位置时,称为曲面的素线,如图 4-5 所示。

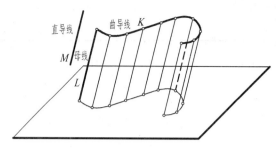

图 4-5   曲面的形成

2) 曲面的分类

根据不同的分类标准,曲面有很多不同的分类方法。

按照母线的形状不同,可以将曲面分为两大类:

(1) 直纹曲面:由直母线(母线为直线)运动形成的曲面,如圆柱面、圆锥面等。

(2) 非直纹曲面:由曲母线(母线为曲线)运动形成的曲面,如球面等。

按照母线的运动方式不同,可以将曲面分为两大类:

(1) 回转面:由母线绕某一轴线旋转而形成的曲面,如圆柱面、圆锥面、球面等。

(2) 非回转面:由母线按照其他约束条件运动所形成的曲面,如柱状面、锥状面、双曲抛物面等。

曲面的种类很多,应用最多的是回转曲面,将在另一章节讨论。这里仅介绍土木工程中常见的直纹曲面的形成和它们的表示方法。

4.2.2   工程中常见的直纹曲面

1) 单叶双曲回转面

一直母线绕着与之交叉的轴线旋转而形成的曲面称为单叶双曲回转面。如图 4-6 所示,直母线 AB 绕着与之交叉的轴线 O_1O_2 旋转,得到的曲面就是单叶双曲回转面。单叶双曲回转面经常用于水塔、电视塔和冷凝塔等工程中,如图 4-7 所示的冷凝塔就是单叶双曲回转面的具体应用。

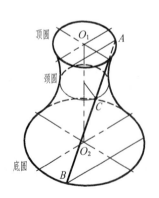

图 4-6   单叶双曲回转面的形成

图 4-7   单叶双曲回转面的应用

已知直母线 MN 和轴线 O_1O_2,该单叶双曲回转面投影的作图步骤如下:

(1) 作出直母线 MN 和轴线 O_1O_2 的两面投影 $m'n'$、mn 和 $O_1'O_2'$、O_1O_2,轴线 O_1O_2 垂直

于 H 面,如图 4-8(a)所示。

（2）直母线旋转时,两个端点的运动轨迹是垂直于轴线而平行于 H 面的纬圆。以轴线的 H 面投影为圆心,分别以 O_1m 和 O_2n 为半径作同心圆,如图 4-8(b)所示。

（3）在 H 面投影上,把两个纬圆分别从 m、n 开始,均分成相同的等份(图中为 12 等份),mn 顺时针旋转 $30°$(即圆周的 1/12)后,就得到素线 PQ 的 H 面投影 pq,由 pq 向上引投影连线,得到 V 面投影 $p'q'$,如图 4-8(c)所示。

（4）顺次作出每旋转 $30°$ 后各素线的 H 面投影和 V 面投影;在 V 面上,引平滑曲线作为包络线与各素线的 V 面投影相切,即为双曲线;在 H 面上,作各素线的包络线,即为该曲线的颈圆,如图 4-8(d)所示。

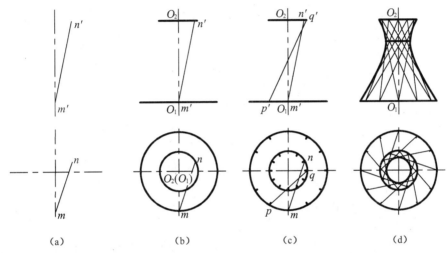

图 4-8　单叶双曲回转面的画法

2）柱状面

一直母线沿着两条曲导线且始终平行于一导平面运动所形成的曲面,称为柱状面。如图 4-9(a)所示,柱状面的直母线 AC,沿着由曲线 AB 和曲线 CD 移动,并始终平行于导平面 P。当导平面平行于 W 面时,该柱状面的投影如图 4-9(b)所示。

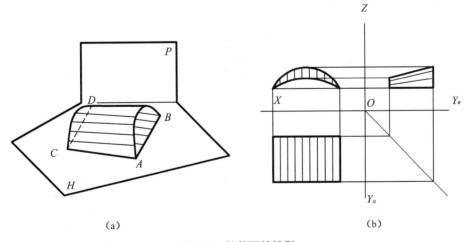

图 4-9　柱状面的投影

柱状面常用于壳体屋顶、隧道拱及钢管接头等。

3）锥状面

一直母线沿着一直导线和一曲导线且始终平行于一导平面运动所形成的曲面，称为锥状面。如图 4-10(a)所示，直母线 AC 沿着直导线 CD 和曲导线 AB 移动，且始终平行于导平面 P。当导平面平行于 W 面时，该锥状面的投影如图 4-10(b)所示。

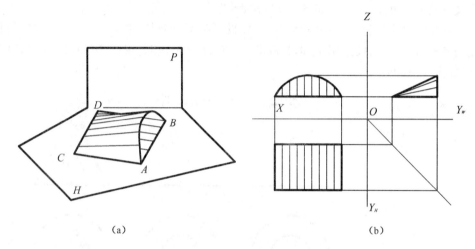

| (a) | (b) |

图 4-10　锥状面的投影

锥状面常用于壳体屋顶及雨篷等。

4）双曲抛物面

一直母线沿着两交叉直导线且始终平行于一导平面运动所形成的曲面，称为双曲抛物面。如图 4-11 所示，直母线 AC 沿着交叉直线 AB 和 CD 移动，且始终平行于导平面 P，此曲面也称马鞍面。

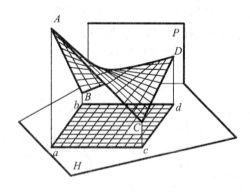

图 4-11　双曲抛物面的形成

双曲抛物面投影图的作图步骤如下：

（1）作出导线 AB 和 CD 的两面投影 ab、$a'b'$ 和 cd、$c'd'$，以及导平面 P 在 H 面的投影 P_H，如图 4-12(a)所示。

（2）将直导线分成若干等份（图中为 6 等份），分别连接各等分点的对应投影，如图 4-12(b)所示。

（3）在 V 面上，用平滑曲线作为包络线与各素线的 V 面投影相切，即为一条抛物线，如图 4-12(c)所示。

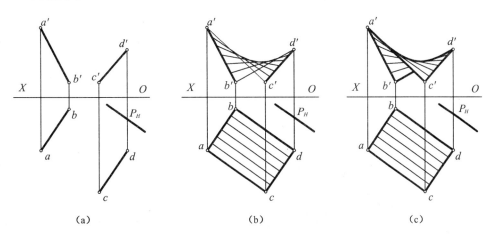

（a）　　　　　　　　（b）　　　　　　　　（c）

图 4-12　双曲抛物面的画法

5）平螺旋面

一直母线沿着圆柱螺旋线和圆柱轴线，且始终平行于与圆柱轴线垂直的导平面移动而形成的曲面，称为平螺旋面，如图 4-13 所示。

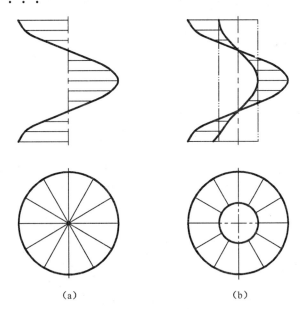

（a）　　　　　　　　（b）

图 4-13　平螺旋面

平螺旋面投影图的作图步骤如图 4-13(a)所示。

（1）画出圆柱螺旋线和圆柱轴线的 H 面投影和 V 面投影。

（2）将圆柱螺旋线 H 面投影沿着圆周分成若干等份（图中为 12 等份），并将等分点与圆心相连，连线即为平圆柱螺旋面上素线的 H 面投影。

（3）将圆柱螺旋线 V 面投影也分成相同等份，过各等分点作水平线与轴线相交，这些水平线即为平圆柱螺旋面上素线的 V 面投影。

图 4-13(b)所示的是平螺旋面被一个同轴小圆柱所截的情况,它在建筑工程中随处可见,比如用作图 4-14 所示的旋转楼梯等。

图 4-14 平螺旋面的应用

【**例 4-1**】 已知螺旋楼梯所在的内外螺旋面的投影图,如图 4-15(a)所示。试作出螺旋楼梯的两面投影。

【**解**】 螺旋楼梯画法如下:在螺旋楼梯的每一个踏步中,踏面为扇形,踢面为矩形,两端面为圆柱面,底面为螺旋面。设第 1 个踏步踏面 4 个角点分别为 II_1、II_2、III_2、III_1,踢面 4 个角点分别为 I_1、I_2、II_2、II_1。第 2 个踏步踏面 4 个角点分别为 IV_1、IV_2、V_2、V_1,踢面 4 个角点分别为 III_1、III_2、IV_2、IV_1。

(1) 将内外导圆柱在 H 面的投影分为 12 份,得到 12 个扇形踏面的水平投影。在水平投影上作出第 1 个、第 2 个踏步踏面和踢面各角点的水平投影,如图 4-15(a)所示。

(2) 画第 1 个踏步的 V 面投影。第 1 个踢面 $\mathrm{I}_1\mathrm{I}_2\mathrm{II}_2\mathrm{II}_1$ 的 H 面投影积聚成一个水平线段 $(1_1)(1_2)2_22_1$。分别过点 $1_1'$、点 $1_2'$ 向上引垂线,截取一个踏步的高度,得到点 $2_1'$、点 $2_2'$,矩形 $1_1'1_2'2_2'2_1'$ 为第 1 个踏步踢面的 V 面投影,$2_1'2_2'3_1'3_2'$ 为第 2 个踏步踏面的 V 面投影,如图 4-15(b)所示。

(3) 画第 2 个踏步的 V 面投影。第 2 个踢面 III_1、III_2、IV_2、IV_1 的 H 面投影积聚成一斜线段 $(3_1)(3_2)4_24_1$。分别过点 $3_1'$、点 $3_2'$ 向上引垂线,截取一个踏步的高度,得到点 $4_1'$、点 $4_2'$,矩形 $3_1'3_2'4_1'4_2'$ 为第 2 个踏步踢面的 V 面投影,$4_1'4_2'5_1'5_2'$ 为第 2 个踏步踏面的 V 面投影,如图 4-15(c)所示。

以此类推,依次画出其余各踏步踢面和踏面的 V 面投影。当画到第 4～9 级踏步时,由于本身遮挡,踏步的 V 面投影大部分不可见,而可见的是地面的螺旋面。

（4）最后画楼梯底面的投影。可对应于梯级螺旋面上的各点,向下截取相同的高度,求出底板螺旋面相应各点的 V 面投影。比如,第 7 个踏步踢面底线的两个端点是 M_1、M_2。从它们的 V 面投影 m'_1、m'_2 向下截取梯板沿竖直方向的厚度,得到点 n'_1、n'_2,即所求梯板底面上与 M_1、M_2 相对应的两点 N_1、N_2 的 V 面投影。同法求出其他各点后,用光滑曲线连接,即为梯板底面的 V 面投影。完成后的螺旋楼梯两面投影如图 4-15(d)所示。

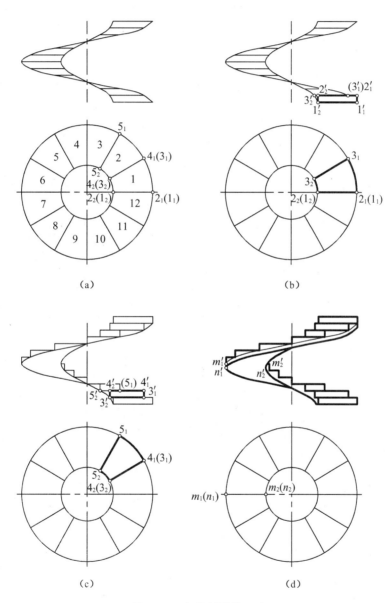

图 4-15 螺旋楼梯的画法

5   立体的投影

在建筑工程中,我们会接触到各种形状的建筑物(如房屋、水塔)及其构配件(如基础、梁、柱等),虽然其形状复杂多样,但经过仔细分析,不难看出它们一般都是由一些简单的几何体经过叠加、切割或相交等形式组合而成。如图 5-1 所示。

我们把这些简单的几何体称为基本几何体,有时也称为基本形体;把建筑物及其构配件的形体称为建筑形体。

基本几何体(按照其表面的组成)分为:

平面立体:表面全部由平面围成的几何体(简称平面体),如图 5-1(a)、(b)、(c)所示。

曲面立体:表面全部由曲面或曲面与平面围成的几何体(简称曲面体),如图 5-1(d)、(e)、(f)所示。

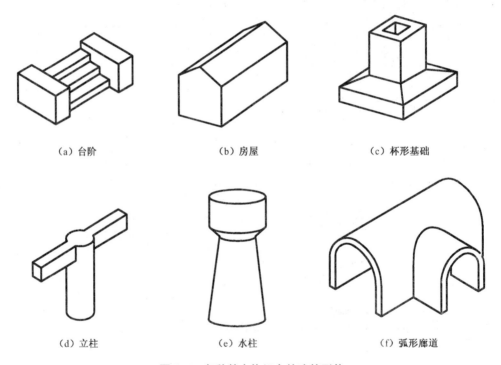

(a) 台阶   (b) 房屋   (c) 杯形基础

(d) 立柱   (e) 水柱   (f) 弧形廊道

图 5-1   各种基本体组合的建筑形体

5.1   平面立体的投影

平面立体也称多面体,它的表面都是由平面围成的,即平面立体的表面都是平面多边形。常见的简单的平面体有棱柱、棱锥和棱台,它们的投影各有特点。

5.1.1 棱柱

形体特征:棱柱的各棱线互相平行,底面、顶面为多边形。棱线垂直顶(底)面时称直棱柱,棱线倾斜顶(底)面时称斜棱柱。顶(底)面是正多边形的棱柱称为正棱柱。

安放位置:安放形体时要考虑两个因素:一要使形体处于稳定状态;二要考虑形体的工作状况。为了作图方便,应尽量使形体的表面平行或垂直于投影面。

投影分析及形成:

如图 5-2(a)所示,为一棱线垂直于 H 面的正五棱柱,按点、线、面的投影规律,作出其三面投影如图 5-2(b)所示。

五棱柱的上、下底为水平面,所以其 H 投影重合为反映实形的正五边形,五边形的各边分别是五棱柱各个侧面的积聚投影,5 个顶点则是各棱线的积聚投影。

V 面投影的外框为矩形,矩形的上、下两条边分别是五棱柱上、下底面的积聚投影,4 条可见的铅直线分别是左、右、左前、右前棱线的实长投影,构成的 3 个可见矩形则分别是左前、右前两个侧面的类似形投影及前侧面的实形投影,1 条虚线是后方不可见棱线的投影。

W 面投影的外框也是矩形,上、下两条边同样是五棱柱上、下底面的积聚投影,3 条可见的铅直线分别是左后、左前和后棱线的实长投影,构成的两个矩形则分别是左后、左前侧面的类似形投影。

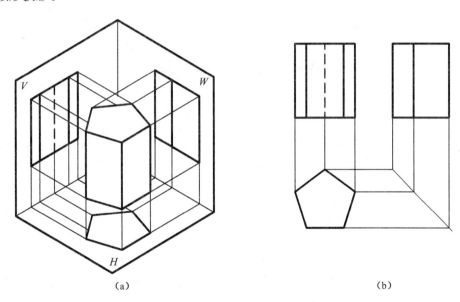

| (a) | (b) |

图 5-2　五棱柱三面投影图的形成

从图 5-2(b)可以看出:两个投影的外框是矩形,另一个投影反映形状特征。对于其他处于特殊位置的直棱柱同样有这样的投影特点,所以可概括为"矩、矩为柱"。

5.1.2 棱锥

形体特征:底面是一个平面多边形,棱线交于一点,侧棱面均为三角形。

安放位置:底面一般平行于投影面。

投影分析及形成:

图5-3(a)所示是一个三棱锥,三棱锥的底面平行于 H 面,其他3个侧面均为一般位置平面,其投影如图5-3(b)所示。底面的 H 投影反映实形,V、W 投影积聚为水平线,3个侧面的三面投影均为类似图形。注意棱线 SC 的侧面投影不可见,所以表示为虚线。

对于底面投影有积聚性的锥体,其三面投影中至少有两个投影的外框是三角形,所以其投影特点可概括为"三、三为锥"。

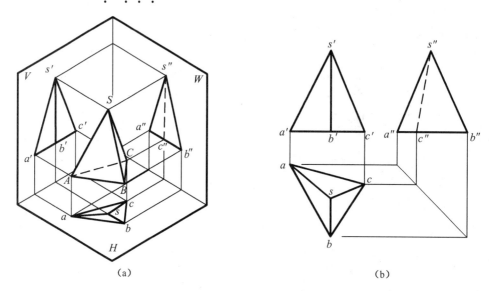

(a)　　　　　　　　　　　(b)

图5-3　三棱锥三面投影图的形成

5.1.3　棱台体

棱锥的顶部被平行于底面的平面切割后形成棱台,棱台的两个底面为相互平行的相似平面图形,如图5-4(a)。其投影如图5-4(b)所示,有两个投影是梯形,所以其投影特点可概括为"梯、梯为台"。

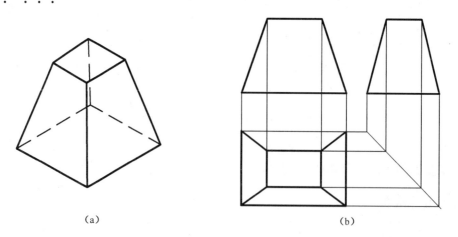

(a)　　　　　　　　　　　(b)

图5-4　四棱台三面投影图的形成

5.2 平面立体表面上的点和线

在平面立体表面上取点、线,实际上就是在各侧表面——平面上取点、线,稍有区别的是有可见性判别的问题。其作图的基本原理是:平面立体上的点和直线一定在立体表面上。判断立体表面上点和线可见与否的原则是:如果点、线所在的表面投影可见,那么点、线同面投影一定可见,否则不可见。

求解方法有:

(1) 从属性法。当点位于立体表面的某条棱线上时,那么点的投影必定在棱线的投影上,即可利用线上点的"从属性"求解。

(2) 积聚性法。当点所在立体表面的投影具有积聚性时,那么点的投影必定在该表面的积聚投影上。

(3) 辅助线法。同前述章节的平面上取点线。

5.2.1 棱柱表面上的点

【例5-1】 如图5-5(a)所示,已知五棱柱表面上的一个点 A 和一条线 BC 的一个投影,求作它们的其他两面投影。

【解】 分析作图:

(1) 作 A 点的投影:从 a' 的位置和可见性可以判别, A 点位于五棱柱的右前方侧表面上,先利用积聚性作出其 H 投影 a ,然后再作出其 W 投影 (a'') ,不可见。

(2) 作直线 BC 的投影:由 $b''c''$ 的位置及可见性可以判别,直线 BC 位于五棱柱的左后方侧表面上,先利用积聚性作出其 H 投影 bc ,然后再作出其 V 投影 $(b')(c')$,不可见,画为虚线,如图5-5(b)所示。

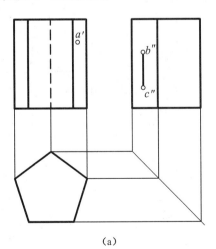

(a)

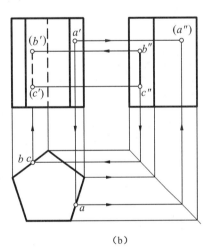

(b)

图5-5 五棱柱体表面上的点和线

5.2.2　棱锥表面上的点

【**例 5-2**】　如图 5-6(a)所示,已知三棱锥表面上的一个点 E 和 MN 两点间线段的一个投影,求作它们的其他两面投影。

【**解**】　分析:根据(e')可知 E 点在 SAC 面上,由 m'、n' 可知 M、N 两点分别在面 SAB、SBC 上,MN 间为空间折线段,其折点在 SB 上。

作图:

(1) 作 E 点的投影

过 $E(e')$ 点在 SAC 棱面作辅助线 $S\,Ⅰ(s'1')$,交底边 AC 于 $Ⅰ$ 点$(1')$,再作出 $S\,Ⅰ$ 的 H 投影 $S1$,因为 E 点在 $S\,Ⅰ$ 上,从而得到 e 在 $s1$ 上,最后根据 e 和(e')作出(e''),不可见。

(2) 作线段 MN 的投影

过 $M(m')$ 点在 $SAB(s'a'b')$ 上作辅助线 $S\,Ⅱ(s'2')$,交底边 $AB(a'b')$ 于 $Ⅱ(2')$,再作出辅助线 $S\,Ⅱ$ 的 H 投影 $s2$,继而确定 m 和 m''。

过 N 点(n')在 $SBC(s'b'c')$ 上作辅助线 $N3(n'3')//$底边 $BC(b'c')$,交棱线 $BC(b'c')$ 于 $Ⅲ(3')$,再作出辅助线 $N3$ 的 H 投影 $n3$,继而确定 n 和(n'')。

转折点 K 位于棱线 SB 上。先由 k' 作出 k'',从而确定 k。

连接 mk、kn 和 $m''k''$、$k''(n'')$,因为棱面 SBC 的 W 投影$(s''b''c'')$不可见,所以 $k''(n'')$不可见,画为虚线,如图 5-6(b)所示。

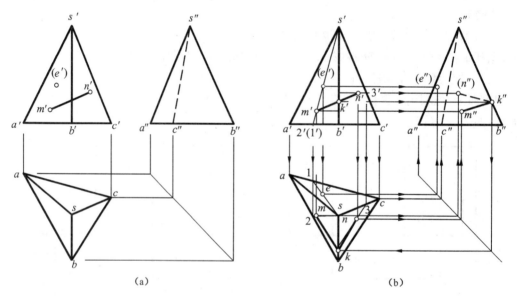

图 5-6　三棱锥体表面上的点和线

5.3　平面与平面体相交

平面与立体相交,就是假想用平面去截切立体,此平面称为截平面。截平面与形体表面的交线称为截交线。截交线围成的平面图形称为截断面(或断面)。如图 5-7(a)所示。

平面立体和曲面立体截交线都具有以下性质：

(1) 截交线的形状一般都是封闭的平面图形或空间折线（含曲线）。

(2) 截交线是平面与立体表面的共有线，既在截平面上，又在立体表面上，是截平面与立体表面共有点的集合。如图 5-7(b)所示。

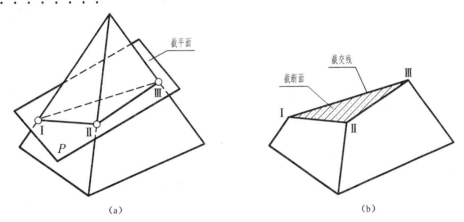

(a)   (b)

图 5-7　平面体截交线

求作平面立体截交线的方法有以下 2 种：

(1) 线、面交点法。即先求出平面立体的棱线、底边与截平面的交点，然后将各点依次连接起来，即得截交线。

(2) 积聚性法。由于截平面一般都处于特殊位置，至少有一个投影具有积聚性，这样就可以把求平面体截交线的问题转化为在平面体各个表面——也就是平面上取点、线来解决。这里主要介绍这种方法。

【例 5-3】　如图 5-8(a)所示，求带切口三棱锥的 H、W 投影。

【解】　从 V 面投影可以看出，该切口由一个水平面和一个正垂面构成，它涉及三棱锥的 3 个侧表面。完整的三棱锥的 3 个侧表面分别为：三角形 SAB 和 SBC 都是一般位置平面，其三面投影均为类似图形；三角形 SAC 为侧垂面，其 V、H 投影应该为类似图形。它们被开了切口以后，形状发生了变化，但是位置没有变化，因此投影的特性不会发生变化。这样就可以通过对投影特性的分析，再利用平面上取点、线的方法迅速解决其余两面投影。

具体地说，三角形 SAB 被开了切口以后变成一个三角形 SⅣⅤ（s'4'5'）和四边形 ⅠⅡBA（1'2'a'b'），其 H、W 投影应该是与其相类似的图形 s45 和 s"4"5" 及 12ab 和 1"2"a"b"；三角形 SBC 被开了切口以后变成一个六边形 SⅣⅢⅡBC（s'4'3'2'b'c'），其 H、W 投影应该是与其相类似的图形 s432bc 和 s"4"3"2"b"c"；三角形 SAC 被开了切口以后变成一个六边形 SⅤⅥⅠAC，其 H 投影应该是与其相类似的图形 s561ac，W 投影积聚为一直线。最后再分析由两个截平面相交而产生的交线ⅢⅥ及其投影的可见性并处理轮廓线。

具体的作图过程如图 5-8(b)的箭头所示。

这里一定要注意：在作图之前，必须对立体各个表面的空间位置和被截平面截切前后的形状变化及其投影应该有什么样的特点进行分析，初学时还要学会对各个顶点进行编号，这样就可以明晰作图的思路，并对作图结果有一个准确的形状（类似图形）意识，最后即使不检验作图的过程也能一目了然地判断作图结果的正确与否。

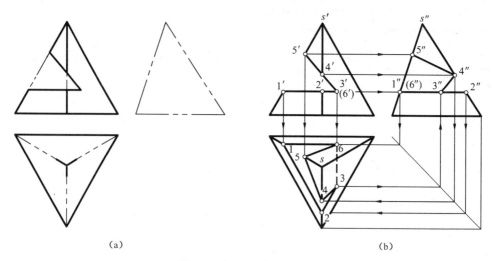

（a）   （b）

图 5-8　切口三棱锥的投影

【例 5-4】　如图 5-9（a）所示，求被截切后四棱柱的 H、W 投影。

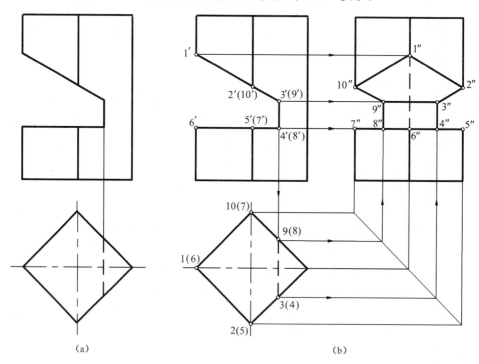

（a）   （b）

图 5-9　3 个平面截切四棱柱的截交线

【解】　分析：根据投影特点，可以知道这是一个四棱柱在其中左方被切了一个口，切口由一个水平面、一个侧平面和一个正垂面 3 个平面构成；截交线为空间折线，求出各个折点即可，折点为棱线与截平面的交点或截平面交线与棱面的交点。

作图：

（1）点 Ⅰ、Ⅱ、Ⅴ、Ⅵ、Ⅶ、Ⅹ 都是棱线与截平面的交点，利用点的投影规律和从属性来求，即由 $1'$、$2'$、$5'$、$6'$、$7'$、$10'$ 求得 1、2、5、6、7、10 和 $1''$、$2''$、$5''$、$6''$、$7''$、$10''$。

（2）点Ⅲ、Ⅳ、Ⅷ、Ⅸ都是截平面交线与棱面的交点，而棱面是铅垂面，所以利用面的积聚投影来求，即由 3′、4′、8′、9′ 求得 3、4、8、9 和 3″、4″、8″、9″。

（3）利用同面点相连的原则依次相连，并由点的可见性和投影方位关系来判别截交线的可见性，即得截交线的投影。

（4）补全截断体的轮廓投影并判别可见性。如图 5-9(b)所示。

5.4 同坡屋面的投影

我们将屋檐高度相等、各屋面与水平面倾角相等的屋面称为同坡屋面。常见的有单坡屋面、双坡屋面和四坡屋面。

平行檐口形成的屋面交线称为屋脊线，凸墙角上相邻屋面的交线称为斜脊线，凹墙角上相邻屋面的交线称为天沟线。上述各种交线如图 5-10 所示。

同坡屋面交线的画法，其实质是求两平面交线的问题。要求同坡屋面的三面投影就必须清楚同坡屋面的一些投影特性：

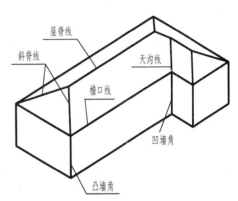

图 5-10　同坡屋面及屋面交线的名称

（1）同坡屋面的屋檐平行时，其屋面必相交成水平的屋脊（或平脊）。屋脊的 H 面投影，必平行于檐口线的 H 面投影，且与两檐口线等距。

（2）檐口线相交的相邻两个坡屋面，必相交于倾斜的斜脊或天沟。它们的 H 面投影为两檐口线 H 面投影夹角的平分线。

（3）在屋面上如果有两斜脊、两天沟或一斜脊一天沟相交于一点，则必有第三条屋脊通过该点。或一个斜脊与平脊相交，必有第三个斜脊（或天沟）通过该交点。这个点就是三个相邻屋面的共有点。如图 5-11(a)所示。

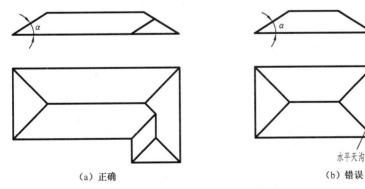

（a）正确　　　（b）错误

图 5-11　同坡屋面投影

（4）当建筑物外形不是矩形时，屋面要按一个建筑整体来处理，避免出现水平天沟，如图 5-11(b)所示。

【例 5-5】 图 5-12(a)为某屋面的示意图,图 5-12(b)为其檐口的平面投影,已知屋面倾角为 α,求屋面 H、V、W 的投影。

【解】 分析:由空间位置得左右屋面为正垂面,前后屋面为侧垂面,坡度为 α。

作图:

(1) 过每一屋角作 45°线。

(2) 作每一对平行的檐口线(前后和左右)的中线,即屋脊线。

(3) 根据同坡屋面投影特性"3",得屋面的 H 投影,如图 5-12(c)、(d)。

(4) 根据屋面倾角和投影规律,由屋面的 H 投影,作出屋面的 V、W 面投影,如图 5-12(e)所示。

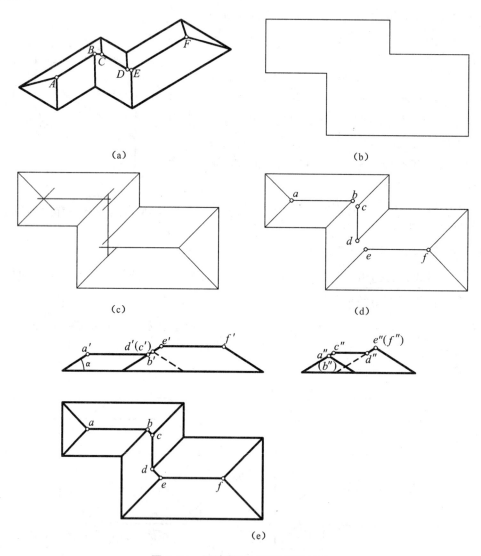

图 5-12 同坡屋面及其投影的画法

5.5 回转体的投影

工程上常见的曲面体除了第4章所介绍的外,应用最为广泛的是回转体。

回转体是由一母线(直线或曲线)绕一固定轴线做回转运动形成的。常见的回转体有圆柱、圆锥、球和圆环等。

母线在曲面上的某一具体位置称为素线。有一些特殊的素线其投影与轮廓线重合,这种素线称为轮廓素线,也称为转向轮廓线。它们分别是回转体的最左素线、最右素线、最前素线和最后素线及最高、最低素线。

由回转体的形成可知,母线上任意一点的运动轨迹为圆,该圆垂直于轴线,此圆称为纬圆。

5.5.1 圆柱

1) 圆柱的形成

圆柱是一矩形平面绕其一边旋转一周而成,该边即为圆柱的轴线。这样形成的圆柱体是一个包含上、下底的实心圆柱,侧面称为圆柱面,与该边平行的另一边旋转到某一具体位置时称为圆柱面的素线,圆柱面上的素线与轴线相互平行。如图 5-13(a)所示。

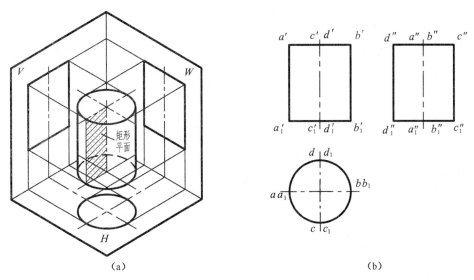

(a)   (b)

图 5-13　圆柱的形成及其投影

2) 圆柱的三面投影

如图 5-13(a)所示为一轴线垂直于 H 面的铅直圆柱,H 投影为圆柱的上、下底圆的实形投影,圆周则是整个圆柱面的积聚投影;V、W 投影均为矩形,矩形的上下两条边分别是圆柱上下底圆的积聚投影,另外两条边则分别是最左、最右素线(AA_1、BB_1)和最前、最后素线(CC_1、DD_1)的投影($a'a_1'$、$b'b_1'$ 和 $c''c_1''$、$d'd_1''$)。

注意,这样的轮廓线在圆柱表面实际上是不存在的,仅仅是由于投影而产生的,所以也称为投影轮廓素线,它们客观上也形成了前、后半柱和左、右半柱的分界线。对应的其他投影只表示了其位置（$a''a_1''$、$b''b_1''$和$c'c_1'$、$d'd_1'$），而没有线的存在。其三面投影如图 5-13(b) 所示，符合"矩、矩为柱"的投影特点。

5.5.2 圆锥

1）圆锥的形成

圆锥可以看成是由一直角三角形绕其一直角边旋转一周而成，该直角边即为圆锥的轴线。按此方式形成的圆锥是一个包含底圆的实心圆锥，侧面称为圆锥面，它是由三角形的斜边旋转而形成的，该斜边旋转到某一具体位置时称为圆锥面的素线，锥面上所有的素线相交于锥顶，如图 5-14(a)所示。

2）圆锥的三面投影

图 5-14(a)所示为一轴线垂直于 H 面的直立圆锥，其 H 面投影是圆锥的下底圆的实形投影，同时也是所有锥面的投影；V、W 投影均为三角形，三角形的底边是圆锥下底圆的积聚投影，另外两条边则分别是最左、最右素线（SA、SB）和最前、最后素线（SC、SD）的投影（$s'a'$、$s'b'$和$s''c''$、$s''d''$）。同样，这样的轮廓线在圆锥表面实际上也是不存在的，仅仅是由于投影而产生的投影轮廓线，它们客观上也形成了前、后半锥和左、右半锥的分界线。对应的其他投影只表示了其位置（$s''a''$、$s''b''$和$s'c'$、$s'd'$），同样没有线的存在。其三面投影如图 5-14(b)所示，符合"三、三为锥"的投影特点。

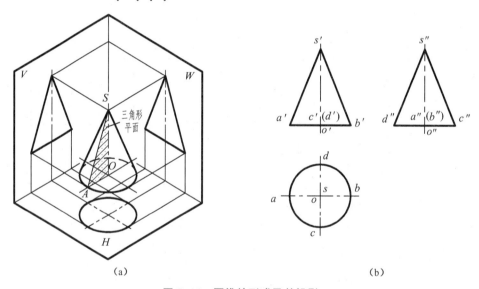

(a)   (b)

图 5-14　圆锥的形成及其投影

5.5.3 圆球

1）圆球的形成

一半圆（或圆）平面绕其直径旋转一周便形成了一个圆球。按此方式形成的圆球当然也是实心的圆球，整个外表面便是球面，如图 5-15(a)所示。

2）圆球的三面投影

从任何投影方向观察球面其效果是一样的，即其三面投影均为直径大小相等的圆，如图

5-15(b)所示。同样,球面是光滑的曲面,其上不存在任何轮廓线,其三面投影的大圆 b'、a 和 c'' 则分别是前、后半球(V 面)和上、下半球(H 面)及左、右半球(W 面)理论上的分界线的投影。它们对应的其他面的投影也是不存在的,图中只表明了它们的理论位置。当圆球位置不动时,A 为最大水平圆,B 为最大正平圆,C 为最大侧平圆,分别为相应的轮廓素线。

从球面的投影特点可以发现,无论是半球还是四分之一甚至八分之一球面,其各个投影均有圆的特征(圆、半圆或圆弧),因此,其投影特点可概括为"三圆为球"。

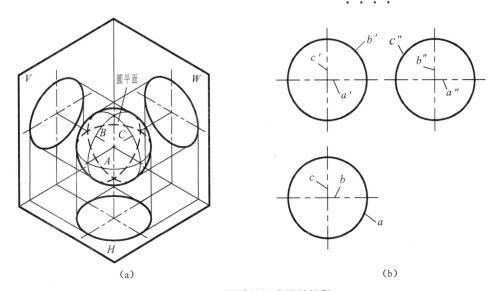

图 5-15　圆球的形成及其投影

5.5.4　圆环

1) 圆环的形成

如图 5-16(a)所示,一圆平面绕着与其共面的圆外一直线为轴线旋转一周,便形成了一个圆环面。靠近轴线的半圆 CBD 旋转形成内环面,远离轴线的半圆 DAC 旋转形成外环面。圆周上离轴线最远的点 A 的旋转轨迹称为赤道圆,离轴线最近的点 B 的旋转轨迹称为颈圆。

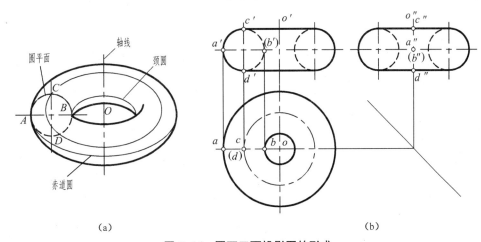

图 5-16　圆环三面投影图的形成

2) 圆环的三面投影

如图 5-16(b)所示:H 投影为两个同心圆,分别是赤道圆和颈圆的投影;V、W 面投影为两个大小相等的"鼓形",鼓的上下两个底面分别是圆平面上最高、最低两个点的运动轨迹圆的积聚投影,V 面投影的左、右两个圆是前、后半环的分界线的投影,W 面投影前、后两个圆则是左、右半环的分界线的投影。

对于 H 面投影,上半环面可见,下半环面不可见;对于 V 面投影,只有前半环的外环面可见,其余均不可见;对于 W 面投影,只有左半环的外环面可见,其余均不可见。

根据图 5-16(b)所示,可以把圆环的投影特点概括为"鼓、鼓为环"。

5.6　回转体表面上的点

在回转体表面取点的方法有积聚性法、素线法和纬圆法等。

5.6.1　圆柱表面上的点

当圆柱的轴线垂直于投影面时,其投影具有积聚性,可以直接利用积聚性解决。

【例 5-6】　求作图 5-17(a)所示圆柱上的点 E 和 F 的其他两面投影。

【解】　分析和作图如图 5-17(b)所示。

(1) 由(e')的位置及其不可见性,可知 E 位于左后方的圆柱面上,其 H 投影 e 在左后半圆周上,再根据投影规律由(e')和 e 作出e'',可见。

(2) 由f'的位置及其可见性,可知 F 位于右前方的圆柱面上,其 H 投影 f 在右前方的圆周上,再根据投影规律由f'和 f 作出(f''),不可见。

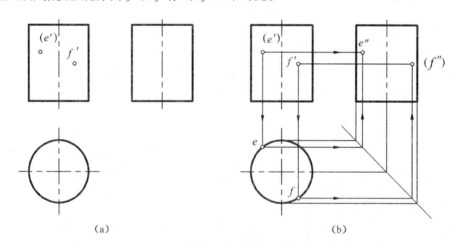

图 5-17　圆柱表面上的点

5.6.2　圆锥表面上的点

圆锥体的投影没有积聚性,在其表面上取点的方法有素线法、纬圆法两种。

【例 5-7】　如图 5-18(a)所示,已知圆锥面上一点 M 的正面投影m',求 m、m''。

【解】 分析:根据投影可知 M 点在圆锥的左前表面上。

(1) 素线法作图,如图 5-18(b)所示。

① 过 m′作 s′n′,再作 sn 和 s″n″。

② 根据 m′在 s′n′上,则分别在 sn 和 s″n″作出 m 和 m″,均可见。

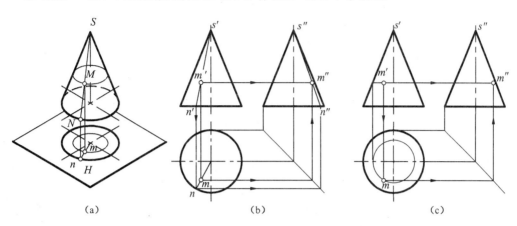

图 5-18 圆锥表面上的点

(2) 纬圆法作图 5-18(c)所示。

① 过 m′作一水平线与最左、最右轮廓素线相交,此即为点 M 的轨迹圆——水平纬圆的积聚性投影,同时作出其对应的 H、W 投影。

② 根据从属性,m 和 m″必在水平纬圆所对应的 H、W 投影上,完成作图。

一般来说,在圆锥面上取点用素线法和纬圆法都可以。但当纬圆的半径较小,圆规不便作图时,可选用素线法;而当点的投影靠近轴线,使得所作素线和轴线的夹角较小时,为提高作图的精度,可选用纬圆法。

5.6.3 圆球体上的点和线

【例 5-8】 如图 5-19(a)所示,求球面上的一点 D 和 E 的其他两面投影。

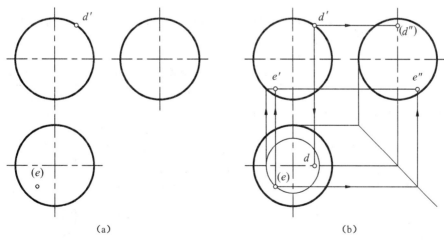

图 5-19 圆球面上的点

【解】 分析作图：

(1) 由 d' 可知，点 D 在最大正平圆上且在上半、右半球面上，即 d 可见，d'' 不可见，根据投影规律，由 d' 作 d 和 (d'')。

(2) 根据 (e) 可知，点 E 在左、前、下半球面上，即 e' 和 e'' 均可见；过 E 点作水平纬圆，根据投影规律求得 e' 和 e''。当然，也可过 E 点作正平圆或侧平圆来求，读者可以自己试做一下。如图 5-19(b) 所示。

5.7　平面与回转体相交

回转体截交线的基本概念同平面立体截交线。

回转体截交线的特征：

(1) 截平面与回转体相交，所得的截交线一般为封闭的平面曲线。

(2) 当截平面与直纹曲面交于直素线，或者与回转体的平面部分相交时，截交线可为直线段。

(3) 截交线上的每一点，都是截平面与曲面立体表面的共有点。

求曲面立体截交线的方法：先求特殊点(包括最左点、最右点、最前点、最后点、最高点、最低点和轮廓线上的点等)，再求出足够的中间一般点，然后依次连接起来，即得截交线。

由于截平面一般都处于特殊位置，可能至少有一个投影具有积聚性，这样就可以把求曲面体截交线的问题转化为在曲面体表面上取点、线来解决。

回转体截交线投影的可见性与平面体截交线类似，当截交线位于回转体表面的可见部分时，这段截交线的投影是可见的，否则是不可见的。但若回转体被截断后，截交线成了投影轮廓线，那么该段截交线也是可见的(虽然它可能处于回转体的不可见部分，见图 5-21 的 W 面投影)。

5.7.1　圆柱截交线

平面与圆柱面相交，根据截平面与圆柱轴线相对位置的不同，所得的截交线有 3 种情况。见表 5-1。

表 5-1　圆柱的截交线

截平面位置	平行于轴线	垂直于轴线	倾斜于轴线
截交线形状	矩形(或平行两直线)	圆	椭圆
立体图	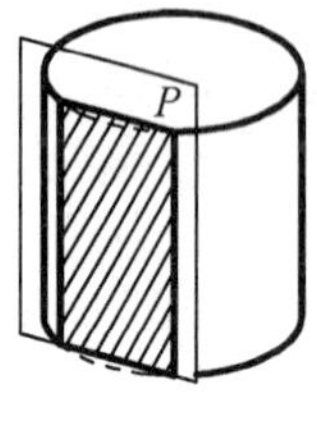	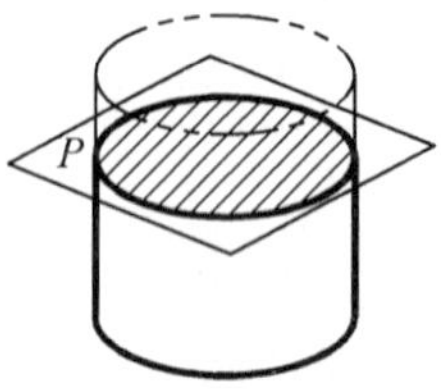	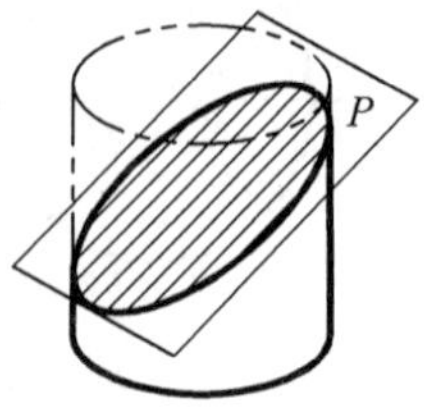

截平面位置	平行于轴线	垂直于轴线	倾斜于轴线
截交线形状	矩形(或平行两直线)	圆	椭圆
投影图	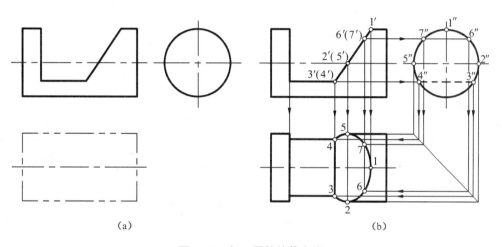		当 $\theta=45°$ 时，H、W 投影均为圆

【例 5-9】 如图 5-20(a)所示，求作带切口圆柱的其他两面投影。

图 5-20　切口圆柱的截交线

【解】 分析：该圆柱切口是由一个侧平面、一个水平面和一个正垂面一起切割圆柱而形成的。侧平面与圆柱轴线垂直，切得的截交线为侧平圆弧，其 W 投影在圆周上，H 投影积聚为一直线；水平面与圆柱轴线平行，切得的截交线为矩形，其 W 投影积聚为一不可见的直线(因为在切口的底部)，H 投影反映实形；正垂面与圆柱轴线倾斜，切得的截交线为椭圆弧，其 W 和 H 投影为类似图形(分别为圆弧与椭圆弧)。

作图：

(1) 侧平圆弧的 H 投影积聚为一直线，可直接作出，其宽即为直径。

(2) 矩形截交线的宽由 W 投影所积聚的虚线确定，从而确定其 H 的实形投影。

(3) 椭圆弧截交线的求法：

首先是特殊点，Ⅲ、Ⅵ为水平截面和正垂截面交线与圆柱表面的交点，由 3′、4′ 求得 3″、4″ 和 3、4。椭圆弧存在有 3 个长短轴的端点Ⅰ、Ⅱ、Ⅴ，分别为最高轮廓素线、最前轮廓素线和最后轮廓素线与截平面的交点，利用点的从属性和圆柱曲表面积聚求，即由 1′、2′、5′ 求得

1、2、5 和 1″、2″、5″。

其次,就原图实际情况在适当位置插入一般点Ⅵ、Ⅶ,即由 6′、7′求得 6、7 和 6″、7″。

最后,通过这些点连接成光滑的椭圆曲线。

(4) 判断截交线的可见性,补全截断体的轮廓投影并加深。如图 5-20(b)所示。

5.7.2 圆锥截交线

当平面与圆锥截交时,根据截平面与圆锥轴线相对位置的不同,可产生 5 种不同形状的截交线,见表 5-2。

表 5-2　圆锥的截交线

截平面位置	通过圆锥顶点	垂直于轴线 $\alpha=90°$	倾斜于轴线 $\alpha>\theta$	平行于一条素线 $\alpha=\theta$	平行于两条素线 $0\leqslant\alpha<\theta$
截交线形状	三角形 (或相交两直线)	圆	椭圆	抛物弓形 (或抛物线)	双曲弓形 (或双曲线)
立体图	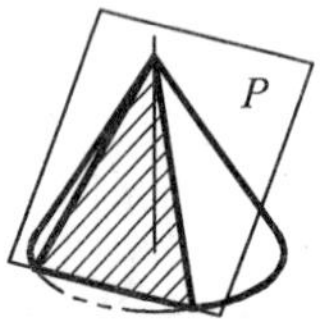	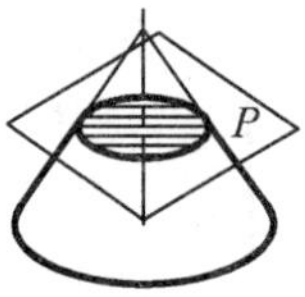	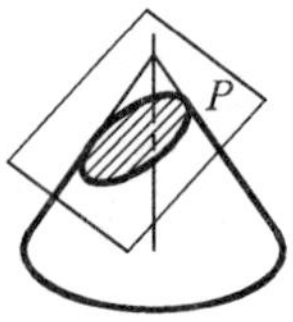	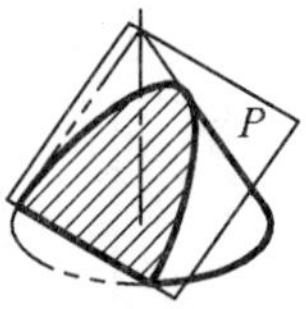	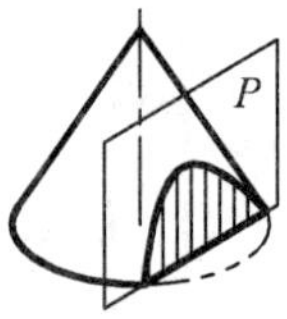
投影图	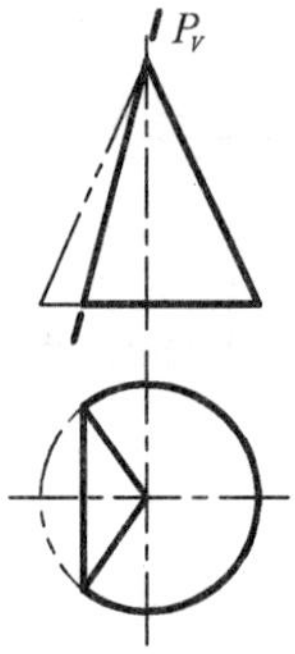	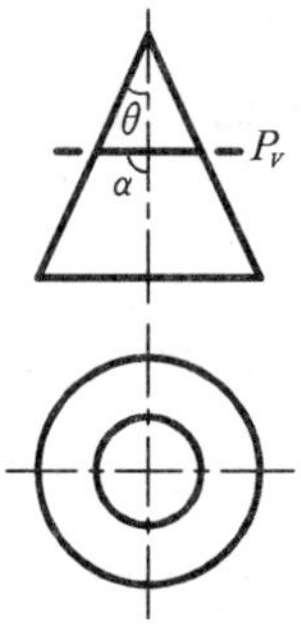	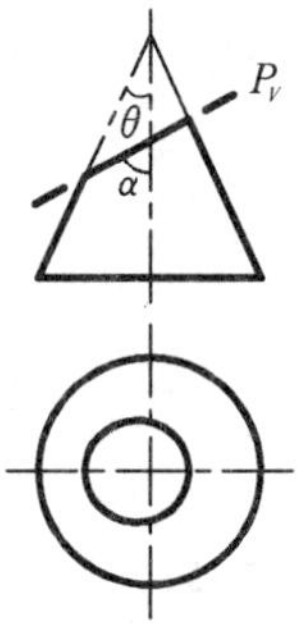	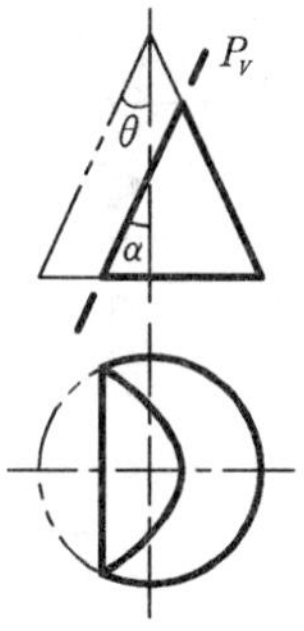	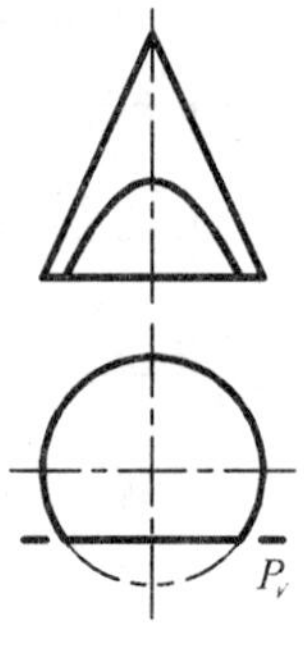

【例 5-10】　如图 5-21(a)所示,求切头圆锥的 H、W 投影。

【解】　分析:圆锥轴线与 H 面垂直,截平面为正垂面,截切后截交线为椭圆,截交线 V 投影积聚不需再求,只需求 H、W 面的投影。

作图:

(1) 求特殊点。

椭圆长轴的端点:通过正投影可知,椭圆长轴的端点即为Ⅰ、Ⅱ,为圆锥最右和最左轮廓线与截平面的交点,可以用点的从属性来求,即由 1′、2′求得 1、2 和 1″、2″。

椭圆短轴的端点:短轴ⅢⅣ的 V 投影 3′4′必积聚在 1′2′的中点,由 3′(4′)用纬圆法求得 3、4 和 3″、4″。

轮廓线上的点:圆锥的最前、最后轮廓素线与截平面相交于Ⅴ、Ⅵ两点,由 5′、6′可求得 5″、6″和 5、6。

（2）求一般中间点。在 V 投影的适当位置再取 7′(8′)点,用纬圆法可求得 7、8 和 7″、8″。

（3）依次按顺序连点并判别可见性。虽然弧Ⅴ、Ⅰ、Ⅵ在圆锥的右侧表面,其侧面投影正常情况下是不可见的,但是由于该圆锥的左上角头部被切掉了,弧Ⅴ、Ⅰ、Ⅵ成为了新的轮廓线,所以其 W 投影可见。

（4）补全截断体投影,并加深轮廓线。如图 5-21(b)所示。

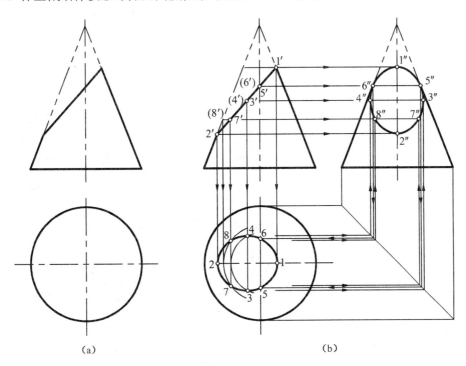

图 5-21　截头圆锥的投影

【例 5-11】　如图 5-22(a)所示,求圆锥截切后的 H、W 投影。

【解】　分析:圆锥被一个与圆锥轴线平行的侧平面、一个与圆锥轴线垂直的水平面和一个与圆锥轴线倾斜的正垂面所截。侧平面所截的截交线是双曲线,水平面所截的截交线为水平圆弧,正垂面所截的截交线是抛物线。水平圆弧求法简单,直接用纬圆法求;而对于双曲线和抛物线求法稍复杂,分别先求特殊控制点,再用素线法或纬圆法求中间点,最后再连接成光滑的曲线。

作图:

（1）求双曲线的投影。先求控制点Ⅰ、Ⅲ、Ⅳ,用点的从属性和投影特性,由 1′、3′、4′分别求得 1、3、4 和 1″、3、″4″;再求中间点Ⅱ、Ⅴ。本题中我们用素线法来求,Ⅱ、Ⅴ既在截平面上也在圆锥表面某两根素线上,即由 2′、5′分别求得 2、5 和 2″、5″;再依次光滑连接各点就得双曲线的 H、W 投影。

（2）求水平圆弧的投影。由 W 投影,用纬圆法,根据投影特性"长对正,宽相等,高平齐",即可得到水平圆弧的 H、W 投影。

（3）求抛物线的投影,方法同(1)。先求控制点Ⅵ、Ⅷ、Ⅸ,用点的从属性由 6′求得 6 和

6″；Ⅷ、Ⅸ连线为水平截面与正垂截面的交线，因也在水平圆弧上，所以直接用投影特性来求，由 8′、9′分别求得 8、9 和 8″、9″；再求一般中间点Ⅶ、Ⅹ，仍用素线法来求，即由 7′、10′分别在圆锥表面上作两条素线，从而求得 7、10 和 7″、10″；再依次光滑连接各点即得抛物线的 H、W 投影。

（4）补全截断体的轮廓投影并加深，如图 5-22(b)所示。

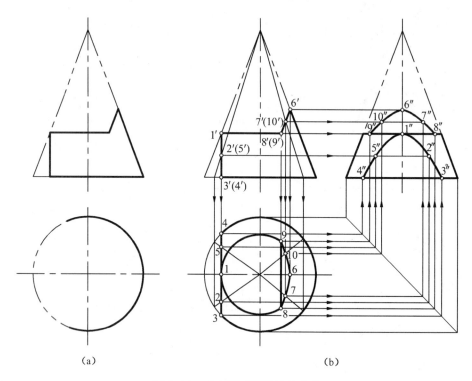

（a） （b）

图 5-22 求多截面圆锥的截交线

5.7.3 圆球截交线

无论截平面与球面的相对位置如何，它与球面的截交线总是圆。截平面越靠近球心，截得的圆就越大，其最大直径就是球的直径，其时截平面通过圆心。

当截平面与投影面平行时，截交线圆在该面上的投影反映实形；截平面与投影面垂直时，截交线圆在该投影面上的投影积聚成为直线；否则其投影为椭圆。

【**例 5-12**】 求作图 5-23(a)所示带切口圆球的其他两面投影。

【**解**】 这是由一个侧平面和一个正垂面切去了球的右上方所形成的。侧平面切得的截交线为侧平圆弧，其 W 投影反映实形，H 投影积聚成直线，作图比较简单。正垂面切得的截交线为正垂圆弧，其 V 投影积聚成直线，H、W 投影均为椭圆弧，其作图较为繁琐，如图 5-23(b)所示。

（1）先作一系列的控制点。最左点也是最低点Ⅰ在正平大圆上，由 1′而确定 1 和 1″；侧平大圆上的点Ⅱ，由 2′而确定 2″和 2；水平大圆上的点Ⅳ，由 4′直接确定 4 和 4″。

最右点也是最高点Ⅴ就是侧平圆弧的端点；最前点Ⅲ的作法与图 5-21 类似，也可以过球心作积聚线的垂线，垂足就是 3′，再过 3′作水平纬圆，从而得到 3 和 3″。

（2）纬圆法作一般点 $A(a'、a、a'')$。

（3）对称作出后一半的点，并依次连接各点成光滑的曲线，最后判别可见性和处理轮廓线。

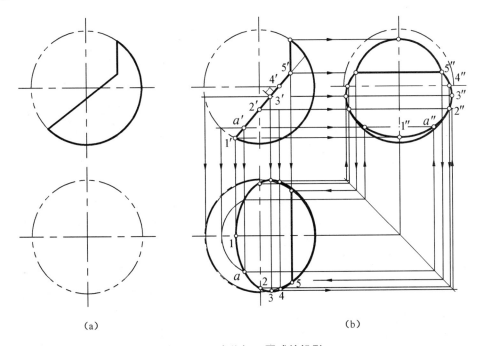

(a)   (b)

图 5-23 求作切口圆球的投影

说明：虽然这里的正垂圆弧落在了球的左下方和右方，但是由于球的左上方被切掉而不存在了，所以其 H、W 投影均是可见的。

6 轴测投影

多面正投影图具有度量性好、作图简便等特点,能够准确而完整地表达物体各个方向的形状与大小,因此在工程制图中被广泛采用。然而,多面正投影图缺乏立体感,直观性较差,读者必须具备一定的读图能力才能看懂。如图 6-1(a)所示的三面投影图缺乏立体感,不容易直接看出所示形体的空间形状;而图 6-1(b)所示该形体的轴测投影图能够在一个平面上同时反映出形体的长、宽、高 3 个方向的尺度,立体感较强,具有非常好的直观性。因此,工程上也常用这种图样,帮助正投影图形象、直观地表达工程建筑物的立体形状。

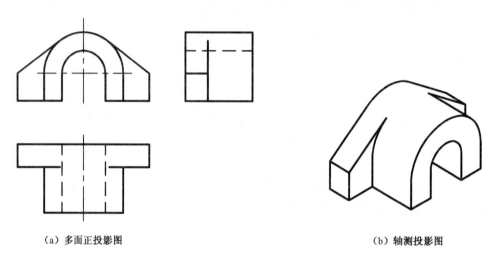

（a）多面正投影图　　　　　　　　　　　　　　　（b）轴测投影图

图 6-1　多面正投影图与轴测投影图

6.1　轴测投影的基本知识

6.1.1　轴测投影图的形成和作用

将空间形体及确定其位置的直角坐标系按照不平行于任一坐标面的方向 S 一起平行地投射到一个平面 P 上,所得到的图形叫做轴测投影图,简称轴测图,如图 6-2 所示。其中,方向 S 称为投射方向,平面 P 称为轴测投影面。由于轴测图是在一个面上反映物体 3 个方向的形状,不可能都反映实

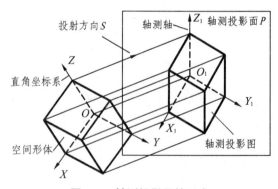

图 6-2　轴测投影图的形成

形,其度量性较差,且作图较为繁琐,因而在工程中一般仅作为多面正投影图的辅助图样。

6.1.2 轴间角和轴向伸缩系数

如图 6-2 所示,空间直角坐标系投影为轴测坐标系,OX、OY、OZ 轴的轴测投影分别为 O_1X_1、O_1Y_1、O_1Z_1,称为轴测投影轴,简称轴测轴;轴测轴之间的夹角,即 $\angle X_1O_1Z_1$、$\angle X_1O_1Y_1$、$\angle Y_1O_1Z_1$ 称为轴间角;轴测轴上的线段长度与相应直角坐标轴上的线段长度的比值称为轴向伸缩系数,分别用 p、q、r 表示,则

$$p = \frac{O_1X_1}{OX} \qquad p \text{ 称为 } X \text{ 轴向伸缩系数}$$

$$q = \frac{O_1Y_1}{OY} \qquad q \text{ 称为 } Z \text{ 轴向伸缩系数}$$

$$r = \frac{O_1Z_1}{OZ} \qquad r \text{ 称为 } Y \text{ 轴向伸缩系数}$$

6.1.3 轴测投影图的分类

根据投射方向是否垂直于轴测投影面,轴测投影可分为两大类:当投射方向与轴测投影面垂直时称为正轴测投影,当投射方向与轴测投影面倾斜时称为斜轴测投影,如图 6-3(a)所示。

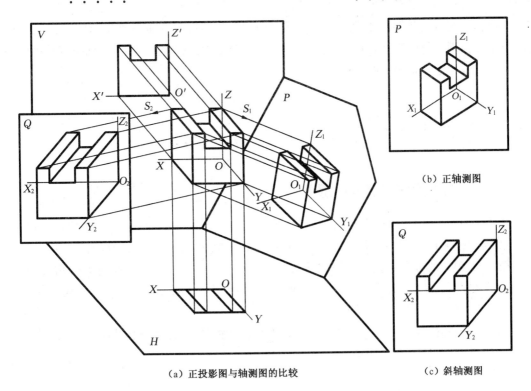

（a）正投影图与轴测图的比较

（b）正轴测图

（c）斜轴测图

图 6-3 轴测投影图的分类

空间形体在投影面 P 上的投影为正轴测投影,其投射方向 S_1 与投影面 P 垂直。空间形体在投影面 Q 上的投影为斜轴测投影,其投射方向 S_2 与投影面 Q 倾斜。而且随着空间形体及其坐标轴对轴测投影面的相对位置的不同,轴间角与轴向伸缩系数也随之变化,从而得到各种不同的轴测图。正轴测投影和斜轴测投影各有 3 种类型:

正等测:$p = q = r$。

正二测:$p = r \neq q$ 或 $p = q \neq r, q = r \neq p$。

正三测:$p \neq q \neq r$。

斜等测:$p = q = r$。

斜二测:$p = r \neq q$ 或 $p = q \neq r, q = r \neq p$。

斜三测:$p \neq q \neq r$。

工程上常用正等测和正面斜二测($p = r \neq q$)。

6.1.4 轴测投影的特性

由于轴测投影属于平行投影,因此具备平行投影的一些主要性质:

(1)空间互相平行的线段,它们的轴测投影仍互相平行。因此,凡是与坐标轴平行的线段,其轴测投影与相应的轴测轴平行。

(2)空间互相平行线段的长度之比,等于它们轴测投影的长度之比。因此,凡是与坐标轴平行的线段,它们的轴向伸缩系数相等。

所谓"轴测",就是轴向测量之意。所以作轴测图只能沿着与坐标轴平行的方向量取尺寸,与坐标轴不平行的直线,其伸缩系数不同,不能在轴测投影中直接作出,只能按坐标作出其两端点后,才能确定该直线。

6.2 正等测投影图

6.2.1 轴间角和轴向伸缩系数

当投射方向与轴测投影面相垂直,且空间形体的 3 个坐标轴与轴测投影面的夹角相等时所得到的投影图,称为正等测投影图,简称为正等测。如图 6-4 所示,空间直角坐标系 $OXYZ$ 沿着 OO_1 的方向垂直投影到 P 平面上,由于 3 个坐标轴与 P 平面所成的角度相等,所以 3 个交点 $A、B、C$ 构成一个等边三角形,3 条中线 $O_1A、O_1B、O_1C$(也是 3 个坐标轴的方向)之间的夹角相等,即 3 个轴间角 $\angle X_1O_1Z_1 = \angle X_1O_1Y_1 = \angle Y_1O_1Z_1 = 120°$。正等测的轴向伸缩系数理论值为 $p = q = r = 0.82$,但为作图简便,常取简化值1,而且一般将 O_1Z_1 轴作为铅直方向,如图 6-5 所示。

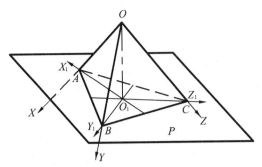

图 6-4 正等测图的形成

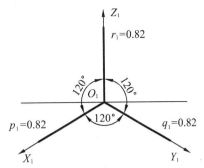

图 6-5 正等测图的轴间角

6.2.2 正等测图的画法

在绘制空间形体的轴测投影图之前,首先要认真观察形体的结构特点,然后根据其结构特点选择合适的绘制方法,主要有坐标法、叠加法和切割法等。

1) 坐标法

根据物体上各顶点的坐标,确定其轴测投影,并依次连接,这种方法称为坐标法。

【例 6-1】 已知三棱台的两面投影图,如图 6-6(a)所示,绘制其正等轴测投影图。

【解】 作图步骤如下:

(1) 建立坐标系,作轴测轴并确定轴间角和轴向伸缩系数(正等测轴间角均为 120°,轴向伸缩系数取 1),如图 6-6(a)所示。这里需注意,为使作图简便,应使坐标轴尽可能地通过形体上的点或线,如 OX 轴通过 A 点,OY 轴通过 C 点。

(2) 在对应轴测轴上截取 $O_1A_1 = oa$,$O_1C_1 = oc$,量取 B 点的 X、Y 坐标,从而确定 B_1 点,如图 6-6(b)所示。

(3) 为方便确定三棱台的上底,可以先作出三棱台的虚拟锥顶 S_1,从而确定各个棱线的方向,以方便在各棱线上确定上底面的各个端点,如图 6-6(c)所示。

(4) 将可见的各棱边和棱线加深,即完成该三棱台的正等轴测图,如图 6-6(d)所示。

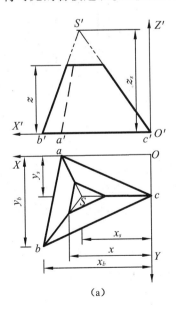

(a)

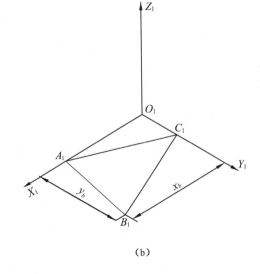

(b)

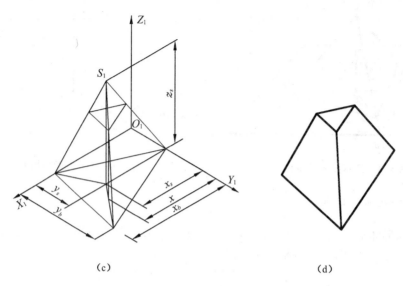

（c） （d）

图 6-6 坐标法绘制正等测图

在轴测图中一般不画不可见的轮廓线,最后的轴测轴也不需要画。因此,在确定坐标系时要注意坐标原点的选择:对于对称形体,坐标原点宜确定在图形的中心处,如图 6-7 所示;对于柱体,坐标原点可确定在形体的左前下角(或右前下角),从而避免画右后方(或左后方)不可见的轮廓线,如图 6-8 所示。

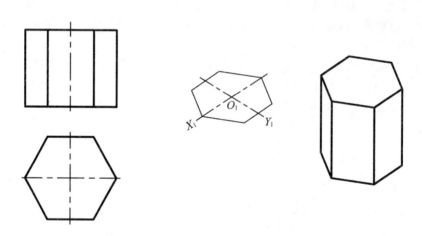

图 6-7 以图形的中点作为坐标原点

2）叠加法

对于由多个基本体叠加而成的空间形体,宜在形体分析的基础上,在明确各基本体相对位置的前提下,将各个基本体逐个画出,并进行综合,从而完成空间形体的轴测投影图,这种画法称为叠加法。画图顺序一般是由下而上、先大后小。

【例 6-2】 如图 6-8(a)所示,已知某空间形体的两面投影,绘制其正等轴测投影图。

【解】 该空间形体由一个水平放置的四棱柱、一个直立的四棱柱与一个三棱柱三部分

叠加而成,其作图步骤如下:

(1) 根据坐标法和轴测投影特性绘制水平四棱柱(注意坐标原点的选择),如图 6-8(b)所示。

(2) 根据两个四棱柱的相对位置关系,在水平四棱柱上绘制直立四棱柱,如图 6-8(c)所示。

(3) 根据三棱柱的底面形状及其与两个四棱柱的位置关系绘制三棱柱,并处理和加深轮廓线,完成轴测投影图,如图 6-8(d)所示。

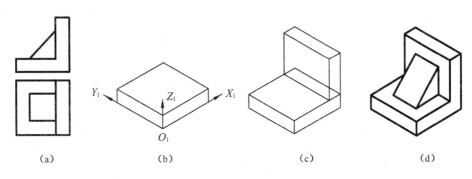

(a)   (b)   (c)   (d)

图 6-8　叠加法绘制正等测图

3) 切割法

对于有些形体,宜先画出假想完整的基本体,然后在此基础上再进行切割,这种方法称为切割法。

【例 6-3】　如图 6-9(a)所示,已知某空间形体的两面正投影图,绘制其正等测图。

【解】　该形体可看成一个大的四棱柱在左上侧切去另外一个小的四棱柱,然后在左前侧再切去一个三棱柱而成。作图步骤如下:

(1) 绘制大四棱柱的轴测投影图,如图 6-9(b)所示。

(2) 在大四棱柱的左上侧切去一个小四棱柱,如图 6-9(c)所示,并继续切去左前侧的三棱柱,从而完成空间形体的轴测投影图,如图 6-9(d)所示。

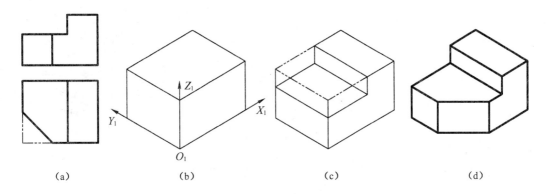

(a)   (b)   (c)   (d)

图 6-9　切割法绘制正等测图

6.2.3 平行于坐标面的圆的正等轴测投影

圆的正等测投影为椭圆。由于 3 个坐标面与轴测投影面所成的角度相等，所以直径相等的圆，在 3 个轴测坐标面上的轴测椭圆大小也相等，且每个轴测坐标面（如 $X_1O_1Y_1$ 及与之平行的面）上的椭圆的长轴垂直于第三轴测轴（O_1Z_1），如图 6-10 所示。

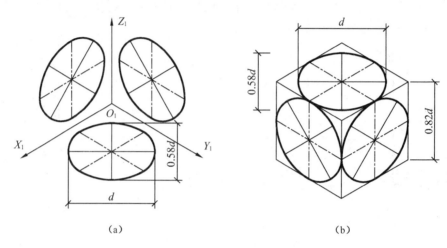

(a)   (b)

图 6-10　平行于坐标面的圆的正等测图

1) 圆的正等测画法

圆的正等测图可以采用四心圆法近似画出，它是用 4 段圆弧近似地代替椭圆弧，可大大提高画图速度。作图过程如图 6-11 所示。

（1）画出圆外切正方形的轴测投影——菱形，并确定 4 个圆心，如图 6-11(b)所示。其中短对角线的两个端点 O_1、O_2 为两个圆心；O_1A_1、O_1D_1 与长对角线的交点 O_3、O_4 为另外两个圆心。

（2）分别以 O_1、O_2 为圆心，O_1A_1 为半径画弧 $\overset{\frown}{A_1D_1}$ 和 $\overset{\frown}{B_1C_1}$，以 O_3、O_4 为圆心，O_3A_1 为半径画弧 $\overset{\frown}{A_1B_1}$ 和 $\overset{\frown}{C_1D_1}$，即完成全图，如图 6-11(c)所示。

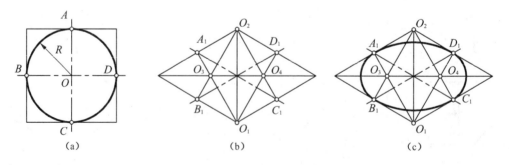

(a)   (b)   (c)

图 6-11　四心法绘制圆的正等测图

2) 圆角的正等测画法

一般的圆角，正好是圆周的 1/4，因此它们的轴测图正好是近似椭圆 4 段弧中的一段。

可采用圆的正等轴测投影的画法:过各圆角与连接直线的切点,作对应直线的垂线,两对应垂线的交点即为相应圆弧的圆心,半径则为圆心至切点的距离,如图6-12所示。

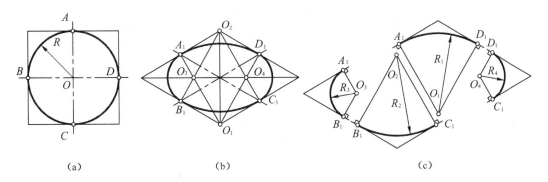

(a)　　　　　　　　　(b)　　　　　　　　　(c)

图 6-12　正等测图中圆角的画法

实际作图时,需要注意圆或圆弧是在哪个坐标方向的,方向不同,边及相应的垂线方向也随之变化(效果见图6-15,读者可尝试在图上作出各个方向圆弧的切线及对应的圆心,以体会圆和圆弧的正等测画法)。

6.3　斜轴测投影

6.3.1　轴间角和轴向伸缩系数

在绘制斜轴测投影时,为了作图方便,通常使形体的某个特征面平行于轴测投影面,其轴测投影反映实形,相应的有两个轴测轴的伸缩系数为1,对应的轴间角仍为直角;而另一个轴测轴可以是任意方向(通常取与水平方向成30°、45°或60°等的特殊角),对应的伸缩系数也可以取任意值,通常取0.5,既美观又方便。

例如,当坐标面XOZ与轴测投影面P平行时,轴间角$\angle X_1O_1Z_1 = 90°$,相应的$p = r = 1$,$q = 0.5$,O_1Y_1方向可任意选定,由此得到的轴测投影称为正面斜轴测投影;同样还有水平斜轴测投影和侧面斜轴测投影,相应的特点请读者自己分析。

6.3.2　常用的两种斜轴测投影图

工程上常用的两种斜轴测投影图分别是正面斜二测图和水平斜等测图。

1)**正面斜二测图**

正面斜二测就是物体的正面平行于轴测投影面,轴间角$\angle X_1O_1Z_1$为90°,轴向伸缩系数$p = r = 1$,$q = 0.5$(也可以取任意值)。其轴测轴O_1X_1画成水平,O_1Z_1画成竖直,轴测轴O_1Y_1则与水平成45°角(也可画成30°角或60°角)。如图6-13所示。

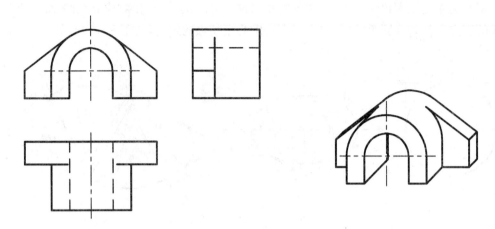

图 6-13 正面斜二测图

当轴向伸缩系数 $p = q = r = 1$ 时，则为正面斜等测图。

2）水平斜等测图

水平斜等测图一般用于表达某个小区或建筑群的鸟瞰效果。通常将轴测轴 O_1Z_1 画成竖直，O_1X_1 与水平成 $60°$、$45°$ 或 $30°$ 角。轴间角 $\angle X_1O_1Y_1 = 90°$，$\angle X_1O_1Z_1 = 120°$、$135°$ 或 $150°$，轴向伸缩系数 $p = q = r = 1$。也就是将平面图旋转 $30°$（或者 $45°$ 和 $60°$）后，上向竖各部分的高度。如图 6-14(a)、(b)所示为某建筑群的平面图及其水平斜等测图。

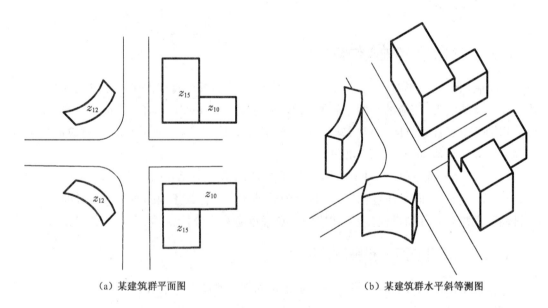

（a）某建筑群平面图　　　　　　　　　（b）某建筑群水平斜等测图

图 6-14 水平斜等测图

当轴向伸缩系数 $p = q = 1$、$r = 0.5$ 时则称为水平斜二测图。

6.4 轴测投影的选择

在绘制轴测图时,首先需要解决的是选用哪种类型的轴测图来表达空间形体,轴测类型的选择直接影响到轴测图表达的效果。在轴测图类型确定之后,还需考虑投影方向,从而能够更为清晰、明显地表达重点部位。总之,应以立体感强和作图简便为原则。

6.4.1 轴测投影类型的选择

由于正等测图的 3 个轴间角和轴向伸缩系数均相等,尤其是平行于 3 个坐标面的圆的轴测投影画法相同且作图简便,因此,对于锥体及其切割体和多个坐标面上有圆、半圆或圆角的形体,宜采用正等测。如图 6-15 所示。

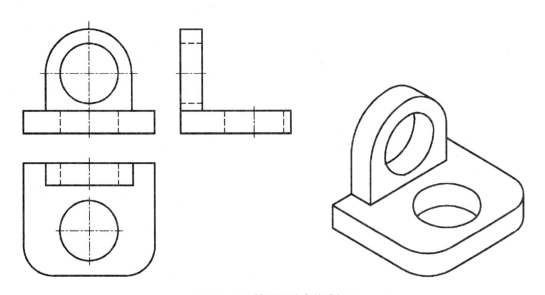

图 6-15 轴测图种类的选择

斜二测适用于特征面和某一坐标面平行且形状比较复杂的柱体,因为此时该特征面在斜二测图中能够反映实形,画图较为方便,如图 6-13 所示。

6.4.2 投影方向的选择

在确定了轴测投影图的类型之后,根据形体自身的特征,还需要进一步确定适当的投影方向,使轴测图能够清楚地反映物体所需表达的部分。具体来说,有如下原则:

(1) 当形体的左前上方比较复杂时,宜选择左俯视,如图 16-16(a)所示。

(2) 当形体的右前上方比较复杂时,宜选择右俯视,如图 16-16(b)所示。

(3) 当形体的左前下方比较复杂时,宜选择左仰视,如图 16-16(c)所示。

(4) 当形体的右前下方比较复杂时,宜选择右仰视,如图 16-16(d)所示。

为避免画不可见的轮廓线,坐标原点和坐标轴的方向可以按方便作图而确定(即可不按右手法则,只要 3 个方向的绝对坐标值不变)。

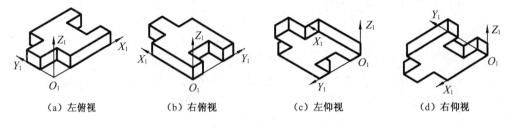

（a）左俯视　　　（b）右俯视　　　（c）左仰视　　　（d）右仰视

图 6-16　轴测图方向的选择

7　组合体的投影

在工程实际中,建筑物的形状多种多样,看似复杂,但万变不离其宗,它们都是由一些基本形体(棱柱、棱锥、圆柱、圆锥和球体等)通过一定的方式组合而成。从而,我们可以引入组合体的概念,即为由两个及两个以上的基本体组合而成的物体。

7.1　形体的组合方式

根据形体组合方式的不同,组合体可分为叠加式、切割式和综合式3种类型。

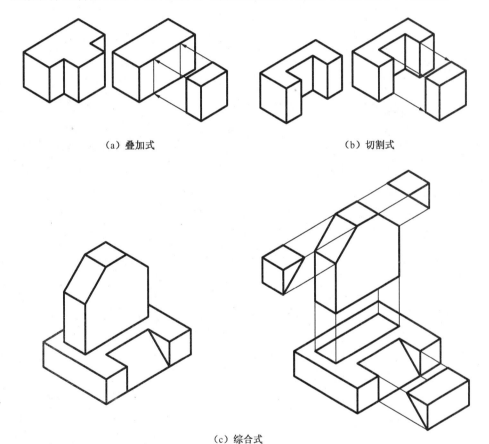

(a) 叠加式　　　　　　　　　　(b) 切割式

(c) 综合式

图 7-1　组合体的组合方式

7.1.1　叠加式组合体

叠加式组合体即组合体由若干个基本体叠加而成。如图 7-1(a)所示物体是由两个大小不同的长方体叠加而成的。

7.1.2 切割式组合体

加割式组合体即组合体由一个基本体经过若干次切割而成。如图 7-1(b)所示物体是在一个长方体的前面挖去一个小长方体后剩下的部分形成的。

7.1.3 综合式组合体

综合式组合体即组合体由基本体经过叠加和切割而成。如图 7-1(c)所示物体由一个长方体Ⅲ切去一个三棱柱Ⅳ,其上是一个长方体Ⅰ两边各切去一个三棱柱Ⅱ形成的六棱柱体,最后上下叠加而成。

7.2 组合体视图的画法

为叙述方便,以后将V面投影图称为正视图或正立面图,H面投影图称为俯视图或平面图,W面投影图称为左视图或左侧立面图。画组合体视图要注意以下问题。

7.2.1 形体分析

画组合体的视图之前,应先对组合体进行形体分析,了解该组合体是由哪些形体所组成的。分析各组成部分的结构特点,各形体之间的表面连接关系,以及它们之间的相对位置和组合形式。

如图 7-2 所示扶壁式挡土墙,由一块底板、两块支撑板和一堵直墙组合而成,底板为六棱柱,支撑板为三棱柱,直墙为四棱柱。

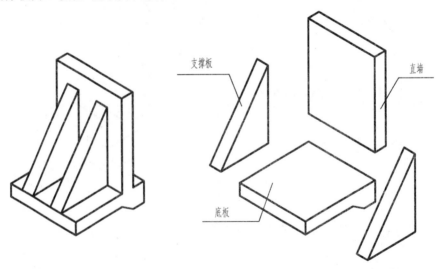

图 7-2　扶壁式挡土墙的形体分析

在画视图时,必须正确表示各基本体之间的表面连接关系。如图 7-3 所示,各基本体之间的连接关系可归纳为以下 4 种情况:

(1) 不共面。两形体表面不共面时,两表面投影的分界处应用粗实线隔开。

(2) 共面。两形体表面共面时,构成一个完整的平面,画图时不可用线隔开。

(3) 相切。相切的两个形体表面光滑连接,相切处无分界线,视图上不应该画线。

(4) 相交。两形体表面相交时,相交处有分界线,视图上应画出表面交线的投影。

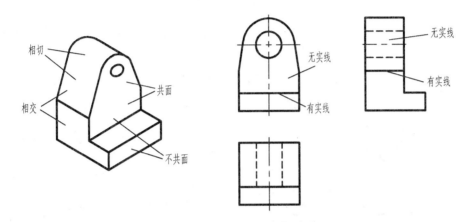

图 7-3　组合体表面的连接关系

在弄清各基本体间表面连接关系的同时,还必须厘清各基本体的相互位置关系,即以某一基本体为参照,其他基本体与其在前后、左右、上下等的位置关系。

7.2.2　视图选择

视图选择的主要原则就是在合理使用图纸的前提下,用较少的视图把物体完整、清晰、准确、合理地表达出来。

1) 确定形体的安放位置

形体的安放位置直接影响着它的表达效果,对于大多数的土建类形体主要考虑其正常工作位置和自然平稳位置,而且它们往往是一致的。但对于机械类的形体相对要复杂一些,既要考虑正常工作位置,还要考虑生产、加工位置。如吊车的正常工作位置是立着的,但是不稳定,生产、加工时的图纸一般是根据零件的加工特点放置其位置。

2) 选择正视图的方向

选择正视图方向的主要目的是为了突出表达形体的主要特征,正视图方向一旦确定,则其他视图的方向也随之确定。选择时应注意以下几点:

(1) 正视图的方向应反映组合体的主要形状特征和结构特征,即主要形状和相对位置要明显,如图 7-4 的 A 投影方向突出地反映了该形体的主要形状特征,比 B 方向好。

(2) 为了便于作图,应使物体主要平面和投影面平行,并且构图美观。

(3) 要兼顾其他两个视图表达的清晰性,尽量减少虚线,图 7-5(a)、(b)都是表达的图 7-2 所示形体的投影,很显然图(a)中没有虚线,效果比图(b)好。

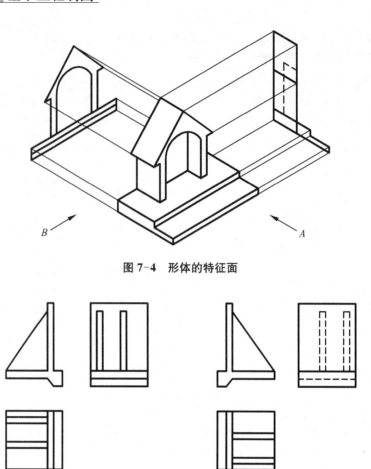

图 7-4　形体的特征面

（a）　　　　　　　　　　　　　　　（b）

图 7-5　投影方向的选择

3）确定视图数量

主要原则就是以尽可能少的视图准确、合理地表达该组合体。如图 7-6 所示台阶，左视图可以清楚地表示台阶的形状特征，再结合正视图就可以表达台阶长、宽、高的细部特征。所以只用正视图和左视图即可，俯视图就不需要了。

图 7-6　台阶的投影图

当然，对于一般的组合体来说，要画出三面投影图，对于复杂的形体，还需要增加其他的投影图。

7.2.3　画图步骤

1）选比例，定图幅

视图的方向和数量确定后，应根据实物的大小和复杂程度，按照国标要求选择比例和图幅。比例选择的原则是：图形表达要清晰、协调，一般小而复杂的形体用较大的比例，大而简单的形体用小比例。

2）布置视图

根据形体各方向的大小尺寸确定各视图的位置，作各视图的基准线。基准线之间要留足标注尺寸的空间,使视图之间疏密得当。总体要求是构图要美观、稳重。

3)画底稿

画图顺序为:先画主要部分,后画次要部分;先画大形体,再画小形体;先画可见部分,后画不可见部分;先画曲线,再画直线。如图 7-7(a)、(b)、(c)、(d)所示。

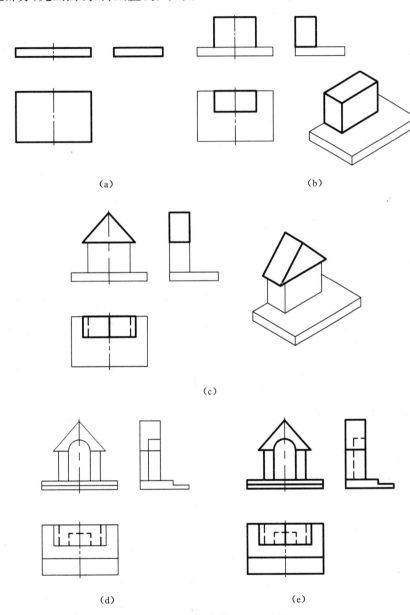

图 7-7 组合体的画图步骤

画图时,组合体的每一个部分应从反映形状特征和位置特征最明显的视图入手,然后通过三等关系,画出其他两面投影。而不是先画完一个视图,再画另一个视图。这样,不但可以避免多线、漏线,还可以提高画图效率。

4)加深图线

底稿完成后应认真检查,尤其应考虑各形体之间表面连接关系及从整体出发处理衔接处图线的变化。确认无误后,按标准线型描深,如图 7-7(e)所示。

7.3 组合体视图的尺寸标注

视图只能表达形体的形状,而它的大小及各组成部分的相对位置则由视图上标注的尺寸来确定,因此,在实际工程中,任何形体除了画出它的视图之外,还必须标注出尺寸,否则就无法加工或建造。

7.3.1 尺寸标注的基本知识

尺寸标注除了必须遵守前述章节中有关的制图标准外,还要注意下列概念:

1) 尺寸种类

(1) 定形尺寸。确定组合体各基本体大小的尺寸,称为定形尺寸。如图 7-8(a)为图 7-1(c)所示组合体的尺寸。图 7-8(b)为其尺寸标注,其中定形尺寸有上部六棱柱长 192、64,宽 64,高 128、192;下部长方体Ⅲ长 256,宽 192,高 64;被切割掉的三棱柱Ⅳ长 128,宽 64,高 64。

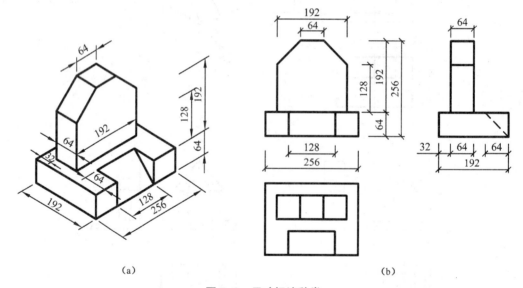

(a)   (b)

图 7-8 尺寸标注种类

(2) 定位尺寸。确定组合体各组成部分之间相对位置的尺寸,称为定位尺寸。当对称形体处于对称平面上,或形体之间接触或平齐时,其位置可直接确定,不需注出其定位尺寸。如图 7-8(b)所示,六棱柱和长方体Ⅲ在宽度方向上的定位尺寸为 32,长度方向上对称,无需标注,长方体Ⅲ和三棱柱Ⅳ在长度方向上的定位尺寸亦然。

(3) 总体尺寸。确定组合体外形大小的总长、总宽、总高的尺寸,称为总体尺寸。如图 7-8(b)所示,长方体Ⅲ的长 256、宽 192 即为总长、总宽,总高为 256。

2) 尺寸基准

标注尺寸的起点即为尺寸基准。由于组合体具有长、宽、高 3 个方向,每个方向至少应有一个尺寸基准。基准的确定应体现组合体的结构特点,一般选择组合体的对称平面、底面、重要端面及回转体的轴线等,同时还应考虑测量的方便。

7.3.2 基本体的尺寸注法

组合体是由基本体组成的,所以要掌握组合体的尺寸标注,必须首先掌握基本体的尺寸标注。标注基本体尺寸时,一般要注出长、宽、高 3 个方向的尺寸,也就是定形尺寸。对于平面立体一般应注出其底面尺寸和高度尺寸;而对于回转体尺寸,一般应注出其径向(直径或半径)尺寸和轴向尺寸。圆柱、圆锥、圆台在直径数字前加注符号"ϕ",而圆球在直径数字前加注符号"$S\phi$"。如图 7-9 所示。

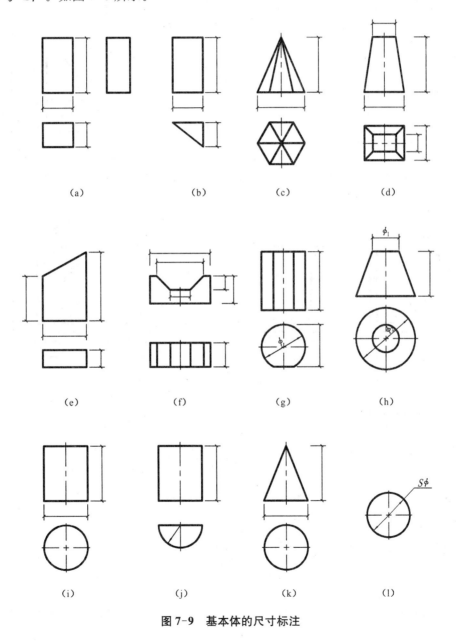

图 7-9　基本体的尺寸标注

7.3.3　组合体的尺寸标注

1) 尺寸标注的方法

标注组合体的尺寸时,应在对物体进行形体分析的基础上顺序标注定形、定位和总体尺寸。

以图 7-10 所示的扶壁式挡土墙的三视图为例,对它进行尺寸标注。

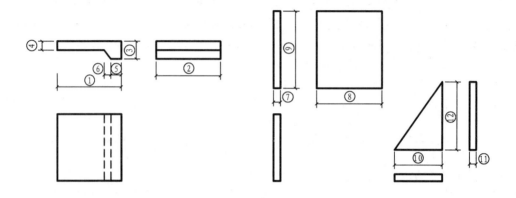

（a）形体分析

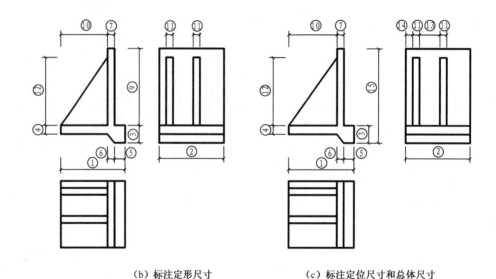

（b）标注定形尺寸　　　　　　　　（c）标注定位尺寸和总体尺寸

图 7-10　扶壁式挡土墙尺寸标注

（1）形体分析

该挡土墙由一块底板、两块支撑板和一堵直墙组成,分别考虑每块的定形尺寸,如图 7-10(a)所示。

（2）标注定形尺寸

如图 7-10(b)所示,在三视图上标注各部分定形尺寸。由于底板与直墙宽度相同,所以在图 7-10(a)中的底板宽度②和直墙宽度⑧取其一②即可。

（3）标注定位尺寸

如图 7-10(c)所示，支撑板的长度⑩可代替直墙在底板上的左右方向的定位尺寸；两支撑板的前后方向的定位由⑬、⑭确定；有了底板的高度③，直墙和支撑板在高度方向的位置也就确定了；直墙与底板在前后方向上平齐，无需定位。

（4）标注总体尺寸

如图 7-10(c)所示，总长、总宽与底板的相同，不需再标注，只需再标出总高⑮即可。直墙的高度⑨可由⑮减去③算得，可省略不标。

2）标注尺寸的注意事项

（1）正确

标注尺寸的数值应正确无误，注法符合国家标准的规定。

（2）完整

标注的尺寸应能完全确定物体的形状和大小，不重复，也不遗漏。

（3）清晰

尺寸布置应清晰，便于标注和看图。为了保证尺寸标注的清晰，应注意以下几点：

① 为使图形清晰，应尽量将尺寸注在图形轮廓线之外。某些局部尺寸允许注写在轮廓线内，但任何图线不得穿越尺寸数字。相邻视图有关尺寸最好注在两视图之间，以便于看图。

② 同一形体定形尺寸和定位尺寸要集中，并尽量标注在反映该形体形状特征和位置特征较为明显的视图上。

③ 尺寸应尽量避免标注在虚线上。

④ 同方向平行并列尺寸，小尺寸在内，大尺寸在外，间隔均匀，依次向外分布，以免尺寸界限与尺寸线相交而影响看图。

7.4 组合体视图的识读

画图，是运用正投影原理将物体画成视图来表达物体形状的过程，即从物到图的过程；识图又叫看图、读图，是根据已给的视图，经过投影分析，想象物体形状的过程，即从图到物的过程。

7.4.1 基本知识

读图时应熟练运用三面投影的规律，明确各投影图的投影方向，投影图之间的长、宽、高的度量对应关系，以及上下、左右、前后的位置对应关系。另外，还要对一些基本形体的投影特点及投影图中线和线框的含义有清晰的认识，然后针对不同的投影图选择相应的读图方法，从而快速、准确地识读组合体的投影图。

1）基本体的投影特点

基本体按其表面性质的不同，可分为平面立体和曲面立体两大类，按体形的总体特征又可分为柱体、锥体、台体、球体、环等等。它们的投影特点如第 5 章所述，归纳为："矩矩为柱"、"三三为锥"、"梯梯为台"、"三圆为球"和"鼓鼓为环"。熟练掌握这些特点,将能极大地提高读组合体视图的效率。

2) 视图上线段和线框的含义

(1) 投影图上的一条直线,可能表示两个平面的交线(如图 7-11 中的①);也可能表示某个垂直面的积聚投影(如图 7-11 中的②);还可能表示曲面的轮廓素线(如图 7-11 中的③)。

(2) 投影图上的封闭线框肯定表示面的投影,可能是平面实形投影(如图 7-11 中的ⓐ);也可能是平面的类似形投影(如图 7-11 中的ⓑ);还可能表示曲面的投影(如图 7-11 中的ⓒ)。

(3) 投影图上的两相邻线框,表示物体上两个不同的平面,它们可能相交,也可能平行;线框套线框表示物体上有凹、凸关系或孔洞。

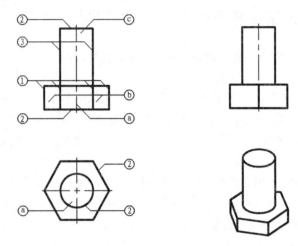

图 7-11　投影图中线和线框的含义

7.4.2　读图的基本方法

1) 形体分析法

形体分析法就是在看图时通过形体分析,将物体分解成几个简单部分,再经过投影分析,想象出物体每部分形状,并确定其相对位置、组合形式和表面连接关系,最后经过归纳、综合得出物体的完整形状。

【例 7-1】 根据如图 7-12(a)所示投影图想象物体的形状。

【解】 (1) 抓住特征分部分

从物体的形状特征视图和位置特征视图入手,将物体分解成几个组成部分。如图 7-12(a)所示,根据形状特征可将正立面图分成 1′、2′、3′三部分。

(2) 投影分析想形状

将物体分解为几个组成部分后,就应从体现每部分特征的视图出发,依据三等关系,在其他视图中找出对应投影,经过分析,想象出每部分的形状。如图根据三等关系,找出 1′、2′、3′在其他两面的投影 1、2、3 和 1″、2″、3″,从而由 1、1′、1″三个矩形线框可想象出基本体Ⅰ为一长方体,由 2、2′、2″两个矩形线框和一个半圆形可想象出基本体Ⅱ为半圆柱体,由 3、3′、3″两个矩形线框和一个三角形可想象出基本体Ⅲ为三棱柱。

（3）综合想整体

想象出每部分的形状之后，再根据三视图搞清楚形体间的相对位置、组合形式和表面连接关系等，综合想出物体的完整形状。如图7-12由平面图和左视图可看出Ⅰ在最后面，Ⅱ在中间，Ⅲ在最前面；由正立面图和左视图可看出Ⅰ、Ⅱ、Ⅲ底面等高，Ⅰ最高，Ⅱ其次，Ⅲ最低；由正立面图和平面图可看出三基本体在左右方向上对称。

综合以上分析，可想象出组合体的形状结构如图7-12（b）所示。

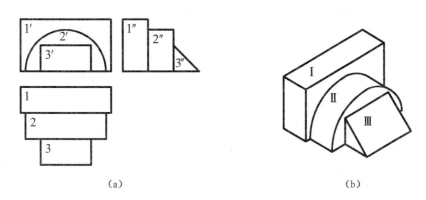

图 7-12　形体分析法读图

【例 7-2】　补画图 7-13（a）所示组合体的平面图。

【解】　根据两面投影补画第三投影，是训练组合体读图的一个最基本也是非常重要的手段和方法。要想所补的投影图正确，首先必须根据已知的投影图想出其所表达的立体的空间形状，然后再画投影图。

根据图 7-13（a）所示组合体的正面和侧面投影图的投影对应关系可知：该组合体由左上、右上和下部三部分组成。根据图中的虚实线及位置关系，左上为一后面突出的五棱柱体，右上为一前面突出的五棱柱体，下部为一四棱柱体，空间形状如图 7-13（b）所示。

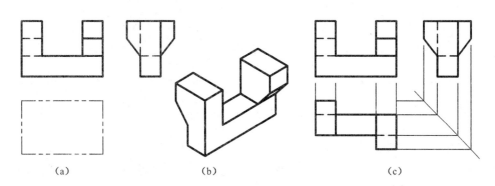

图 7-13　补画组合体投影图（一）

根据以上分析，分别画出三部分的水平面投影图，先画上面部分，再画下面部分，注意虚实线，下面被遮挡的部分画虚线。

2）线面分析法

当投影图不易分成几个部分或部分投影较复杂时，可采用线面分析法读图。线面分析法就是运用投影规律,分清物体上线、面的空间位置,再通过对这些线、面的投影分析想象出其形状,进而综合想出物体的整体形状。

【例7-3】 根据如图7-14(a)所示投影图想象物体的形状。

【解】 根据三面投影,无法确定该形体的结构是由哪些基本体所组成的,更难很快想出是什么形状,故用线面分析法分析围成该立体的主要表面的形状和位置,从而确定形体的空间形状。步骤如下:

(1) 对投影,分线框

在各个投影图上对每一个封闭的线框进行编号,并在其他投影图中找出其对应的投影。对于初学者,建议首先从线框较少的视图或者边数较多的线框入手,而且只分析可见线框。因为由可见线框围成的立体表面一般也是可见的,而线框较少容易分,并且容易确定对应的投影,边数较多则说明和它相邻的面也多。如图7-14(b)所示。

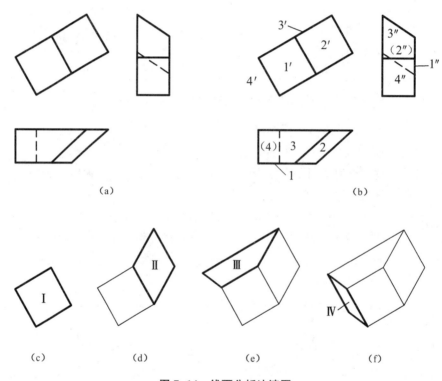

图7-14 线面分析法读图

这里请注意,对投影时,"类似图形"是一个非常重要的概念,如2′、2和2″为类似图形,说明它在空间是一般位置平面,平行四边形。确定投影关系时,首先寻找类似图形,如果在符合投影规律的范围内没有类似图形,那么肯定对应直线,即"无类似必积聚"。如在H和W投影中,在符合投影关系的范围内无与V面投影中1′类似的图形,所以只能对应线段1和1″。

(2) 想形状,立空间

根据分得的各线框及所对应的投影,想象出这些表面的形状及空间位置。建议每分析一个面,就徒手绘制其立体草图,并按编号顺序逐个分析,如图7-14(c)、(d)、(e)、(f)所示。

（3）围合起来想整体

分析各个表面的相对位置，围合出物体的整体形状，如图 7-14(f)所示。可以看出，这本来是一个很简单的形体——一个长方体被切了一个角，但是由于放置位置的原因，使得读图比较困难。

这个例子也说明了线面分析法是比较难的一种方法。当然，具体分析时也不是一定要分析出所有的面，有时候分析了几个特征面——尤其是类似图形，整个形体也就基本确定了。此种方法一般适宜于切割类形体，而对于图 7-15 所示的形体，如果把各个投影的外框相应的缺角补齐了便都是矩形，如图 7-15(a)所示，所以可以断定它是由一个长方体分别在其左上角和左前角各切割掉一部分而成的，可以用切割法想出其空间现状，问题将简单得多，如图 7-15(b)所示。

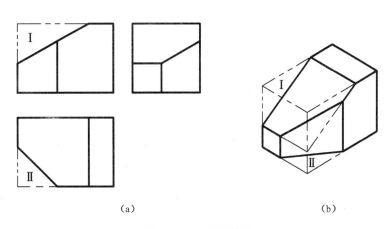

图 7-15 切割法读图

7.4.3 读图举例

【例 7-4】 补画图 7-16(a)所示组合体的平面图。

【解】 （1）抓住特征分部分

根据组合体的正面图和左侧立面图的投影对应关系，该组合体由前后两块组合而成，前块投影如图 7-16(b)所示，可以看出为一四棱柱体，如图 7-16(c)。

（2）线面分析

后块投影如图 7-16(d)，较复杂，需用线面分析法读图。在左侧立面图中有两个线框 $1''$ 和 $2''$，在正面图中找到对应的线段 $1'$ 和 $2'$，正面图中线框 $3'$ 对应左侧立面图中线段 $3''$。由此可判断出 Ⅰ 为正垂面，Ⅱ 为侧平面，Ⅲ 为侧垂面，从而分析出后块由一长方体经侧垂面Ⅲ和正垂面Ⅰ切割而成，如图 7-16(e)所示。

（3）综合想整体

根据两块的位置关系，可得组合体空间形状如图 7-16(f)所示。

（4）补画水平面投影图

根据以上分析，画出组合体水平面图，如图 7-16(g)所示。

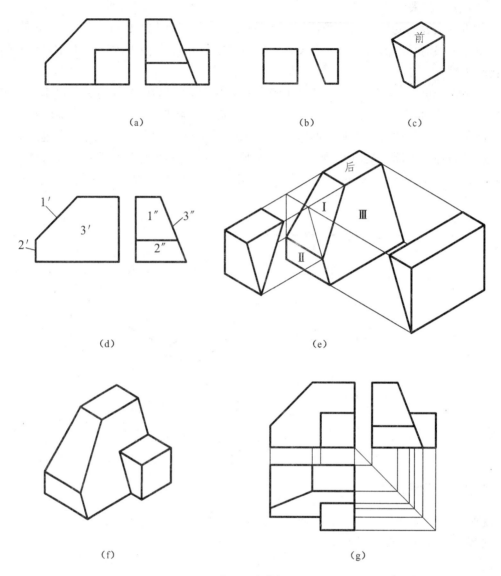

图 7-16　补画组合体投影图(二)

【例 7-5】　根据如图 7-17(a)所示投影图,想象出物体的形状。

【解】　(1) 形体分析

根据侧面投影及形状和位置特征,可将组合体分成底板、左上、右上三部分,底板及右上部分用形体分析法,投影图如图 7-17(c)、(d)所示,经分析分别是一个五棱柱和一个四棱柱,其位置关系如图 7-17(e)所示。

(2) 线面分析

剩下的左上部分,投影图如图 7-17(f)所示,比较复杂,需用线面分析法分析。在左视图上有两个线框 1″、2″,对应在平面图上有 1、2 两个线框,在正视图上有线段 1′ 和线框 2′。从而可知 Ⅰ 是一矩形正垂面,Ⅱ 有 3 个线框,是一个一般位置平面,结合侧面、底面及后面,左上部分为一直角三棱柱被一—一般位置平面斜切后的空间形状,如图 7-17(g)所示。

经过以上分析,该组合体的空间形状如图 7-17(b)所示。

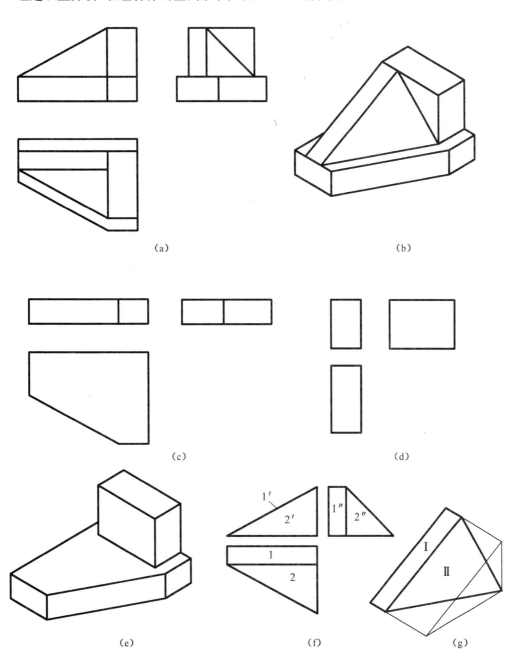

（a）

（b）

（c）

（d）

（e）

（f）

（g）

图7-17 补画组合体投影图(三)

8 工程形体的图示方法

根据国家标准规定,用正投影法将物体向投影面投射所得的图形称为视图。前面介绍了用三面投影图来表示物体的方法,但在生产实际中,有时仅用三视图还很难将复杂物体内外部的形状、结构清晰地表示出来,因此,制图标准规定了多种表达方法,画图时可根据实际情况灵活选用。

8.1 视图

视图分为基本视图和辅助视图。辅助视图又分为局部视图、斜视图、旋转视图和镜像视图等。

8.1.1 基本视图

根据国家标准规定,用正六面体的 6 个面作为基本投影面。将物体置于正六面体中,按正投影法分别向 6 个基本投影面投影所得到的 6 个视图称为基本视图。

6 个基本视图分别称为:

正立面图——由前向后投射所得的视图,又称主视图。

平面图——由上向下投射所得的视图,又称俯视图。

左侧立面图——由左向右投射所得的视图,又称左视图。

右侧立面图——由右向左投射所得的视图,又称右视图。

底面图——由下向上投射所得的视图,又称仰视图。

背立面图——由后向前投射所得的视图,又称后视图。

6 个基本投影面的展开方法是:正立面保持不动,其他投影面按图 8-1(a)中箭头所示方向展开到与正立面成同一平面。展开后各基本视图的配置关系如图 8-1(b)所示。6 个基本视图之间,仍符合"长对正,高平齐,宽相等"的投影规律。

如在同一张图纸上绘制若干个视图时,视图的位置可按图 8-2 的顺序进行配置。每个视图一般均应标注图名。图名宜标注在视图的下方或一侧,并在图名下用粗实线绘一条横线,其长度应以图名所占长度为准。

实际绘图时,一般不需要将 6 个基本视图都绘出,而是根据物体的复杂程度和结构特点选择必要的基本视图。在完整、清晰地表达物体各部分形状和结构的前提下,使视图数量最少,力求制图简便。

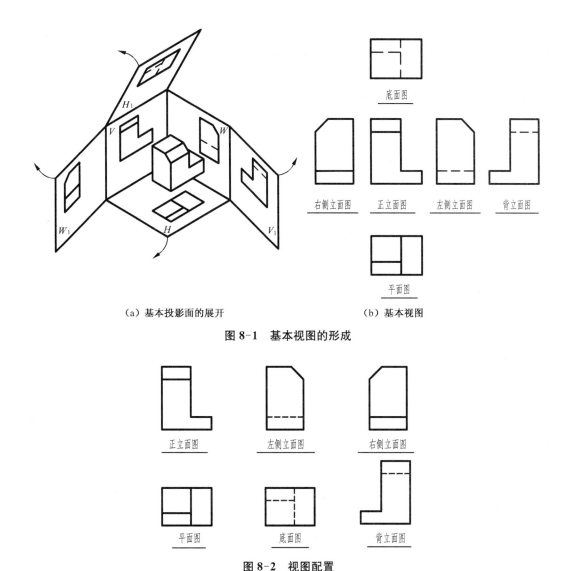

（a）基本投影面的展开　　　　　　　（b）基本视图

图 8-1　基本视图的形成

底面图

右侧立面图　　正立面图　　左侧立面图　　背立面图

平面图

正立面图　　　　左侧立面图　　　　右侧立面图

平面图　　　　　底面图　　　　　背立面图

图 8-2　视图配置

8.1.2　辅助视图

1）局部视图

将物体的某一部分向基本投影面投射所得的视图称为局部视图。局部视图常用于表达物体上局部结构的形状，使表达的局部重点突出，明确清晰。如图 8-3 所示，当画出正面、平面两个基本视图后，主体已经基本确定，没必要再画投影图，但是仍有两侧的洞口没有表达清楚，因此需要画出表达这两部分的 A 向、B 向局部视图。

画局部视图时，局部视图的名称用大写字母表示，一般标注在视图下方，在相应视图附近用箭头标明投射方向和投影部位，并注上同样的字母。为看图方便，局部视图应尽量配置在箭头所指方向，并与原有视图保持投影关系，如图 8-3 中 A 向视图。有时为了合理布图，也可把局部视图布置在其他适当位置，如图 8-3 中 B 向视图。当局部视图按投影关系配置，中间又没有其他图形隔开时可省略标注。如图 8-3 中 A 向视图可省略标注。

局部视图的断裂边界用波浪线画出,如图8-3中的B向视图。当所表达的局部结构完整,且外形轮廓线又成封闭时,波浪线可省略不画,如图8-3中的A向视图。波浪线不能与其他图线重合,不能超出物体的轮廓线。

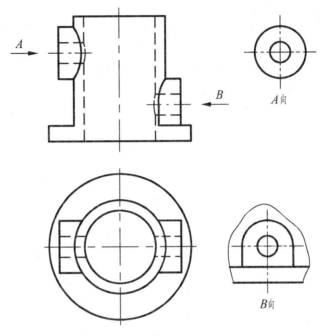

图8-3　局部视图的画法

2）斜视图

如图8-4所示的物体,其右上方具有倾斜结构,在正面、左视图上均不能反映实形,这既给画图和看图带来困难,又不便于标注尺寸。这时,可选用一个平行于倾斜部分的投影面,按箭头所示投影方向在投影面上作出该倾斜部分的投影,这种将物体向不平行于任何基本投影面的平面投射所得的视图称为斜视图。由于斜视图常用于表达物体上倾斜部分的实形,因此,物体的其余部分不必全部画出,可用波浪线断开,而且在基本投影面上可省略此相应的倾斜结构。

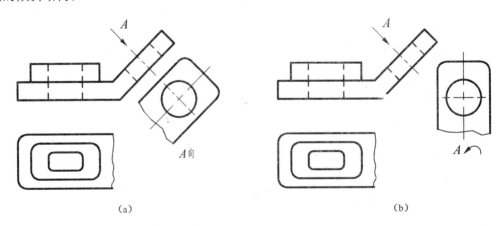

（a）　　　　　　　　　　　　　　　　（b）

图8-4　斜视图的画法

斜视图通常按投影关系配置并标注,如图 8-4(a)所示。有时,为方便绘图可将斜视图旋转配置,此时,应标注旋转符号"⌒"或"⌒",表示该视图名称的大写字母应靠近旋转符号的箭头端,如图 8-4(b)所示。

3)旋转视图

当物体的某一部分与基本投影面倾斜但相交于主体的回转轴线时,可假想将物体的倾斜部分旋转到与某一选定的基本投影面平行,再向该基本投影面投影,所得的视图称为旋转视图。

如图 8-5 所示物体的右侧部分倾斜,使其绕中间圆柱孔的轴线旋转至水平位置后再投影,所得平面图能反映右侧倾斜平面的实形。画图时正面图保持原来位置,平面图中右侧部分按旋转后的位置画。正面图中的箭头和双点画线表示旋转方向和旋转后的假想位置。

旋转视图一般投影关系清楚,可以省略标注旋转方向及字母。

4)镜像视图

把镜面放在物体的下面,代替水平投影面,在镜面中反射得到的图像,称为镜像投影图。由图 8-6 可知,它与平面图是不同的。直接用正投影法所绘制的图样虚线较多,不易表达清楚某些工程构造的真实情况,此时可用镜像投影法绘制,但应在图名后注写"镜像"二字。这种视图在装饰工程中常用于表达吊顶(天花)平面图。

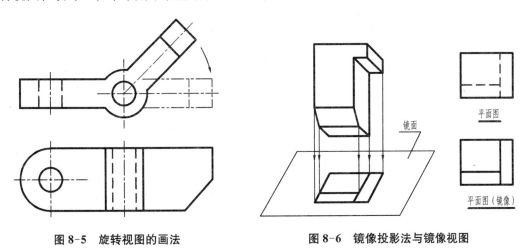

图 8-5　旋转视图的画法　　　　图 8-6　镜像投影法与镜像视图

8.2　剖面图

当物体内部的结构形状较复杂时,在画视图时就会出现较多的虚线,而虚线过多,必然导致图面虚实线交错、混杂不清,给画图、读图和尺寸标注均带来不便。为了清楚地表达物体内部的结构形状,常采用剖面图这一表达方法。

8.2.1　剖面图的形成

如图 8-7(b)所示,假想用剖切面(多为平面)把台阶沿着踏步剖开,将处在观察者和剖切面之间的部分移去,作出台阶剩下部分的投影,并将剖切平面与台阶接触的部分画上剖面线,则得到如图 8-7(a)所示的剖面图。像这样假想用剖切面将物体剖开,移去观察者与剖切面之间的部分,将剩余部分向投影面作投影,并将剖切面与物体接触的部分画上剖面线或材料图例,得到的视图称为剖面图。

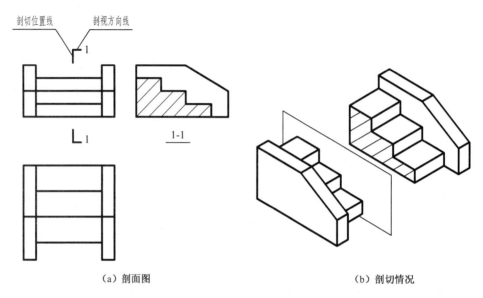

（a）剖面图   （b）剖切情况

图 8-7 台阶的剖面图

8.2.2 剖面图的标注

1）剖切位置线

一般把剖切面设置成垂直于某个基本投影面的位置,则剖切面在该投影面上的投影积聚成一直线,为避免影响投影图,因此在剖切面的起、止处各画一条短粗实线表示剖切位置,称为剖切位置线,该线长度一般为 6～10 mm。剖切位置线应尽可能不与物体的轮廓线相交。如图 8-7(a)所示。

2）投影方向线

在剖切位置线的两端画出垂直于剖切位置线的短粗线,表示剖切后的投影方向,长度一般为 4～6 mm。

3）剖面名称

为方便剖面图和剖切面对照,需在投影方向线的端部注写相同的数字或字母作为剖面的编号,剖切编号一律水平书写。如图 8-7(a)所示。如果剖切面较多,编号按顺序由左至右、由上至下连续编排。

4）材料图例

物体被剖切后,与剖切平面接触的实体部分应画上剖面线。剖面线为互相平行的间隔均匀的 45°斜细实线,此为不指明材料。当需要指明材料种类时,可画出材料图例。各种材料图例的画法必须遵照"国标"的有关规定,常用的建筑材料图例见表 8-1。

表 8-1 常用的建筑材料图例

序号	名称	图例	说明
1	自然土壤		包括各种自然土壤
2	夯实土壤		
3	砂、灰土		靠近轮廓线绘较密的点
4	石材	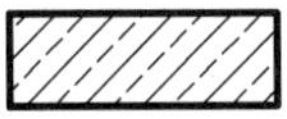	
5	毛石		
6	普通砖	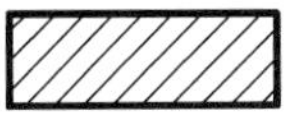	包括实心砖、多孔砖、砌块等砌体。断面较窄不易绘出图例线时,可涂红
7	饰面砖	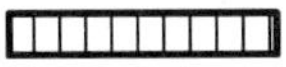	包括铺地砖、马赛克、陶瓷锦砖、人造大理石等
8	混凝土		(1) 本图例指能承重的混凝土及钢筋混凝土 (2) 包括各种强度等级、骨料、添加剂的混凝土 (3) 在剖面图上画出钢筋时,不画图例线 (4) 断面图形小,不易画出图例线时,可涂黑
9	钢筋混凝土	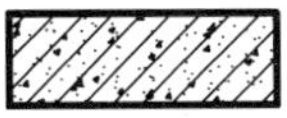	
10	木材		(1) 上图为横断面,上左图为垫木、木砖或木龙骨 (2) 下图为纵断面
11	金属	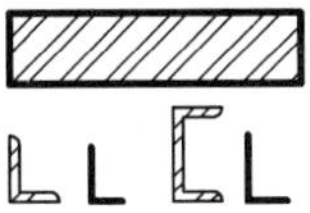	(1) 包括各种金属 (2) 图形小时可涂黑
12	塑料	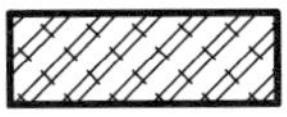	包括各种软、硬塑料及有机玻璃等
13	防水材料		构造层次多或比例大时,采用上面图例

注:图例中的斜线、短斜线、交叉斜线等一律为45°。

8.2.3 剖面图的画法

(1)因为剖切是假想的,所以在画其他投影图时,应按剖切前的完整形体来画,不受剖切影响。

(2)剖面图除应画出剖切面切到部分的图形外,还应画出沿投影方向看到的部分。

(3)作剖面图时,一般应使剖切平面平行于基本投影面。同时,要使剖切平面通过形体上的孔、洞、槽等隐蔽形体的中心线,将形体内部尽量表现清楚。剖面图中通常不再画出虚线,当由于省略虚线而导致表达不清楚时也可画出虚线。

8.2.4 剖面图的分类

根据剖切面的设置、数量及剖切方式等，剖面图有全剖面图、半剖面图、阶梯剖面图、旋转剖面图和局部剖面图等。

1) 全剖面图

用剖切平面完全地剖开物体所得的图样，称为全剖面图，如图8-7(a)所示。全剖面图一般适应于不对称或外部形状简单、内部结构较复杂的物体。

2) 半剖面图

当物体的内外形状都比较复杂且具有对称平面时，在垂直于对称平面的投影面上的投影，可以对称中心线为界，一半画成剖面图，另一半画成外形图，这种图样称为半剖面图。如图8-8所示为一个杯形基础的半剖面图。

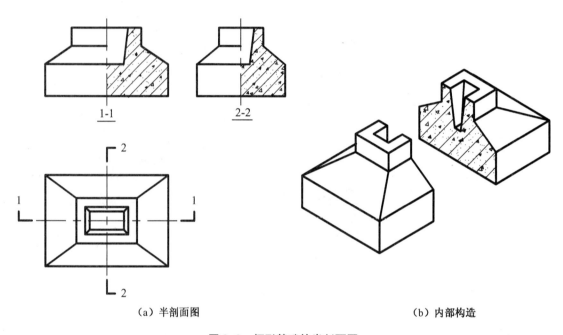

（a）半剖面图 （b）内部构造

图8-8 杯形基础的半剖面图

画半剖面图的注意事项：

(1) 半个剖面图与半个外形图的分界线（图中的对称中心线）应是细点画线，而不是粗实线。

(2) 采用半剖面图后，表示物体内部形状结构的虚线在半个视图中可以省略。但对孔、槽等需用细点画线表示其中心位置。

(3) 当对称线为竖直时，剖面图画在对称线的右方（或前方）；当对称线为水平时，剖面图画在对称线的下方（或前方）。

(4) 半剖面图的标注方法同全剖面图。

3) 阶梯剖面图

用几个平行的剖切平面剖开物体，所得到的剖面图称为阶梯剖面图。如图8-9所示。

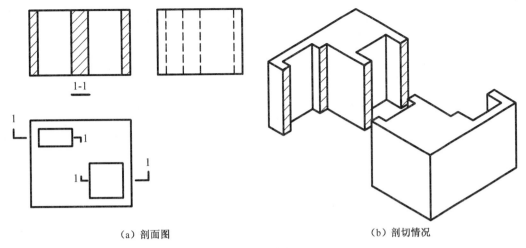

（a）剖面图　　　　　　　　　　（b）剖切情况

图 8-9　阶梯剖面图

当物体上有较多孔、槽，且它们的轴线或对称面不在同一平面内，用一个剖切平面不可能把物体的内部形状完全表达清楚时，常采用阶梯剖面图。

画阶梯剖面图时，在剖切平面的起止和转折处应进行标注，画出剖切符号，并标注相同的数字或字母。一般注写编号在剖切位置线转角处的外侧，当剖切位置明显，且不致引起误解时，转折处可以省略标注编号。

因剖切物体是假想的，采用阶梯剖画图时，在图形内不应画出因各剖切平面转折而产生的界线。

4）旋转剖面图

用两相交的剖切平面（交线垂直于某一基本投影面）剖开物体，并把倾斜于基本投影面的剖切面旋转到与投影面平行的位置后再进行投影，所得到的剖面图称为旋转剖面图。如图 8-10 的 1-1 剖面图。

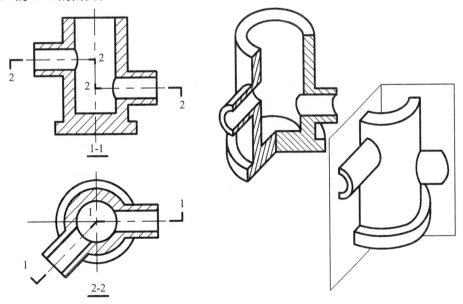

图 8-10　旋转剖面图

如果物体内部的结构形状仅用一个剖切面不能完全表达，且这个物体又具有较明显的主体回转轴时，可采用旋转剖面图。

旋转剖面图的标注与阶梯剖面图相同。如图 8-10 所示。

5）局部剖面图

如果物体的大部分已经表达清楚，只是局部尚需表达，或者只要表达局部就可知道整体情况的，就用剖切平面局部地剖开物体，这样所得的剖面图，称为局部剖面图。如图8-11(a)所示，是混凝土水管的一组视图，正立面图采用了局部剖面图，局部剖切部分画出了水管的内部结构和断面材料图例，其余部分仍画外形视图。

局部剖面图中，剖面部分与视图部分的分界线用波浪线表示。波浪线可理解为立体表面开裂的痕迹，因此应画在物体的实体部分，不能超出轮廓线或与图样上其他图线重合，也不得通过空体处，如图 8-11(b)所示。

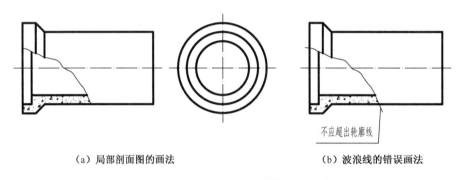

（a）局部剖面图的画法　　　　　　　　（b）波浪线的错误画法

图 8-11　局部剖面图

在土木工程中还经常用分层局部剖切的剖面图来表示墙面、路面等的不同层次的构造。图 8-12 便是采用分层局部剖面图来反映楼面各层所用的材料和构造的做法。画分层局部剖面图时，各层之间的分界也是采用波浪线表示，并且不需要进行标注。

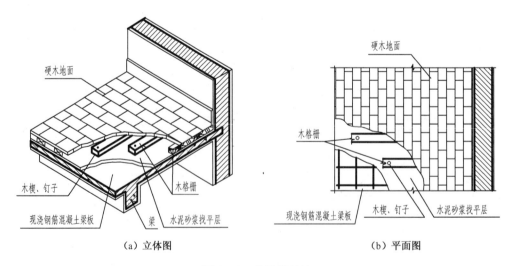

（a）立体图　　　　　　　　　　　　　（b）平面图

图 8-12　分层表示法

8.3 断面图

8.3.1 断面图的形成

假想用剖切面将物体剖开后,仅画出剖切面与物体接触部分的图形,这样得到的视图称为断面图。如图 8-13 所示的 2-2 断面图。

用断面图来表达物体上的某些结构(如型材及杆件的断面)要比视图清晰,比剖面图简便。

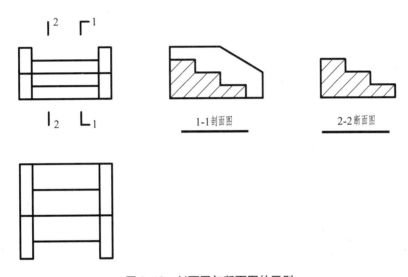

图 8-13 剖面图与断面图的区别

8.3.2 断面图与剖面图的区别

(1)断面图只需画出剖切面切到部分的图形,是面的投影;而剖面图除应画出断面图形外,还应画出沿投影方向能看到的部分,是体的投影,如图 8-13 所示。

(2)断面图的剖切符号只需画出剖切位置线,长度为 6～10 mm 的粗实线,不画剖切方向线,编号写在投影方向的一侧表明其投影方向。

8.3.3 断面图的分类及画法

断面图主要用来表示物体某一局部的截断面形状,在实际应用中,根据断面图所配置的位置不同,可分为移出断面图、中断断面图和重合断面图。

1)移出断面图

画在投影图以外的断面图称为移出断面图。

画移出断面图的注意事项:

(1)移出断面图的轮廓线用粗实线绘制。可绘制在剖切平面的延长线上或其他适当的位置。如图 8-14(a)所示。

（2）移出断面图一般应标注剖切位置、投影方向和断面名称，如图8-14(a)所示；当断面图形对称时，可用细点画线表示剖切位置，不需进行其他标注，如图8-14(b)所示；当断面图位于剖切平面的延长线上时，可不标注断面名称，如图8-14(c)所示。

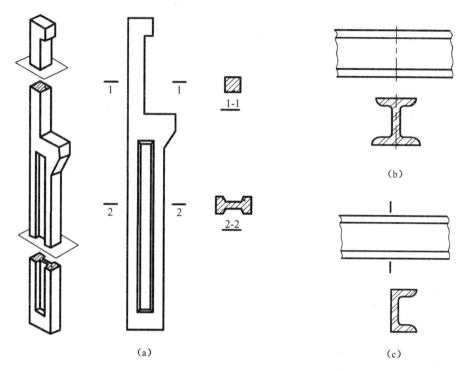

图8-14　移出断面图

2）中断断面图

画在投影图中断处的断面图称为中断断面图。中断断面图的轮廓线用粗实线绘制。投影图的中断处用波浪线或折断线绘制，不需画剖切符号，如图8-15所示。

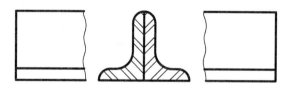

图8-15　中断断面图

3）重合断面图

画在投影图内的断面图称为重合断面图。重合断面图的轮廓线用加粗实线绘制，视图上与断面图重合的轮廓线不应断开，仍完整画出。一般重合断面图不加标注，断面图的轮廓线之内表示材料图例即可，如图8-16所示。

如图8-16(a)所示是用重合断面图表示屋面的结构与形式，这种断面图是用一个垂直剖切平面剖切后向左旋转90°，使它与平面图重合后得到的。

图8-16(b)所示是用重合断面图表示墙壁立面上装饰的凹凸起伏的状况，它是用水平

剖切面剖切后向下翻转 90°而得到的。

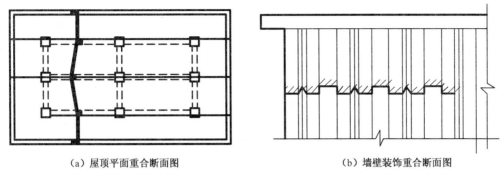

（a）屋顶平面重合断面图　　　　　　　（b）墙壁装饰重合断面图

图 8-16　重合断面图

8.4　图样的简化画法

简化画法能够提高绘图速度或节省图纸空间,建筑制图标准允许在必要时采用以下简化画法。

8.4.1　对称形体的简化画法

对于对称形体的投影图,可以只画一半,但要在对称中心线处加上对称符号,如图8-17(a)所示,另一半图形可以不画,但尺寸应该按照全尺寸来标注。对称符号用一对平行的短细实线表示,其长度为 6~10 mm。两端的对称符号到图形的距离应相等,对称线端部超出对称符号 2~3 mm。

当投影图不仅左右对称,而且上下对称时,可以只画出投影图的 1/4,但同时应该增加一条对称线和一对对称符号,如图 8-17(b)所示。

对称的图形也可以绘至稍稍超出对称线之外,然后用细实线画出的折断线或波浪线来省略表示,如图 8-17(c)所示。此种省略画法无需加上对称符号,主要适用于对称线上有不完整图形的情况

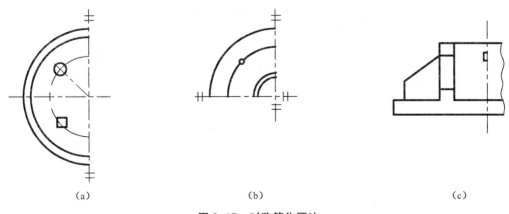

（a）　　　　　　　　　　（b）　　　　　　　　　　（c）

图 8-17　对称简化画法

8.4.2 相同要素的简化画法

当物体具有若干完全相同的结构,并按一定规律分布时,只需要画出几个完整的结构,其余的画出结构中心线或中心线交点,以确定它们的位置,并注明该结构的总数,如图8-18所示。

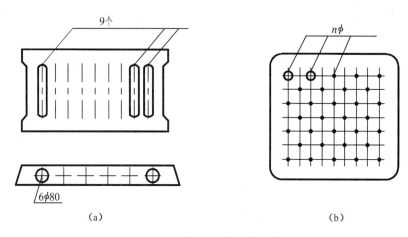

(a)   (b)

图 8-18 相同要素简化画法

8.4.3 折断简化画法

较长的构件,如沿长度方向的形状相同或按一定规律变化,可断开省略绘制,断开处应以折断线表示(图8-19(a))。

一个构配件如与另一构配件仅部分不同,该构配件可只画不同部分,但应在两个构配件的相同部分与不同部分的分界线处分别绘制连接符号(图8-19(b))。

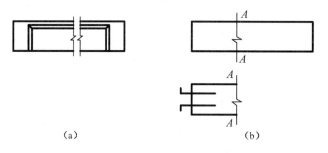

(a)   (b)

图 8-19 折断简化画法

8.5 综合应用举例

【例8-1】 将图8-20(a)所示组合体的正立面图和左侧立面图改画成适当的剖面图。

【解】 根据投影图进行形体分析可知,该组合体是由长方体Ⅰ和Ⅱ组合后,再切割掉一个圆柱体形成的,空间形状如图 8-20(b)所示。该组合体左右不对称,所以正立面图画成1-1全剖面图;因为该组合体前后对称,所以左侧立面图可以画成 2-2 半剖面图,其中前半部分画成剖面图,后半部分画成外形图,不可见的虚线省略不画,如图 8-20(c)所示。

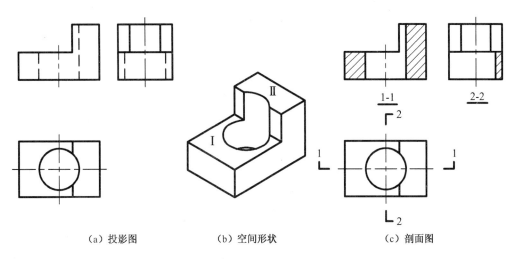

(a) 投影图   (b) 空间形状   (c) 剖面图

图 8-20 综合应用举例(一)

【例 8-2】 补画图 8-21(a)中的 2-2 剖面图。

【解】 要想正确补画 2-2 剖面图,首先必须读懂该剖面图。读剖面图的基本方法仍然为形体分析法,但由于增加了剖面的表达手法,因此必须同时考虑剖切位置等关系,综合想出组合体的空间形状。这里介绍一种剖面图的读图方法——断面对应法,步骤如下:

(1) 区别空体和实体

根据已知条件,对各个断面进行编号,找出其对应的剖切位置,那么没有剖切到的便是空体。如图 8-21(b)所示,形体被 1-1 剖切平面剖切后在正立面图上产生a'和b'两个断面,在平面图上找到该剖切位置及所对应的形体 a 和 b;形体被 3-3 剖切平面剖切后在平面图上产生c和d两个断面,在正立面图上找到该剖切位置及所对应的形体 c' 和 d';那么没有被标识的部分即为空体。

(2) 分析各断面所对应的实体形状

由各断面的形状结合所对应剖切位置形体的平面形状,想出 A、B、C、D 各个分体所对应的空间形状。如图 8-21(c)所示。

(3) 综合想整体

根据各个分体所对应的相对位置可以看出,其中 A 和 C 是连在一起的,位于 B 的左侧,D 位于 C、B 的上方,其左右分别与 C、B 平齐,由此综合想出其被 2-2 剖切面剖切后的形状,如图 8-21(d)所示。

(4) 补画剖面图,如图 8-21(b)中的 2-2 所示。

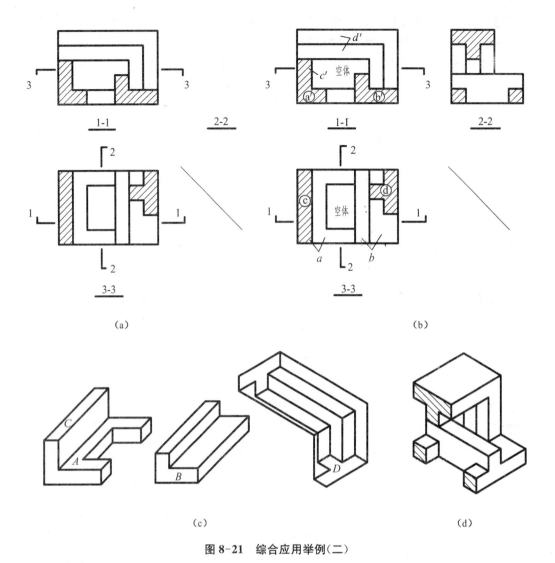

图 8-21 综合应用举例(二)

【例 8-3】 如图 8-22(a)所示,已知形体的 1-1、3-3 剖面图,用断面对应法求作 2-2 剖面图。

【解】 因投影图对应关系不是很明确,采用断面对应法。

(1)区别空体和实体

如图 8-22(b)所示,将独立的断面①、②和③单独编号,而将互相联系的④断面统一编号,找出其对应的剖切位置,那么没有剖切到的便是空体。

(2)分析各剖面所对应的实体形状

如图 8-22(c)所示,断面①所对应的剖切体为 1;断面②所对应的剖切体为 2;断面③所对应的剖切体为 3;断面④所对应的剖切体为 4。

(3)综合想整体

根据各个分体所对应的相对位置,综合想出整体的形状,并补画 2-2 剖视图,如图 8-22(d)所示。

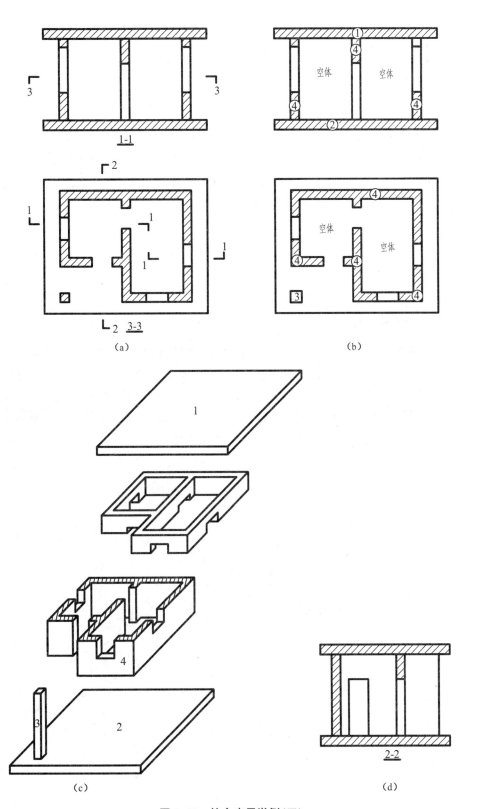

图 8-22　综合应用举例（三）

9 建筑施工图

房屋是供人们生活、生产、工作、学习和娱乐的重要场所。房屋的建造一般需要经过设计和施工两个过程。设计人员根据用户提出的要求，按照国家房屋建筑制图统一标准，用正投影的方法，将拟建房屋的内外形状、大小，以及各部分的结构、构造、装修、设备等内容，详细而准确地绘制成的图样，称为房屋建筑图。

9.1 概述

9.1.1 房屋的组成

建筑物按使用功能的不同可以分为工业建筑和民用建筑两大类。民用建筑又可以分为公共建筑(学校、医院、会堂等)和居住建筑(住宅、宿舍等)。建筑按结构分,通常有框架结构和承重墙结构等。各种建筑物尽管在功能及构造上各有不同,但就一幢房屋而言,基本上是由屋顶、墙(或柱)、楼地层、楼梯、基础和门窗等部分组成的。图9-1是一幢房屋的立体效果图,图中较清楚地表明了房屋各部分的名称及所在位置。

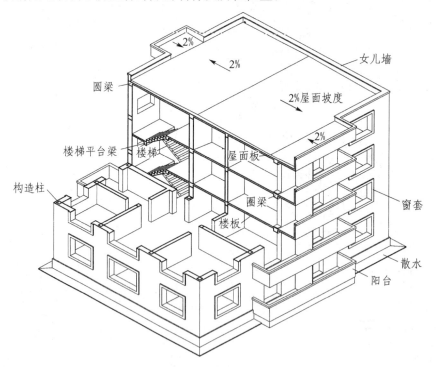

图 9-1 房屋的组成

（1）屋顶，位于房屋最上部。其面层起维护作用，防雨雪风沙，隔热保温；其结构层起承重作用，承受屋顶重力及积雪和风荷载。

（2）墙或柱，是房屋主要的承重构件，房屋的外围起维护作用，内墙起分隔作用。

（3）楼地层，除了承受荷载之外还在竖直方向将建筑物分层。

（4）楼梯，是上下楼层之间垂直方向的交通设施。

（5）基础，是建筑物地面以下的部分，承受建筑物的全部荷载并将其传给地基。

（6）门窗，门是为了室内外的交通联系，窗则起通风、采光作用。

9.1.2 房屋建筑图的分类

房屋的设计需要不同专业的设计人员共同合作来完成。房屋建筑图按其专业内容和作用的不同也分为不同的图样。

一套房屋建筑图一般包括图样目录、施工总说明、建筑施工图、结构施工图和设备施工图。

1）建筑施工图

建筑施工图简称建施，主要反映建筑物的整体布置、外部造型、内部布置、细部构造、内外装饰以及一些固定设备、施工要求等，是房屋施工放线、砌筑、安装门窗、室内外装修和编制施工概算及施工组织计划的主要依据。一套建筑施工图一般包括施工总说明、总平面图、建筑平面图、建筑立面图、建筑剖面图、建筑详图和门窗表等。

2）结构施工图

结构施工图简称结施，主要反映建筑物承重结构的布置、构件类型、材料、尺寸和构造做法等，是基础、柱、梁、板等承重构件以及其他受力构件施工的依据。结构施工图一般包括结构设计说明、基础图、结构平面布置图和各构件的结构详图等。

3）设备施工图

设备施工图简称设施，主要反映建筑物的给水排水、采暖通风、电气等设备的布置和施工要求等。设备施工图一般包括各种设备的平面布置图、系统图和详图等。

9.1.3 绘制建筑施工图的有关规定

建筑施工图应按正投影原理及视图、剖面、断面等基本图示方法绘制，为了保证质量、提高效率、统一要求、便于识读，除应遵守《房屋建筑制图统一标准》中的基本规定外，还应遵守《建筑制图标准》（GB/T 50104—2010）。

1）图线

在建筑施工图中，为反映不同内容和层次分明，图线采用不同线型和线宽，具体见表9-1。

表 9-1　建筑施工图中图线的选用

名　称		线　型	线宽	用　途
实线	粗	▬▬▬▬▬	b	(1) 平、剖面图被剖切的主要建筑构造(包括构配件)的轮廓线 (2) 建筑立面图或室内立面的外轮廓线 (3) 建筑构造详图中被剖切的主要部分的轮廓线 (4) 建筑构配件详图中的外轮廓线 (5) 平、立、剖面的剖切符号
	中粗	▬▬▬▬	$0.7b$	(1) 平、剖面图被剖切的次要建筑构造(包括构配件)的轮廓线 (2) 建筑平、立、剖面图中建筑构配件的轮廓线 (3) 建筑构造详图及建筑构配件详图中的一般轮廓线
	中	———	$0.5b$	小于 $0.7b$ 的图形线、尺寸线、尺寸界线、索引符号、标高符号、详图材料做法引出线、粉刷线、保温层线、地面、墙面的高差分界线等
	细	———	$0.25b$	图例填充线、家具线、纹样线等
虚线	中粗	– – – –	$0.7b$	(1) 建筑构造详图及建筑构配件不可见的轮廓线 (2) 平面图中的起重机(吊车)轮廓线 (3) 拟建、扩建建筑物轮廓线
	中	– – – –	$0.5b$	投影线、小于 $0.5b$ 的不可见轮廓线
	细	- - - -	$0.25b$	图案填充线、家具线等
单点长划线	粗	–·–·–	b	起重机(吊车)轨道线
	细	–·–·–	$0.25b$	中心线、对称线、定位轴线
折断线	细	──/\──	$0.25b$	部分省略表示时的断开界线
波浪线	细	∿∿∿	$0.25b$	部分省略表示时的断开界线、曲线形构间断开界线 构造层次的断开界线

注：地平线宽可用 $1.4b$。

2）比例

建筑物的形体较大，所以施工图一般都用较小的比例绘制。为了反映建筑物的细部构造及具体做法，常配以较大比例的详图，并用文字加以说明。施工图中常用比例参见表 9-2 所示。

表 9-2　比例

图　名	常用比例
建筑物或构筑物的平面图、立面图、剖面图	1∶50、1∶100、1∶150、1∶200、1∶300
建筑物或构筑物的局部放大图	1∶10、1∶20、1∶25、1∶30、1∶50
配件及构造详图	1∶1、1∶2、1∶5、1∶10、1∶15、1∶20、1∶25、1∶30、1∶50

3）定位轴线

在学习定位轴线的布置和画法之前，先简单介绍一下与之相关的建筑"模数"概念。所谓建筑"模数"是指房屋的跨度(进深)、柱距(开间)、层高等尺寸都必须是基本模数(100 mm 用 M_0 表示)或扩大模数($3M_0$、$6M_0$、$15M_0$、$30M_0$、$60M_0$)的倍数，这样便于规范化、生产标准化、施工机械化。

定位轴线是用来确定建筑物主要结构及构件位置的尺寸基准线，它是施工放线的主要依据。凡承重构件如墙、柱、梁、屋架等位置都要画上定位轴线并进行编号，施工时以此作为定位的基准。定位轴线的距离一般应满足建筑模数尺寸。施工图上，定位轴线应用细点画线绘制,在线的端部画一直径为 8～10 mm 的细实线圆,圆内注写编号。在建筑平面图上定位轴线的编号,宜标注在图样的下方与左侧,横向编号应用阿拉伯数字,从左至右顺序编写;竖向编号应用大写拉丁字母,从下至上顺序编写,如图 9-2(a)所示。字母中的 I、O、Z 不得用为轴线编号,以免与数字 1、0、2 混淆。在标注非承重墙或次要承重构件时,可用在两根轴线之间的附加轴线,附加轴线的编号如图 9-2(b)、(c)所示。

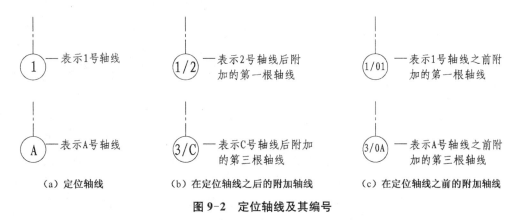

（a）定位轴线　　　　　　（b）在定位轴线之后的附加轴线　　　　（c）在定位轴线之前的附加轴线

图 9-2　定位轴线及其编号

4）尺寸和标高注法

建筑施工图上的尺寸可分为定形尺寸、定位尺寸和总体尺寸。定形尺寸表示各部位构造的大小,定位尺寸表示各部位构造之间的相互位置,总体尺寸应等于各分尺寸之和。尺寸除了总平面图及标高尺寸以米(m)为单位外,其余一律以毫米(mm)为单位。注写尺寸时应使长、宽尺寸与相邻的定位轴线相联系。

标高是标注建筑物高度的一种尺寸形式。标高是用以表明房屋各部分(如室内外地面、窗台、雨篷、檐口等)高度的标注方法。在图中用标高符号加注高程数字表示。标高符号用细实线绘制,符号中的三角形为等腰直角三角形,尖端所指为实际高度线,尖端可向下,也可向上。标高的尺寸单位为米,注写到小数点后三位(总平面图上可注写到小数点后两位)。涂黑的标高符号,用在总平面图及底层平面图表示室外地坪标高。标高符号及其画法见图 9-3 所示。

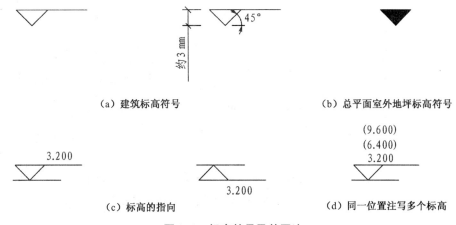

（a）建筑标高符号　　　　　　　　　　　　（b）总平面室外地坪标高符号

（c）标高的指向　　　　　　　　　　　　　（d）同一位置注写多个标高

图 9-3　标高符号及其画法

标高有绝对标高和相对标高两种。在我国绝对标高是以青岛附近黄海海平面的平均高度定为绝对标高的零点,其他各地标高都是以它为基准测量而得的。总平面图中所标注标高为绝对标高。相对标高一般是以房屋底层室内地坪高度的绝对标高为基准零点。零点标高用±0.000表示,低于零点的标高为负数,负数标高数字前加注"-"号,如-0.060,高于零点的正数标高数字前不加"+"号,如3.500。

房屋的标高,还有建筑标高和结构标高的区别。如图9-4所示,建筑标高是指构件包括粉饰在内的、装修完成后的标高,又称完成面标高。结构标高是指不包括构件表面的粉饰层厚度,是构件的毛面标高。

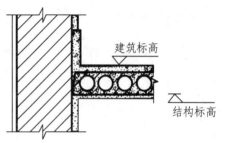

图9-4 建筑标高与结构标高

5）索引符号和详图符号

在图样中的某一局部或构件未表达清楚,而需另见详图以得到更详细的尺寸及构造做法时,为方便施工时查阅图样,应以索引符号索引。即在需要另画详图的部位编上索引符号,并在所画的详图上编上详图符号,二者必须对应,以便于看图时查找相互有关的图纸。索引符号的圆和直径均以细实线绘制,圆的直径为10 mm。索引符号的引出线应指在要索引的位置上,当引出的是剖面详图时,用粗实线表示剖切位置,引出线所在的一侧应为剖视方向,圆内的编号含义如图9-5(a)所示。详图符号应以粗实线绘制直径为14 mm的圆,直径以细实线绘制,圆内的编号含义如图9-5(b)所示。

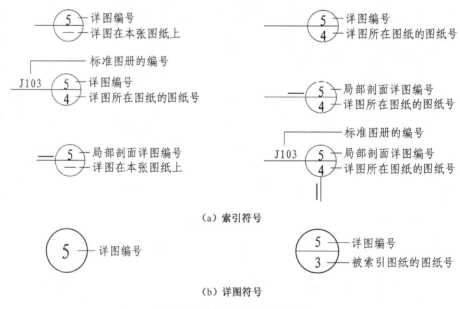

（a）索引符号

（b）详图符号

图9-5 索引符号和详图符号

6）指北针

指北针用于表示房屋的朝向,指针尖所指方向为北方。指北针的圆用细实线绘制,直径为24 mm,指针尾部的宽度为3 mm,如图9-6所示。需用较大直径绘制指北针时,指针尾部宽度宜为直径的1/8。

7）图名与比例

图名一般注写在图样下方居中的位置。图样的比例应为图形与实物相对应的线性尺寸之比。比例宜注写在图名的右侧,比例的字高应比图名的字高小一号或两号。图名下用粗实线绘制底线,底线应与字取平。如图9-7所示。

图9-6 指北针

图9-7 图名与比例

9.2 建筑总平面图

9.2.1 建筑总平面图的作用

总平面图是新建房屋在基地范围内的总体布置图。将拟建工程四周一定范围内的新建、拟建、原有和拆除的建筑物、构筑物连同其周围的地形地物状况,用水平投影的方法和相应的图例所画出的图样,即为总平面图(或称总平面布置图)。它反映新建房屋与原有建筑的平面形状、位置、朝向以及与周围环境之间的关系。

总平面图是新建房屋的施工定位、土方施工以及室内外水、暖、电等管线布置和施工总平面设计的重要依据。

9.2.2 图示内容及画法要求

总平面图是反映一定范围内原有、新建、拟建、即将拆除的建筑及其所处周围环境、地形地貌、道路绿化情况的水平投影图。

总平面图常用比例为1:500、1:1000、1:2000。总平面图应按上北下南方向绘制,根据场地形状或布局,可向左或向右偏转,但不宜超过45°。

总平面图应包括以下内容:

(1)新建建筑物的名称、层数、室内外地坪标高、外形尺寸及与周围建筑物的相对位置。

(2)新建道路、广场、绿化、场地排水方向和设备管网的布置。

(3)原有建筑物的名称、层数以及与相邻新建建筑的相对位置。

(4)原有道路、绿化和管网布置情况。

(5)拟建的建筑、道路、广场、绿化的布置。

(6)新建建筑物的周围环境、地形(如等高线、河流、池塘、土坡等)、地物(如树木、电线杆、设备管井等)。

图9-8 风玫瑰图

(7)指北针或风玫瑰图。

风玫瑰图(如图9-8)由当地气象部门提供,粗实线表示全年主导风向频率,细虚线表示

6、7、8 三个月的风向频率,并可兼作指北针。

表 9-3 总平面图中常用的图例

名称	图例	备注	名称	图例	备注
新建建筑物	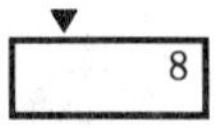 ▼ 8	(1) 需要时,可用▲表示出入口,可在图形内右上角用点或数字表示层数; (2) 建筑物外形用粗实线表示	新建的道路	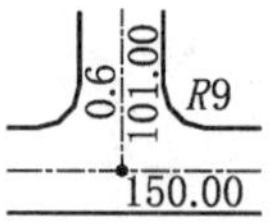 0.6 101.00 R9 150.00	"R9"表示道路转弯半径为 9 m,"150.00"为路面中心控制点标高,"0.6"表示 0.6%的纵向坡度,"101.00"表示变坡点间距离
原有建筑物	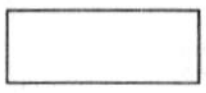	用细实线表示	原有道路	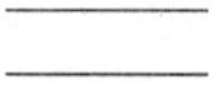	
计划扩建的预留地或建筑物		用中粗虚线表示	计划扩建的道路		
拆除的建筑物	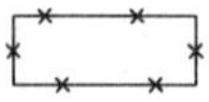	用细实线表示	常绿针叶树		
围墙及大门		仅表示围墙时不画大门	常绿阔叶乔木		
填挖边坡	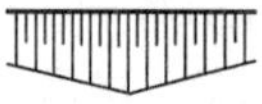	(1) 边坡较长时,可在一端或两端局部表示; (2) 下边线为虚线时表示填方	常绿阔叶灌木		
护坡	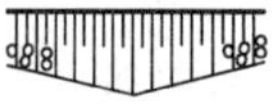		花坛	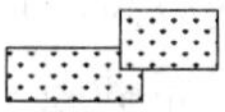	
室内标高	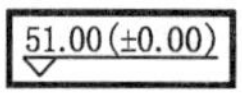 51.00(±0.00)		草坪	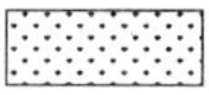	
室外标高	▼143.00 ●143.00	室外标高也可采用等高线表示	植草砖铺地	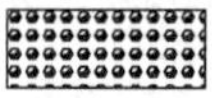	
坐标	X105.00 Y425.00 / A105.00 B425.00	上图表示测量坐标下图表示建筑坐标	雨水口		
			消火栓井		

9.2.3 读图实例

图 9-9 是某小区的总平面图。绘图比例为 1∶500。4 幢住宅楼与综合楼组成一个建筑组团,该组团四面有路,由等高线可以看出该组团所在的地势为西北高,东南低。图中粗实线表示的轮廓是新建建筑物,右上角的小黑点表示建筑物的层数,其中住宅 3# 楼和 4# 楼为两幢新建建筑物,均为 4 层。图中涂黑的三角形为室外标高,它们分别标注了不同的高程。由左上角的风玫瑰图可以看出此处夏季以东南风为主,其余季节以西北风为主,该组团内房屋朝向正南。图中用细实线表示原有建筑物,东面的粗虚线表示为计划扩建的建筑物。

图中还画出了绿化图例和地形测量坐标。从总平面图可看出这是一个地势、朝向、交通、绿化环境都比较理想的位置。

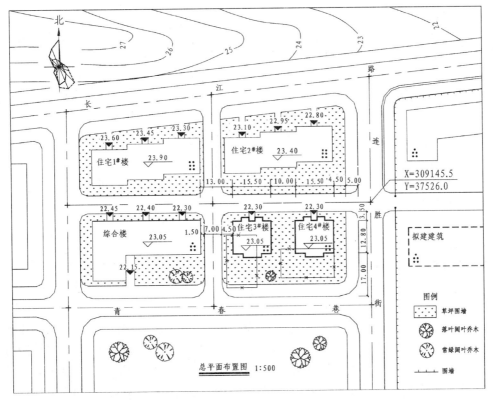

图 9-9 总平面图

9.3 建筑平面图

9.3.1 建筑平面图的形成和作用

建筑平面图(除屋顶平面图以外)是房屋的水平剖视图,是假想用水平剖切面在门窗洞口处把整幢房屋剖开,移去上面部分后向水平面投影所得的全剖视图,一般称平面图。

建筑平面图主要表示房屋的平面形状、水平方向各部分的布置和组合关系、门窗的类型和位置、墙和柱的布置以及其他建筑构配件的位置和大小等。建筑平面图是施工放线、砌墙和安装门窗等的依据,是施工图中最基本的图样之一。

一般来说,房屋有几层就应画几个平面图,并在图的下方注明相应的图名和比例,如底层平面图、二层平面图等等。但对于中间各层,如果布置完全相同,可将相同的楼层用一个平面图表示,称为标准层平面图。此外还有屋顶平面图(对于较简单的房屋可以不画),它是屋顶的水平正投影图。如房屋的平面布置左右对称时,可将两层平面画在一起,左边画出一层的一半,右边画出另一层的一半,中间用一对称符号做分界线,并在该图的下方分别注明图名。

9.3.2 建筑平面图的图示内容及画法要求

1)比例

建筑平面图一般多采用 1:50、1:100、1:200 的比例绘制。

2）定位轴线

定位轴线的画法和编号已在本章第 1 节中详细介绍。建筑平面图中定位轴线的编号确定后，其他各种图样中的轴线编号应与之相符。

3）图线

为了表达清晰，建筑平面图中的图线应粗细有别、层次分明。一般被剖切到的墙柱轮廓线画粗实线(b），没有剖切到的可见轮廓线如窗台、台阶、楼梯等凸出部分及被剖切到的次要建筑物的轮廓线画中粗线（$0.7b$），尺寸线、尺寸界线、标高符号、索引符号、引出线等画中线（$0.5b$），图例填充线、轴线等画细线（$0.25b$）。如需反映高窗、通气孔、槽及起重机、地沟等不可见部位，可用虚线示之（在建筑设计中，习惯上常采用简易画法：剖切到的主要轮廓线用粗线，其他用细线）。

4）尺寸标注

建筑平面图中标柱的尺寸有 3 类：标高、外部尺寸、内部尺寸。

建筑平面图中常以底层室内主要地坪（地面面层上表面）高度为相对标高的零点（标记为±0.000），高于此处的为"正"，低于此处的为"负"，并于设计说明中说明相对标高与绝对标高之间的关系。

建筑平面图上的外部尺寸共有 3 道，由外至内，第一道是表示建筑总长、总宽的外形尺寸，称为外包尺寸；第二道为墙柱中心轴线间的尺寸，即定位轴线之间的尺寸，一般将沿房间较短方向布置的定位轴线间的尺寸称为"开间"，沿房间较长方向布置的定位轴线间的尺寸称为"进深"；第三道，主要用来表示外门、窗洞口的宽度和定位尺寸，并应注明与其最近的轴线间的尺寸。

此外，建筑平面图中应注明建筑构配件的定形和定位尺寸，如墙、柱、内部门窗洞口、楼梯、踏步、平台、台阶、花坛等。

5）代号及图例

常用门窗在平面图中以图 9-10 所示的图例表示，并在图例旁注明门窗代号和编号。代号"M"表示门，"C"表示窗。同一编号的门窗，其类型、构造、尺寸都相同。门窗洞口的型式、大小及凸出的窗台等都按实际投影绘出。

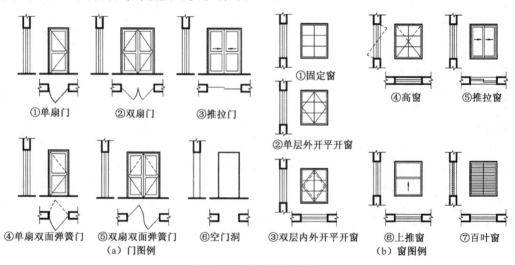

图 9-10　常用门窗图例

不同的建筑平面图,剖切面轮廓内的材料图例规定:若以 1∶100、1∶200 的比例绘制建筑平面图时不必画材料图例和构件的抹灰层,剖切到的钢筋混凝土构件应涂黑。在比例大于 1∶50 的平面图中,被剖切到的墙、柱等应画出材料图例,装修层也应用细实线画出。比例小于 1∶200 的平面图可不画材料图例。

6)建筑平面图的细部内容

建筑平面图中应以中实线(或细实线)画出投影时能够看到的室外花坛、散水、台阶、阳台、雨篷及室内的楼梯、壁橱、孔洞、厨卫间的固定设施等,见图 9-11。这些构件虽小,却是建筑人性化需求的标志。

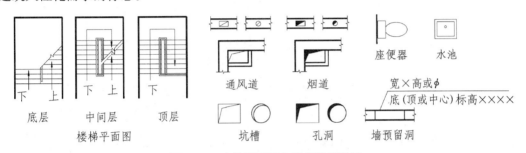

图 9-11 建筑平面图中部分常用图例

7)投影要求

一般来说,各层平面图按投影方向能看到的部分均应画出,但通常是将重复之处省略,如散水、明沟、台阶等只在底层平面图中表示,而其他各层平面图则省略不画,雨篷也只在二层平面图中表示。必要时在平面图中还应画出卫生器具、水池、橱、隔断等。

8)其他标注

在平面图中宜注写房间的名称或编号,在底层平面图中应画出指北针,当平面图上某一部分或某一构件另有详图表示时需用索引符号在图上表明。此外,建筑剖面图的剖切符号也应在房屋的底层平面图上标注。

9)门窗表

为了便于订货和加工,建筑平面图中一般附有门、窗表。

10)局部平面图和详图

在平面图中,如果某些局部平面因设备或因内部组合复杂、比例较小而表达不清楚时,可画出较大比例的局部平面图或详图。

11)屋面平面图

屋面平面图是直接从房屋上方向下投影所得,由于内容比较简单,可以用较小的比例绘制,它主要表示屋面排水的情况(用箭头、坡度或泛水表示),以及天沟、雨水管、水箱等的位置。

9.3.3 读图实例

图 9-12 为某别墅的一层平面图,是用 1∶100 比例绘制的。该别墅平面的形状基本为矩形,建筑面积为 208.8 m²。由左上角的指北针可知,该别墅基本上是坐北朝南,房屋的主入口位于房屋的南面,一层主要为功能区,它包含有车库、客厅、餐厅、厨房、卫生间、洗衣房、卧室等。由定位轴线、轴线间的距离以及墙柱的布置情况、各房间的名称可以看出各承重构件的位置及房间的功能与大小。该户型有朝南的车库、玄关、客厅和朝北的一间卧室、洗衣房、家

庭室（起居室）、卫生间，中间有一个餐厅、厨房，另外布置更衣室、露台及平台和南阳台各一个。

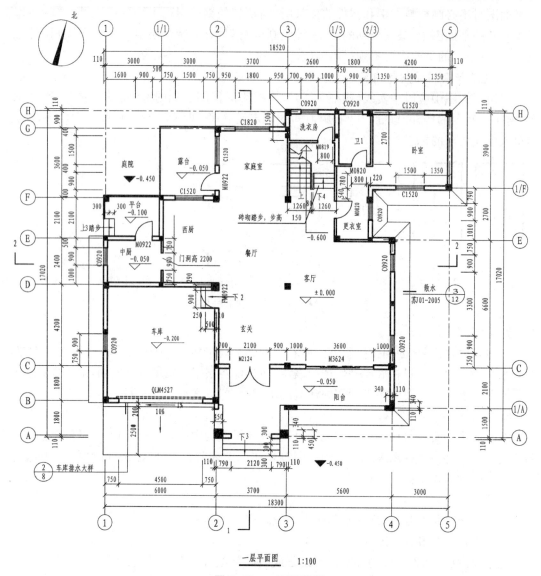

一层平面图　1:100

图 9-12　一层平面图

该别墅是钢筋混凝土构件和砖墙承重的混合结构，由于钢筋混凝土柱的断面太小，所以涂黑表示，断面尺寸有 300 mm×300 mm 及 450 mm×450 mm。剖切到的墙用粗实线双线绘制，墙厚 220 mm 和 110 mm。这里的墙起维护和分隔作用，用混凝土砌块砌筑。

房屋的定位轴线是以墙的中心线位置确定的，横向轴线从①～⑤，纵向轴线从Ⓐ～Ⓗ。应注意墙与轴线的位置有两种情况：一种是墙中心线与轴线重合；另一种是墙面与轴线重合。图中除了主要轴线外还有附加轴线。如⑬表示③号轴线后附加的第一根轴线。

沿房屋的周围设有散水及沿房屋的墙角处设有落水管，主要是满足给排水的需要。车库南面标注②⁄₈符号是详图索引符号，它表明车库排水另画有详图，详图不在本章图纸上。

因为在平面图上别墅前、后、左、右的布置不同，所以沿四周都标注了三道尺寸，最外面一道反映别墅的总长 18300 mm,总宽 17020 mm,第二道反映了轴间距(即开间和进深),第三道是柱间墙、柱间门、门洞的尺寸。

由于一层平面图是在楼梯的第一梯段中取门窗洞口的位置,水平剖切后向下投影而得到的全剖面图,因此本图除被剖切到的墙身用粗实线绘制、门窗用图例绘制表示外,其余室内外的可见部分,如厨卫间的固定设施,楼梯间、阳台、室外散水等的主要轮廓线也应以细实线绘出(习惯画法),并标明相应的尺寸和数据,如门窗等的编号及相应的定形、定位尺寸。为反映该房屋的立面情况,一层平面图应注有剖面图的剖切符号和编号,如 1-1、2-2 剖面。室内外的主要地面标高也应注明,如本房屋的室外地面相对标高是−0.450 m,室内主要地面的相对标高是±0.000 m,底层单元入口处的相对标高是−0.050 m。

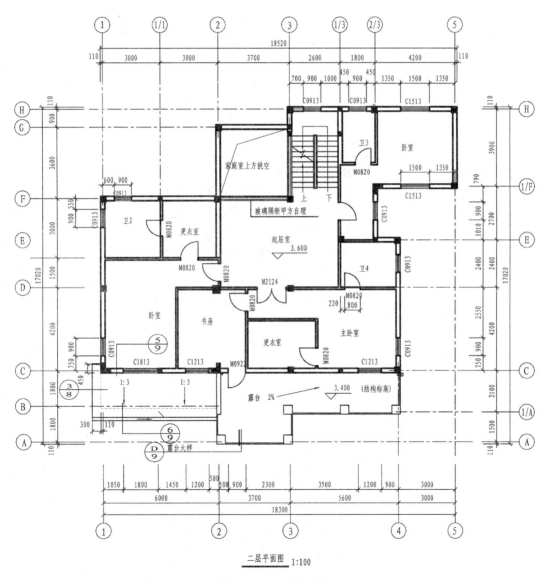

图 9-13　二层平面图

图 9-13 是别墅的二层平面图。与一层平面图相比,它少了指北针与室外散水等附属设

施;不同之处是楼梯的画法,楼梯有上、下两个梯段,各有细实线与箭头指明其前行方向与级数,二层平面图中既表示出通往上一楼层的上行楼梯的局部梯段,也表示出通往下一楼层的下行楼梯的局部梯段。上行部分因剖切的原因有 30°的折断线。房间布置也有很大的变化,主要分布在卧室和起居室,另外配有卫生间 3 个,更衣室 2 个。

　　图 9-14 是别墅的三层平面图。与二层平面图相比,顶层的楼梯表示方法与一层、二层不同,不再有上行的梯段,细实线与箭头是单一方向的,没有折断线。房间布置也有很大的变化,主要分布在起居室、卫生间一个及露台,另外还标有屋面的坡度、排水的方向及檐口和屋顶的标高。

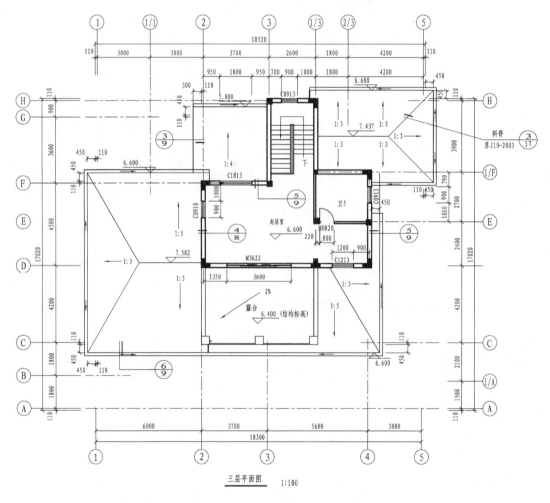

三层平面图　　　　1:100

图 9-14　三层平面图

　　图 9-15 是别墅的屋顶平面图。主要表示了屋顶、屋面、屋面的坡度、排水的方向及其檐口和屋顶的标高,另外还表示了烟囱及太阳能的位置。

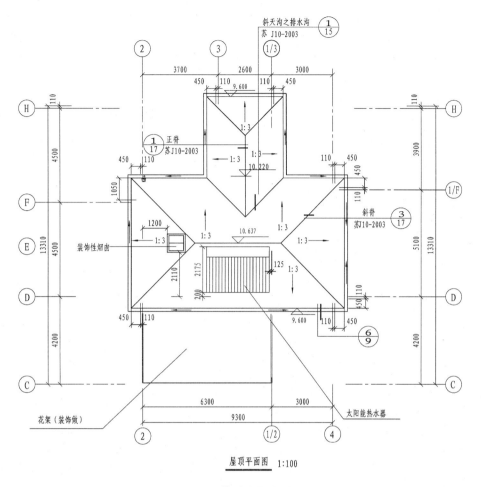

屋顶平面图 1:100

图 9-15 某别墅屋顶平面图

9.3.4 门窗表

建筑物的门窗需绘制专门的表格,以便加工订购,门窗表习惯上附在建筑平面图的后面。表 9-4 是某别墅的门窗表,此表仅提供图中相关的门窗编号、门窗尺寸及数量,有关门窗的具体规格和内容可参见有关产品的标准图集。

表 9-4 门窗表

类型	设计编号	洞口尺寸(mm)	数量	备注
	FM0922	900×2200	1	购成品
	M0819	800×1900	1	购成品
	M0820	800×2000	5	购成品
	M0922	900×2200	3	购成品
门	M2124	2100×2400	1	购成品
	M3622	3600×2200	1	购成品
	M3624	3600×2400	1	购成品
	QLM4527	4500×2700	1	购成品

续表 9-4

类型	设计编号	洞口尺寸(mm)	数量	备注
窗	C0910	900×1000	2	购成品
	C0913	900×1300	10	购成品
	C0920	900×2000	6	购成品
	C1213	1200×1300	3	购成品
	C1513	1500×1300	2	购成品
	C1520	1500×2000	4	购成品
	C1813	1800×1300	2	购成品
	C1820	1800×2000	1	购成品

9.3.5 绘图步骤

绘制房屋平面图应按图 9-16 所示步骤进行。

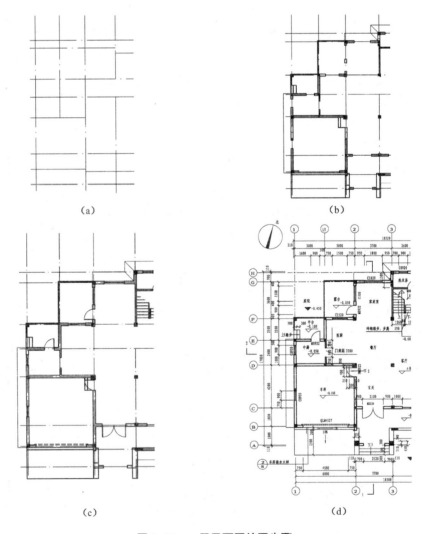

(a)

(b)

(c)

(d)

图 9-16 一层平面图绘图步骤

（1）画出纵横方向的定位轴线(图 9-16(a))。

（2）画出墙身线和门、窗位置线(图 9-16(b))。

（3）画出门窗、楼梯、卫生设备等的图例,画出三排尺寸线、定位轴线的圆圈(图 9-16(c))。

（4）按要求描粗描深图线、标注尺寸,填写定位轴线编号、标高、门窗代号、房间名称等,完成作图(图 9-16(d))。

9.4 建筑立面图

9.4.1 建筑立面图的形成和作用

建筑立面图是在与房屋立面相平行的投影面上所作的正投影图,简称立面图。房屋有多个立面,通常把反映房屋的主要出入口及反映房屋外貌主要特征的立面图称为正立面图,其余的立面图相应地称为背立面图和侧立面图。有时也可按房屋的朝向来为立面图命名,如南立面图、北立面图、东立面图和西立面图等。有定位轴线的建筑物,一般宜根据立面图两端的轴线编号来为立面图命名,如①～⑤立面图、Ⓐ～Ⓗ立面图等。

建筑立面图主要反映房屋的体形和外貌,外墙面的面层材料、色彩,女儿墙的形式,线脚、腰脚、勒脚等饰面做法,阳台的形式及门窗的布置,雨水管的位置等。

建筑立面图内应包括投影方向可见的建筑外轮廓线和建筑构造、构配件、墙面做法以及必要的尺寸和标高等。

9.4.2 建筑立面图的图示内容及画法要求

1) 比例

立面图的比例通常采用与平面图相同的比例。

2) 定位轴线

一般立面图只画出两端的轴线及编号,以便与平面图对照。

3) 图线

为了加强立面图的表达效果,使建筑物的轮廓突出、层次分明,通常选用的线型如下:最外轮廓线(外墙或外包络线)画粗实线(b),其他外墙线画中粗线($0.7b$),室外地坪线用加粗线($1.4b$)表示,所有突出部位如阳台、雨篷、线脚、门窗洞等画中实线($0.5b$),其他部分画细实线($0.25b$)。(本图采用简易画法:主要轮廓线用粗线,其他用细线,地坪线仍然用加粗线表示)。

4) 投影要求

建筑立面图中只画投影方向可见的部分,不可见部分一律不表示。

5) 图例

由于比例较小,按投影很难将所有细部表达清楚,如门、窗等都是用图例来绘制的,且只画出主要轮廓线及分格线,注意门窗框用双线画。

6) 尺寸标注

高度尺寸用标高的形式标注,主要包括建筑物室内外地坪,出入口地面、窗台、门窗洞顶部、檐口、阳台底部、女儿墙压顶及水箱顶部等处的标高。各标高注写在立面图的左侧或右侧且排列整齐。

7）其他标注

房屋外墙面的各部分装饰材料、做法、色彩等用文字说明。

9.4.3　读图实例

图9-17是别墅的南立面图。绘图比例1∶100。它反映该别墅的外貌特征及装饰风格。从立面图中可以看出别墅左右不对称。主体为两层，局部为三层，主入口在别墅的南面。二层和三层中间分别有露台。顶层为坡屋面。屋顶设有装饰性烟囱和太阳能热水器。

别墅的外轮廓用粗实线，其他墙线用中粗线，室外地坪线用加粗线，门窗洞、凸出的雨篷、阳台、立面上其他凸出的部分及引出线、标高符号等用中线。图例填充线等用细实线画出，并用文字注明墙面的做法。

立面图中应标注必要的高度方向尺寸，如室外地坪、窗台、门窗洞顶、檐口、屋顶等主要部位的标高。在图9-17中高度方向有三排尺寸，外面一排为标高尺寸，主要表示每一层的高度，中面一排尺寸为层高尺寸，里面一排标注出窗洞、窗间墙的高度。此外还应标注出房屋两端的定位轴线位置及其编号，以便与平面图对应起来。

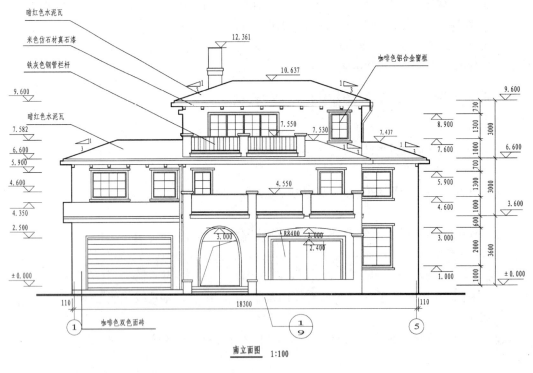

图 9-17　南立面图

图9-18是该别墅的东立面图，绘图比例同南立面，基本画法与南立面图大致相同。

图9-19和图9-20是该别墅的北立面图和西立面图。图示特点及饰面做法与南立面和东立面相同，这里就不再多说。

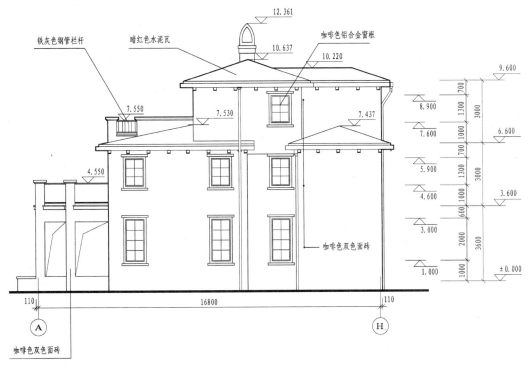

东立面图　　1:100

图 9-18　东立面图

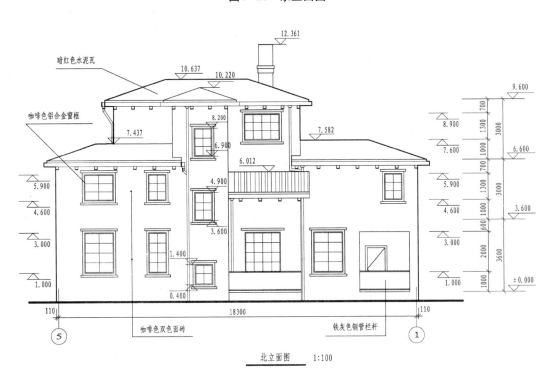

北立面图　　1:100

图 9-19　北立面图

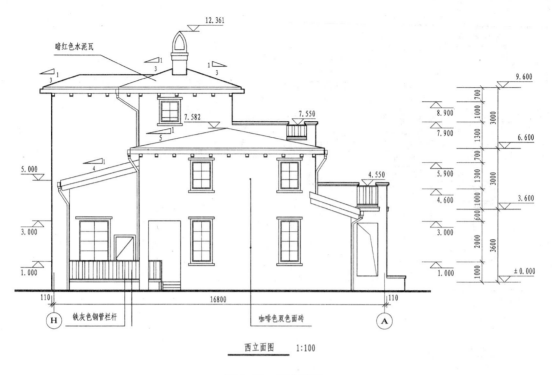

图 9-20　西立面图

9.4.4　绘图步骤

绘制房屋立面图应按图 9-21 所示步骤进行：

（1）画基准线，即按尺寸画出房屋的横向定位轴线和层高线（图 9-21(a)）。

（2）画墙轮廓线和门窗洞线（图 9-21(b)）。

（3）按规定画门窗图例及细部构造并标注标高尺寸和文字说明等（图 9-21(c)）。

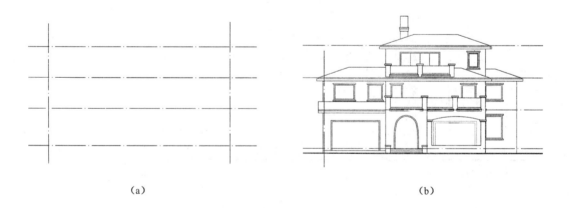

（a）　　　　　　　　　　　　　　　　　（b）

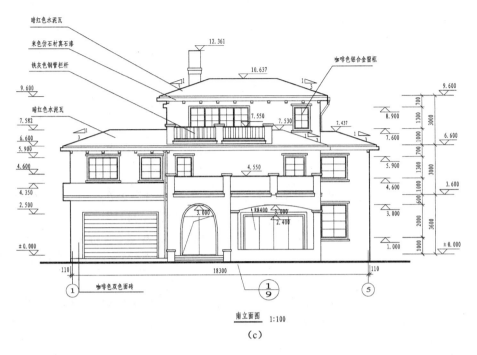

图 9-21　立面图绘制步骤

9.5　建筑剖面图

9.5.1　建筑剖面图的形成和作用

　　建筑剖面图是房屋的垂直剖面图。假想用一垂直于外墙轴线的铅垂剖切面将房屋剖开,移去剖切平面与观察者之间的部分,把留下的部分投影到与剖切平面平行的投影面上,所得到的正投影图称为建筑剖面图,简称剖面图。

　　建筑剖面图主要表示房屋内部的结构形式和构造方式、分层情况、各部位的联系及其高度、材料、做法等。在施工过程中,建筑剖面图是进行分层、砌筑内墙、铺设楼板、屋面板和楼梯以及内部装修等工作的依据。建筑剖面图与建筑平面图、建筑立面图相互配合,表示房屋全局,是施工图中最基本的图样。

　　剖面图的数量应根据房屋的复杂程度和施工中的实际需要而定。剖面图的剖切部位,应根据图样的用途或设计深度,在平面图上选择能反映全貌、构造特征,以及有代表性或有变化的部位剖切,一般选择在内部结构和构造比较复杂的部位,如主要出入口、门厅、门窗洞、楼梯等处。剖面图的图名应与平面图上所标注的剖切符号编号一致,如 1-1 剖面图、2-2 剖面图等。

　　剖面图中的材料图例、装修层、楼地面面层线的表示原则及方法与平面图一致。

9.5.2 建筑剖面图的图示内容及画法要求

1）比例

剖面图的比例一般与平面图相同。

2）定位轴线

画出剖面图两端的定位轴线及编号以便与平面图对照。有时也可注写中间位置的轴线。

3）图线

一般被剖切到的墙、梁和楼板断面轮廓线用粗实线（b）绘制，对于预制的楼层、屋顶层在1：100的平面图中只画两条粗线（b）表示，而对于现浇板则涂黑表示。在1：50的剖面图中宜在结构层上方画一条作为面层的中粗线（$0.7b$），下方底板的粉刷层不表示，剖切到的细小构配件断面轮廓线和未剖切到的可见轮廓线用中粗线（$0.5b$）绘制，可见的细小构配件轮廓线用细线（$0.25b$）绘制，室内外地坪线用加粗线（$1.4b$）表示。（简易画法同平面图）

4）投影

剖面图中除了要画出被剖切到的部分，还应画出投影方向能看到的部分。室内地坪以下的基础部分，一般不在剖面图中表示，而在结构施工图中表达。

5）尺寸标注

一般沿外墙注3道尺寸线：最外面一道是室外地面以上的总高尺寸；第二道为层高尺寸；第三道为肋脚高度、门窗洞高度、洞间墙高度、檐口厚度等细部尺寸。这些尺寸与立面图吻合。另外还需要用标高符号标出各层楼面、楼梯休息平台等的标高。

6）图例

门、窗按规定图例绘制，砖墙、钢筋混凝土构件的材料图例与建筑平面图相同。

7）其他标注

某些局部构造表达不清楚时可用索引符号引出，另绘详图。细部做法，如地面、楼面的做法，可用多层构造引出标注。

9.5.3 读图实例

图9-22为某别墅的1-1剖面图，是按图9-12底层剖面图中1-1剖切位置绘制的。一般建筑平面图的剖切位置选择通过门窗洞和内部结构比较复杂或有变化的部位，如果一个剖切平面不能满足要求时，可采用阶梯剖面。

将剖面图的图名和轴线编号与一层平面图上的剖切位置和轴线编号相对照，可知1-1剖面图是一个剖切平面由南向北，先从C1820窗处进入家庭室然后向南穿过餐厅、客厅和玄关处将房屋剖开的1-1全剖面图。1-1剖面图中画出房屋地面到屋顶的结构形式和材料符号，结合平面图中各轴线相交处的涂黑标记可以看出，这幢砖混结构别墅的构造柱和水平方向承重构件（圈梁、板等）均用钢筋混凝土材料制成。

按《建筑制图标准》（GB/T 50104—2010）的规定，在1：100的剖面图中抹面层可不画，剖切到的构配件轮廓线，如本图的室外地坪线用加粗线绘制，被剖切到的墙、梁和楼板断面的轮廓线用粗实线绘制，并且这些部分的材料符号可简化为砖墙涂红、钢筋混凝土的梁和板涂黑表示。剖切平面后的可见轮廓线，如门、窗洞、露台栏杆等，以及剖切到的门、窗户图例用中实线绘制。一层主要部位层高为 3.6 m, 二层为 3 m, 三层檐口高度为 3 m。

同时, 由于这栋房屋的构造比较复杂, 还有一个由西向东, 从窗 C0920 穿过中厨、西厨、餐厅和客厅的 2-2 全剖面图, 如图 9-23 所示。1-1、2-2 两剖面图的绘制比例均为 1 : 100。

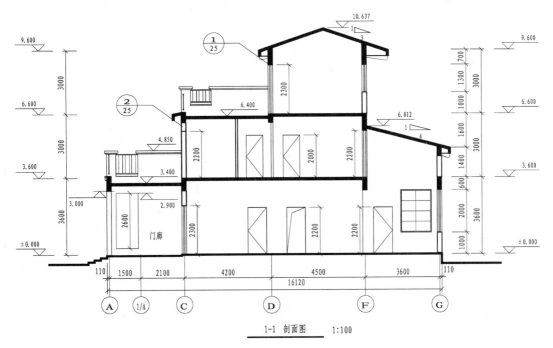

1-1 剖面图　　1:100

图 9-22　1-1 剖面图

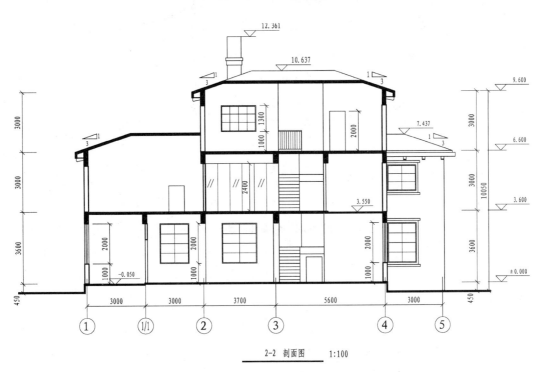

2-2 剖面图　　1:100

图 9-23　2-2 剖面图

9.5.4　绘图步骤

绘制房屋剖面图应按图 9-24 所示步骤进行：

（1）主要轮廓：先画出水平方向的定位轴线，女儿墙、屋（楼）层面、室内外地面的顶面高度线（图 9-24(a)）。

（2）细部构造：画剖切到的内外墙、屋（楼）面板、楼梯与平台板梁、圈梁等主要的配件的轮廓线，以及可见的细部构造轮廓线（图 9-24(b)）。

（3）标注尺寸，完成作图：检查描深图线，注全所需全部尺寸、定位轴线、标高、注写图名比例（图 9-24(c)）。

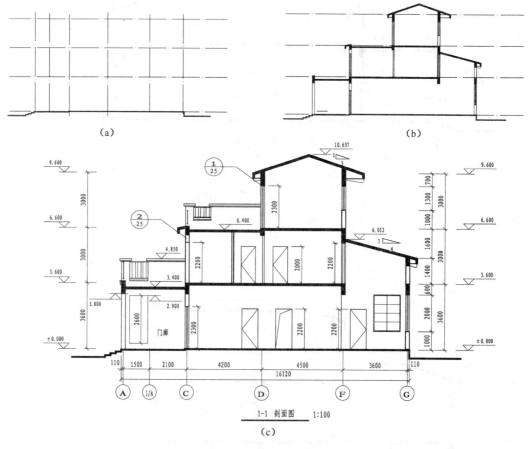

（a）　　　　　　　　　　（b）

1-1 剖面图　1:100

（c）

图 9-24　剖面图的画法

9.6　建筑详图

9.6.1　建筑详图的作用及特点

在施工图中，对房屋的细部或构配件用较大的比例（如 1:20、1:10、1:5、1:2、1:1

等)将其形状、大小、材料和做法等按正投影的方法详细而准确地画出来的图样,称为建筑详图,简称详图。详图也称大样图或节点图。

　　建筑详图是建筑平、立、剖面图的补充,是房屋局部放大的图样。详图的数量视需要而定,详图的表示方法视细部构造的复杂程度而定。详图同样可能有平面详图、立面详图或剖面详图。当详图表示的内容较为复杂时,可在其上再索引出比例更大的详图。

　　详图的特点是比例较大,图示详尽清楚,尺寸标注齐全,文字说明详尽。

　　详图所画的节点部位,除在有关的平、立、剖面图中绘出索引符号外,还需在所画详图上绘制详图符号和注明详图名称,以便查阅。

9.6.2　外墙剖面节点详图

　　外墙是建筑物的主要部件,很多构件和外墙相交,正确反映它们之间的关系很重要。外墙剖面节点的位置明显,一般不需要标注剖切位置。外墙剖面节点详图通常采用1∶10或1∶20的比例绘制。

　　图9-25是别墅的外墙剖面节点详图。外墙节点详图①是坡屋顶的剖面节点,它表明屋顶、墙、檐口的关系和做法,屋顶的做法用多层构造引出线标注。引出线应通过各层,文字说明按构造层次一次注写。本例是一个斜屋面,钢筋混凝土的屋面板上抹 20 mm 厚 1∶2 水泥砂浆找平,然后铺上 SBS 防水卷材,留 20 mm 宽的顺水槽,再高出找平 75 mm 高的水泥砂浆挂瓦条,铺上 65 mm 厚的挤塑保温隔热板,最后挂上水泥彩瓦。

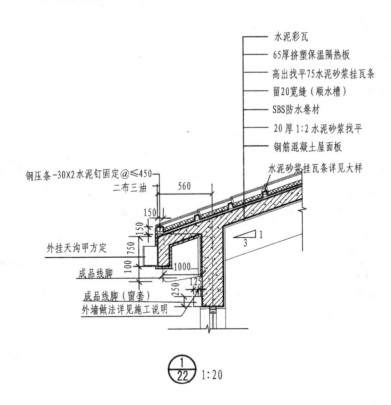

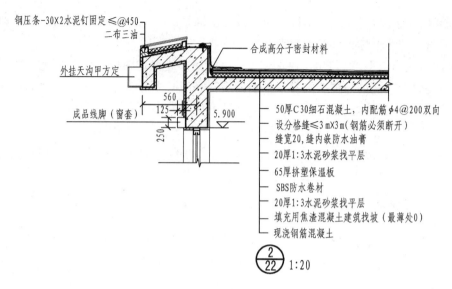

图 9-25　外墙剖面节点详图

　　节点详图②是露台的剖面节点详图,它表明露台、墙、檐口的关系和做法及其相互关系。露台的做法:现浇钢筋混凝土用焦渣混凝土填充建筑找坡,然后抹 20 mm 厚 1:3 水泥砂浆找平,再铺上 SBS 防水卷材,留 20 mm 宽的缝,缝内嵌防水油膏,设分格缝 ≤ 3 m×3 m(钢筋必须断开),再铺上 50 mm 厚 C30 细石混凝土(内配 φ4@200 的双向钢筋)。

　　以上各节点的位置均标注在 1-1 剖面图中,可以对照阅读。外墙从上到下还有许多节点,但类型基本上和这两种相类似。

9.6.3　楼梯详图

　　楼梯是多层房屋上下交通的主要构件,在使用上对它的要求主要是行走方便、疏散顺畅和坚固耐用。通常楼梯为双跑平行楼梯,每层由 2 个梯段和 1 个休息平台组成,如图 9-26 所示。

　　楼梯详图包括楼梯平面图、剖面图以及节点详图。主要表示楼梯的类型、结构形式、材料、尺寸及装修做法等,以满足楼梯施工放样的需要。

　　图 9-27 是楼梯平面图,比例为1:50。楼梯平面图实质上是楼梯间的水平剖面图,剖切位置通常在每层第一梯段的适当位置,按规定图中用 30°的斜折断线表示,与整幢房屋的平面图一样,由于各层楼梯的平面情况不尽相同,一般每层都有一个楼梯平面图,如果中间数层平面布局完全一样,也可以标准层平面图示之。楼梯剖面图的剖

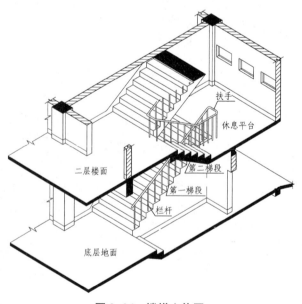

图 9-26　楼梯立体图

切位置与编号应标注于首层平面图的上行梯段处。在上、下梯段处画一长箭头,并注写"上"或"下"字和踏步级数,表明从该层楼(地)面到达上一层或下一层楼(地)面的踏步级数。

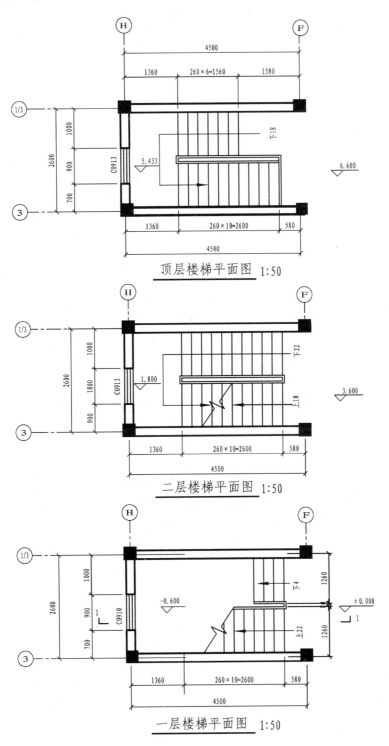

顶层楼梯平面图 1:50

二层楼梯平面图 1:50

一层楼梯平面图 1:50

图 9-27　楼梯平面图

楼梯详图中,应注出楼梯间的开间和进深尺寸,楼地面和平台的标高尺寸,以及其余细部的详细尺寸。梯段的尺寸标注方法是:梯段的水平长度应为踏步宽乘以踏步数减 1 后的积,如底层第一梯段有 11 级,踏步宽为 260,梯段的水平长度应注写 $260 \times 10 = 2600$;剖面图梯段高度应为踏步高乘以踏步数的积,如底层第一梯段有 11 级,踏步高为 163.6,梯段的高度应注写 $163.6 \times 11 = 1800$。

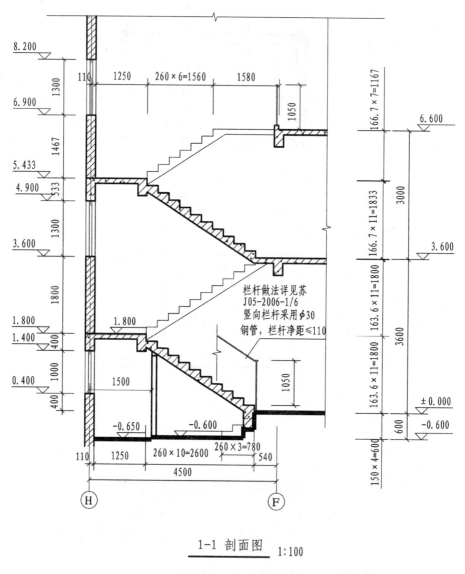

1-1 剖面图　1:100

图 9-28　1-1 剖面图

由楼梯平面、剖面图可以看出,该住宅楼的各层楼梯的平面布置是不同的,一层既有下行的 4 个梯级通向洗衣房,又有上行的 22 个梯级通向二层;二层在水平剖切面以下既可看到通往三层的一段上行楼梯,即"上 18 级",又可看到二层楼面以下的一段下行楼梯,即"下22 级";顶层因再无上行梯段,平面图中多了一处楼梯栏板,也没有了梯段中的折断线。

为加强楼梯平、剖面图和其他图样的联系,平面图上的定位轴线应予以画出,楼梯剖面图的剖切位置、投影方向、编号都应在一层平面图中注出。

在《建筑制图标准》中规定,比例等于1:50的平面图、剖面图,宜画出楼地面、屋面的面层线,抹灰线的面层线根据需要而定,对材料图例未作出明文规定。本图中的钢筋混凝土在平面图和剖面图分别以材料图例的形式表现,砖墙的材料图例用45°的细实线表示,抹灰层的材料图例省略未画。

9.6.4 门窗详图

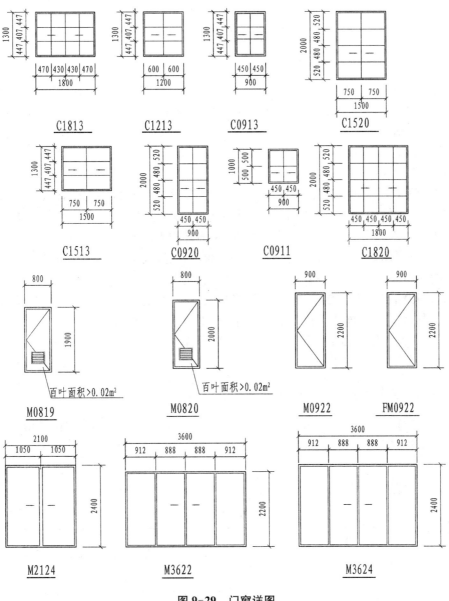

图9-29 门窗详图

10 结构施工图

10.1 概述

10.1.1 结构施工图的内容和分类

房屋结构施工图是根据房屋建筑中的承重构件进行结构设计后画出的图样。结构设计要求进行结构选型、构件布置,再通过力学计算确定承重构件的断面形状、大小、材料及内部构造等。结构施工图是施工的主要依据之一,主要用于放灰线、挖基槽、安装模板、配筋、浇筑混凝土等施工过程,也是预算和施工进度计划的依据。结构施工图一般可分为结构布置图和构件详图两大类。

结构布置图是房屋承重结构的整体布置图,主要表示结构构件的位置、数量、型号及相互关系。房屋的结构布置按需要可用结构平面图、立面图、剖面图表示,其中结构平面图较常使用,如基础布置平面图、楼层结构平面图、屋面结构平面图、蛛网平面图等。

结构构件详图是表示单个构件形状、尺寸、材料、构造及工艺的图样,如梁、板、柱、基础、屋架等构件详图。

常用房屋结构可按结构形式分为框架结构、桁架结构、空间结构等;也可按承重构件的材料分为混合结构、钢筋混凝土结构、砖石结构、钢结构、木结构等。

结构施工图一般包括结构设计总说明、基础平面图及基础详图,楼层结构平面图,屋面结构平面图,结构构件详图。

10.1.2 绘制结构施工图的有关规定

绘制结构施工图,除应遵守《房屋建筑制图统一标准》中的基本规定外,还应遵守《建筑结构制图标准》(GB/T 50101—2010)。

1)图线

结构施工图中各种图线的用法如表 10-1 所示。

表 10-1　图线

名　称		线　型	线宽	一般用途
实线	粗		b	螺栓,主钢筋线,结构平面图中的单线结构构件线,钢木支撑及系杆线,图名下横线,剖切线
	中		$0.5b$	结构平面图及详图中剖到或可见的墙身轮廓线,基础轮廓线,钢、木结构轮廓线,箍筋线,板钢筋线
	细		$0.25b$	可见的钢筋混凝土构件的轮廓线,尺寸线,标注引出线,标高符号,索引符号

名 称		线 型	线宽	一般用途
虚线	粗	— — — — —	b	不可见的钢筋、螺栓线，结构平面图中不可见的单线结构构件线及钢、木支撑线
	中	— — — — — —	$0.5b$	结构平面图中不可见构件、墙身轮廓线及钢、木构件轮廓线
	细	··········	$0.25b$	基础平面图中的管沟轮廓线，不可见的钢筋混凝土构件轮廓线
单点长划线	粗	— · — · — ·	b	柱间支撑、垂直支撑、设备基础轴线图中的中心线
	细	— · — · — ·	$0.25b$	定位轴线，对称线，中心线
双点长划线	粗	— ·· — ·· —	b	预应力钢筋线
	细	— ·· — ·· —	$0.25b$	原有结构轮廓线
折断线		⌐∿	$0.25b$	断开界线
波浪线		∿∿∿	$0.25b$	断开界线

2）比例

绘图时根据图样的用途和被绘物体的复杂程度，应选用表 10-2 中的常用比例，特殊情况下也可以选用可用比例。当构件的纵、横向断面尺寸相差悬殊时，可以在同一详图中的纵、横向选用不同的比例绘制。轴线尺寸与构件尺寸也可选用不同的比例绘制。

表 10-2 比例

图 名	常用比例	可用比例
结构平面图 基础平面图	1：50，1：100，1：150	1：60，1：200
圈梁平面图，总图中管沟、地下设施等	1：200，1：500	1：300
详图	1：10，1：20，1：50	1：5，1：30，1：25

3）构件代号

在结构施工图中，构件的名称可用代号来表示，代号后应用阿拉伯数字标注该构件的型号或编号，也可为构件的顺序号。构件的顺序号采用不带角标的阿拉伯数字连续编排。常用的构件代号见表 10-3。

表 10-3 常用的构件代号

序号	名 称	代号	序号	名 称	代号	序号	名 称	代号
1	板	B	10	吊车安全走道板	DB	19	圈梁	QL
2	屋面板	WB	11	墙板	QB	20	过梁	GL
3	空心板	KB	12	天沟板	TGB	21	连系梁	LL
4	槽形板	CB	13	梁	L	22	基础梁	JL
5	折板	ZB	14	屋面梁	WL	23	楼梯梁	TL
6	密肋板	MB	15	吊车梁	DL	24	框架梁	KL
7	楼梯板	TB	16	单轨吊车梁	DDL	25	框支梁	KZL
8	盖板或沟盖板	GB	17	轨道连接	DGL	26	屋面框架梁	WKL
9	挡雨板	YB	18	车挡	CD	27	檩条	LT

续表 10-3

序号	名 称	代号	序号	名 称	代号	序号	名 称	代号
28	屋架	WJ	37	承台	CT	46	雨篷	YP
29	托架	TJ	38	设备基础	SJ	47	阳台	YT
30	天窗架	CJ	39	桩	ZH	48	梁垫	LD
31	框架	KJ	40	挡土墙	DQ	49	预埋件	M—
32	刚架	GJ	41	地沟	DG	50	天窗端壁	TD
33	支架	ZJ	42	柱间支撑	ZC	51	钢筋网	W
34	柱	Z	43	垂直支撑	CC	52	钢筋骨架	G
35	框架柱	KZ	44	水平支撑	SC	53	基础	J
36	构造柱	GZ	45	梯	T	54	暗柱	AZ

4）定位轴线

结构施工图上的定位轴线及编号应与建筑施工图一致。

5）尺寸标注

结构施工图上的尺寸应与建筑施工图相符合,但也不完全相同。结构施工图中所注尺寸是结构的实际尺寸,即一般不包括结构表面粉刷层或面层的厚度。在桁架结构的单线图中,其结构尺寸可直接注写在杆件的一侧,而不需要画尺寸线和尺寸界线。对称桁架可在左边注尺寸,右边注内力。

10.2 钢筋混凝土结构图

10.2.1 基本知识

混凝土是由水泥、黄沙、石子和水按一定的比例配合搅拌而成,把它灌入定形模板内,经过振捣密实和养护凝固后就形成坚硬如石的混凝土构件。混凝土构件的抗压强度较高,但抗拉强度较低,一般仅为抗压强度的 $1/10\sim1/20$,容易因受拉或受弯而断裂。为了提高构件的承载力,可在混凝土构件受拉区内配置一定数量的钢筋,这种由钢筋和混凝土两种材料构成的构件,称为钢筋混凝土构件,如图 10-1 所示。主要由钢筋混凝土构件组成的房屋结构,称为钢筋混凝土结构。钢筋混凝土结构是工业和民用建筑中应用最广泛的一种承重结构。

1）钢筋混凝土结构和构件的种类

钢筋混凝土结构按不同的施工方法,可分为现浇整体式、预制装配式和部分装配部分现浇的装配整体式 3 类。

组成钢筋混凝土结构的构件有现浇钢筋混凝土构件和预制钢筋混凝土构件两种。钢筋混凝土构件还可以分为定型构件和非定型构件。定型构件一般是通用性较强的预制构件,它们的结构详图已编入标准图集或通用图集中,被选用的定型构件不必再画结构详图,只要在结构布置图中注明定型构件的型号,并说明所在图集的名称;非定型构件是自行设计的现浇构件或预制构件,必须绘制它们的结构详图。此外,有的预制构件在制作时通过张拉钢筋对混凝土预加一定的压力,以提高构件的抗拉和抗裂性能,这种构件称为预应力钢筋混凝土构件。

2）混凝土强度等级和钢筋等级

混凝土按其抗压强度的不同分为不同的等级,常用混凝土强度等级有 C10、C15、C20、C25、C30、C35、C40 等,数字愈大,其抗压强度也愈高。

混凝土结构中使用的钢筋按表面特征可分为光圆钢筋和带肋钢筋。用于钢筋混凝土结构及预应力混凝土结构中的普通钢筋可使用热轧钢筋,预应力钢筋可使用预应力钢绞线、钢丝,也可使用热处理钢筋。

普通钢筋混凝土结构及预应力混凝土结构中常用钢筋种类及其符号见表 10-4 所示。

表 10-4　钢筋种类及符号

普通钢筋				预应力钢筋		
类　　型	种　　　　类	符　　号	类　　型	种　　　类	符　　号
热轧钢筋	HPB235(Q235)	ϕ	钢绞线	$1\times3, 1\times7$	ϕ^S
	HRB335(20MnSi)	Φ	消除应力钢丝	光面螺旋肋	ϕ^P ϕ^H
	HRB400(20MnSiV、20MnSiNb、20MnTi)	Φ		刻痕	ϕ^I
	RRB400(K20Mi)	Φ^R	热处理钢筋	40Si2Mn 48Si2Mn 45Si2Cr	ϕ^{HT}

3）钢筋的名称和作用

按钢筋在构件中所起的作用可分为以下几种（如图 10-1 所示）：

受力筋——构件中的主要受力钢筋,如梁、板中的受拉钢筋,柱中的受压钢筋。

箍　筋——构件中承受剪力或扭力的钢筋,同时用来固定纵向钢筋的位置。

架立筋——它与梁内的受力筋、箍筋一起构成钢筋骨架,用以固定箍筋的位置。

分布筋——一般用于板内,与受力筋垂直,用以固定受力筋的位置,同时构成钢筋网,将力均匀分布给受力筋,并抵抗热胀冷缩引起的温度变形。

构造筋——因构件的构造要求或施工需要而配置的钢筋。

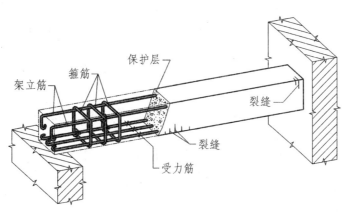

图 10-1　钢筋混凝土梁的构造示意图

4) 钢筋保护层和弯钩

为了防止钢筋锈蚀,增强钢筋与混凝土之间的黏结力,钢筋的外边缘到构件表面应保持一定的厚度,称为钢筋保护层。保护层的厚度在结构图中不必标注,但在施工时必须按表10-5 的规定执行。

为了使钢筋和混凝土具有很好的黏结力,在光圆钢筋两端做成半圆弯钩或直弯钩;带肋钢筋与混凝土黏结力强,两端可不做弯钩。直筋和钢箍的弯钩形式如图10-2 所示。

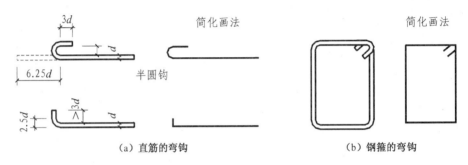

（a）直筋的弯钩 　　　　　　　　　（b）钢箍的弯钩

图 10-2　常见的钢筋弯钩

表 10-5　钢筋混凝土构件的保护层

钢筋	构件名称		最小保护层厚度(mm)
受力筋	板和墙	断面厚度 ≤ 100 mm	10
		断面厚度 ≥ 100 mm	15
	梁和柱		25
	基础	有垫层	35
		无垫层	70
箍筋	梁和柱		15
分布筋	板和墙		10

5) 钢筋混凝土构件的图示方法

钢筋混凝土构件的外观只能看到混凝土的表面和构件的外形,而构件内部钢筋的配置情况是看不见的。为了表达构件的配筋情况,可假想把混凝土看作为透明体。主要表示构件配筋情况的图样,称为配筋图,它在表示构件形状、尺寸的基础上,将构件内钢筋的种类、数量、形状、等级、直径、尺寸、间距等配置情况反映清楚。图示特点有:

(1) 图示重点是钢筋及其配置,而不是构件的形状。为此,构件的可见轮廓线等以中实线绘制。

(2) 假想把混凝土看作为透明体且不画材料符号,构件内的钢筋是可见的,钢筋用粗单线绘制。钢筋的断面以直径为 1 mm 的黑圆点表示。

(3) 为了保证结构图的清晰,构件中各种钢筋,凡形状、等级、直径、长度不同的,都应进行编号,编号数字写在直径为 6 mm 的中实线圆中,编号应绘制在引出线的端部,并对钢筋的尺寸进行标注。

钢筋的尺寸采用引出线方式标注,有两种用于不同情况的标注形式:

① 标注钢筋的根数和直径,如梁、柱内的受力筋和梁内的架立筋:

② 标注钢筋的直径和相邻钢筋的中心距,如梁、柱内的箍筋和板内的各种钢筋:

(4)普通钢筋的一般表示方法应符合表 10-6 的规定。

表 10-6　钢筋的一般表示方法

序号	名　称	图　例	说　明
1	钢筋横断面	•	
2	无弯钩的钢筋端部		下图表示长、短钢筋投影时,短钢筋端部用45°斜划线表示
3	带半圆形弯钩的钢筋端部		
4	带直钩的钢筋端部		
5	带丝扣的钢筋端部		
6	无弯钩的钢筋搭接		
7	带半圆形弯钩的钢筋搭接		
8	带直钩的钢筋搭接		
9	花篮螺丝钢筋接头		

对于外形比较复杂或设有预埋件的构件,还要画出表示构件外形和预埋件位置的图样,称为模板图。

(5)配筋图上各类钢筋的交叉重叠很多,为了方便地区分它们,《建筑结构设计规范》对钢筋图上的钢筋画法做了规定(见表 10-7)。

表 10-7　钢筋画法

序　号	说　明	图　例
1	在结构平面图中配置双层钢筋时,底层钢筋的弯钩应向上或向左,顶层钢筋的弯钩则应向下或向右	
2	钢筋混凝土墙体配双层钢筋时,在配筋立面图中,远面钢筋的弯钩应向上或向左,近面钢筋的弯钩应向下或向右	
3	若在断面图中不能表达清楚的钢筋布置,应在断面图外增加钢筋大样图	
4	图中所表示的箍筋、环筋等若布置复杂时,可加画钢筋大样及说明	
5	每组相同的钢筋、箍筋或环筋,可用一根粗实线表示,同时用一两端带斜短划线的横穿细线,表示其余钢筋及起止范围	

　　钢筋在平面图中的配置应按图 10-3 所示的方法表示。当钢筋的位置不够时,可采用引出线标注。引出线标注钢筋的斜短划线应为中实线。当构件布置较简单时,结构平面布置图可与板配筋平面图合并绘制。

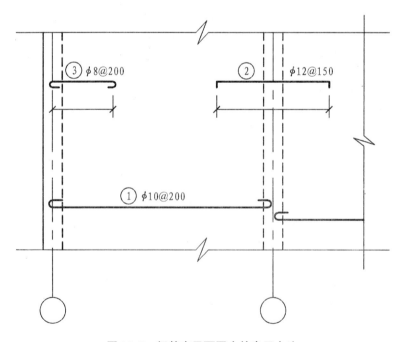

图 10-3　钢筋在平面图中的表示方法

钢筋在立面、断面图中的配置,应按图10-4所示的方法表示。

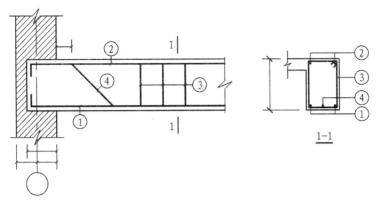

图 10-4 梁的配筋图

6) 钢筋的简化表示方法

(1) 对称的混凝土构件,可在同一图样中一半表示模板,另一半表示配筋,如图 10-5 所示。

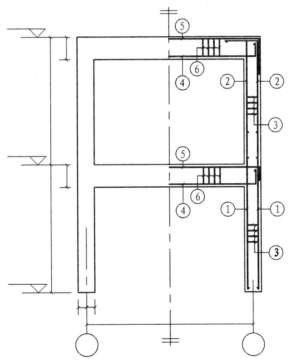

图 10-5 配筋简化方法一

(2) 钢筋混凝土构件配筋较简单,可按下列规定绘制配筋平面图:

① 独立基础在平面模板图左下角,绘出波浪线,绘出钢筋并标注钢筋的直径、间距等,如图 10-6(a)所示。

② 其他构件可在某一部位绘出波浪线,绘出钢筋并标注钢筋的直径、间距等,如图 10-6(b)所示。

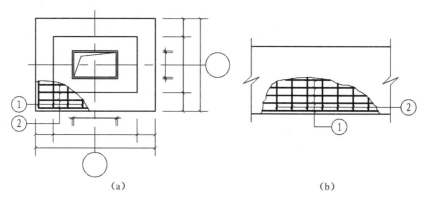

图 10-6 配筋简化方法二

10.2.2 钢筋混凝土构件详图

1) 钢筋混凝土梁结构详图

梁的结构详图一般包括立面图和断面图。立面图主要表示梁的轮廓、尺寸及钢筋的位置,钢筋可以全画,也可以只画一部分。如有弯筋,应标注弯起钢筋起弯位置。各类钢筋都应编号,以便与断面图及钢筋表对照。断面图主要表示梁断面形状、尺寸、箍筋的形式及钢筋的位置。断面图的剖切位置应在梁内钢筋数量有变化处。钢筋表附在图样的旁边,其内容主要是每一种钢筋的形状、长度尺寸、规格、数量,以便加工制作和做预算。

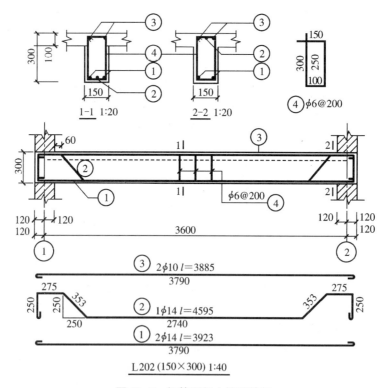

图 10-7 钢筋混凝土梁配筋图

图 10-7 是 L202 (150×300) 的结构详图。从梁的详图可以看出该梁为矩形断面的现

浇梁,其断面尺寸为宽 150 mm,高 300 mm。楼板厚 100 mm,梁的两端支承在砖墙上。梁长 3840 mm,梁的下方配置了 3 条受力筋,其中在中间的②号钢筋为弯起筋。从它们的标注 φ14 可知,它们是直径为 14 mm 的 I 级钢筋。①号钢筋与②号钢筋虽然直径、类别相同,但形状不同,尺寸不一,故应分别编号。从 1-1 断面可知梁的上方有两条架立筋③,直径是 10 mm 的 I 级钢筋。同时,也可知箍筋④的立面形状,它是直径为 6 mm 的 I 级钢筋,每隔 200 mm 放置一个。

从钢筋详图,可以得知每种钢筋的编号、根数、直径、各段设计长度、总尺寸(下料长度)以及弯起角度,以便下料加工。按规定梁高小于 800 mm 时弯起角度为 45°,大于 800 mm 时用 60°,但近年来考虑抗震要求,多采用在支座处放置面筋和支边加密钢箍以代替弯起钢筋。

图 10-7 中,①号钢筋下面的数字 3790,表示该钢筋从一端弯钩外沿到另一端弯钩外沿的设计长度,它等于梁的总长减去两端保护层的厚度。钢筋上面的 $l = 3923$,是该钢筋的下料长度,它等于钢筋的设计长度加上两端弯钩扳直后($2 \times 6.25\phi$)减去其延伸率($2 \times 1.5\phi$)所得的数值。②号钢筋的弯起角度不在图上标注,而用直角三角形两直角边的长度(250、250)表示,该数值是指钢筋的外皮尺寸。而④号钢箍各段长度应指钢箍的里皮尺寸。此外,为了便于编造施工预算,统计用料,还要列出钢筋表,表内说明构件的名称、数量,钢筋的规格、钢筋简图、直径、长度、数量、总数量、总长和重量等,如表 10-8 所示。

表 10-8　钢筋表

构件名称	构件数	钢筋编号	钢筋规格	简图	长度(mm)	每件根数	总长度(m)	重量累计(kg)
L202	3	①	φ14		3923	2	23.538	28.6
		②	φ14		4595	1	13.785	16.7
		③	φ10		3885	2	23.310	14.4
		④	φ6		800	20	48.000	10.5

2) 现浇钢筋混凝土板结构详图

现浇钢筋混凝土板的结构详图常用配筋平面图和断面图表示。配筋平面图可直接在平面图上绘制,每种规格的钢筋只需画一根并标注出其规格、间距及板长、板厚、板底结构标高等,断面图反映配筋形式。板的配筋有分离式和弯起式两种,如果板的上下部钢筋分别单独配置称为分离式;如果支座附近的上部钢筋是由下部钢筋直接弯起的就称为弯起式。图 10-8 所示钢筋混凝土现浇板的平面配筋图,板内配筋为分离式配筋。当板的配筋情况较复杂时,要结合采用剖面图来表示板的配筋情况,甚至可以将受力钢筋画在结构图的一边。

按《建筑结构制图标准》规定,水平方向钢筋的弯钩向下的,竖直方向的钢筋向右的,都是靠近板顶部配置的钢筋;水平方向钢筋的弯钩向上的,竖直方向的钢筋向左的,都是靠近板底部配置的钢筋。

3) 现浇钢筋混凝土柱

柱是房屋的主要承重构件,其结构详图包括立面图和断面图,如果柱的外形变化复杂或有预埋件,则还应增画模板图。模板图上预埋件只画位置示意和编号,具体细部情况另绘详图。

图 10-9 所示为部分 Z-3 的现浇钢筋混凝土构造柱的立面图和断面图。柱的横断面边长均为 370 mm,主要受力筋为 8 根直径为 18 mm 的 I 级钢筋;箍筋为直径 8 mm 的 I 级钢

筋,间距为 200 mm;柱中间呈十字形的为直径 8 mm、间距为 200 mm 的 Ⅰ 级钢筋,为附加腰筋,起增加柱的强度、提高柱的抗剪能力的作用。

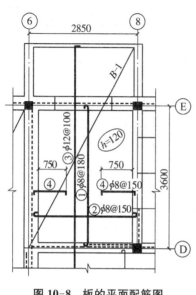

图 10-8　板的平面配筋图

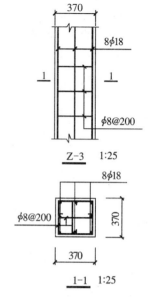

图 10-9　钢筋混凝土柱配筋图

10.2.3　结构平面图

1) 表达内容和图示方法

楼层结构平面(布置)图是假想沿每层楼板面上方水平剖切房屋并向下投影,用来表示每个楼层的承重构件如楼板、梁、柱、墙平面布置的全剖面图。

2) 画法及要求

楼层剖面图所用的比例、定位轴线与建筑剖面图相同。

楼层结构平面布置图中的可见钢筋用粗实线表示,被剖切到的墙身、可见的钢筋混凝土板的轮廓线均用细实线表示,楼板下方不可见的墙身轮廓线用细虚线表示,剖切到的钢筋混凝土柱涂黑表示。

若过梁、砖墙中的圈梁位置与承重墙或框架梁的位置重合,用粗点画线表示其中心线的位置。

若楼板为预制楼板,其布置不必按实际投影分块画出,可简化为一条对角线(细实线)来表示楼板的布置范围,并沿对角线方向注写出预制板的块数和型号。预制板的标注方法,目前各地区有所不同,本书列举一种标注法如下:

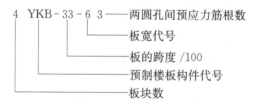

其中,板宽代号分别有 4、5、6、8、9、12,代表板的名义宽度分别为 400 mm、500 mm、

600 mm、800 mm、900 mm、1200 mm，板的实际宽度为名义宽度减去 20 mm。

　　楼梯间的结构布置一般在楼层结构平面图中不予表示，而用较大比例单独画出楼梯结构详图。

　　结构平面图中需标注出轴线间尺寸及轴线总尺寸、各承重构件的平面位置及局部尺寸、楼层结构标高等，同时注明各种梁、板结构构件底面标高，作为安装或支撑的依据。梁、板的底面标高可以注写在构件代号后的括号内，也可以用文字做统一说明。

　　结构平面图中同时应附有关于梁、板等其他构件连接的构造图、施工说明等。

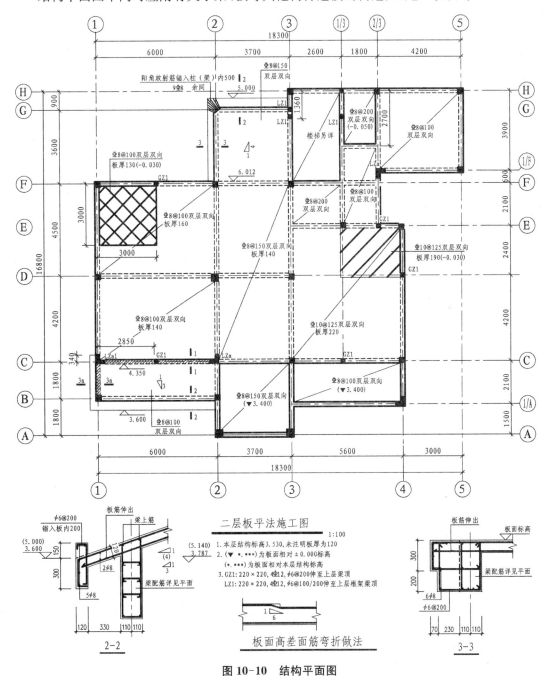

图 10-10　结构平面图

10.2.4 钢筋混凝土梁、柱的平面整体表示方法

建筑结构施工图平面整体设计方法（简称平法）对我国目前混凝土结构施工图的设计表示方法做了重大改革，被国家科委列为《"九五"国家级科技成果重点推广计划》项目（项目编号：97070209A），同时被建设部列为 1996 年科技成果重大推广项目（项目编号：96008）。

平法的表达形式，概括地讲，是把结构构件的尺寸和配筋等，按照平面整体表示方法制图规则，整体直接表达在各类构件的结构平面布置图上，再与标准构造图相配合，即构成一套完整的结构设计，改变了传统的将构件从结构平面布置图中索引出来，再逐个绘制配筋图的繁琐方法。

按平法设计绘制的施工图，一般由各类结构构件的平法施工图和标准构造详图两大部分组成。必须根据具体的工程设计，按照各类构件的平法制图规则，在按结构（标准）层绘制的平面布置图上直接表示各构件的尺寸、配筋和所选用的标准构造详图。出图时，宜按基础、柱、剪力墙、梁、板、楼梯及其他构件的顺序排列。

在平面布置图上表示各构件的尺寸和配筋方式，有平面注写方式、列表注写方式和截面注写方式 3 种。按平法设计绘制结构施工图时，应将所有柱、墙、梁构件进行编号。编号中含有类型代号和序号，其中，类型代号的主要作用是指明所选用的布置构造详图。柱、梁编号规则在后续章节作具体介绍。

本节以某框架结构别墅为例（图 10-11、图 10-12、图 10-13）主要介绍柱、梁平面施工图制图规则。

1）柱平法施工图制图规则

柱平法施工图是在柱平面布置图上采用列表方式或截面注写方式表达。在柱平法施工图中，应按规定注明各结构层的楼面标高、结构层标高及相应的结构层号。图 10-11、图 10-12 分别采用列表注写方式和截面注写方式的柱梁平法施工图，对相同的设计内容进行了表达。

（1）列表注写方式

列表注写方式是在柱平面布置图上（一般只采用适当比例绘制一张柱平面布置图，包括框架柱、框支柱、梁上柱和剪力墙上柱），分别在同一编号中选择一个（有时需要选择几个）截面标注几何参数代号，在柱表中注写柱号、柱各段起止标高、几何尺寸（含柱截面对轴线的偏心情况）与配筋具体数值，并配以各种柱截面形状及其箍筋类型图的方式来表达柱平法施工图，见图 10-11 所示。

柱表注写内容规定如下：

① 注写柱编号

柱编号由类型代号和序号组成，应符合表 10-9 的规定。编号时，当柱的总高、分段截面尺寸和配筋均对应相同，仅分段截面与轴线的关系不同时，仍可将其编为同一柱号。

表 10-9　柱编号

柱类型	代　号	序　号	柱类型	代　号	序　号
框架柱	KZ	××	梁上柱	LZ	××
框支柱	KZZ	××	剪力墙上柱	QZ	××
芯　柱	XZ				

由图 10-11 可以看出，该框架有 9 类框架柱：KZ1～KZ9。

② 注写各段柱的起止标高

自柱根部往上变截面位置或截面未变但配筋改变处为界分段注写。框架柱和框支柱的根部标高是指基础顶面标高。芯柱的根部标高是指根据结构实际需要而定的起始位置标高。梁上柱的根部标高是指梁顶面标高。剪力墙上柱的根部标高分为两种:当柱纵筋锚固在墙顶部时,其根部标高为墙顶面标高;当柱与剪力墙重叠时,其根部标高为墙顶面往下一层的结构层楼面标高。

图 10-11 中 KZ1 和 KZ2 两类框架柱从基础顶到屋面截面及配筋情况均相同,因此均只标注一段。KZ3 由于角筋和中筋的规格发生改变,所以在表格中分段注写。

③ 注写截面尺寸

对于矩形柱,注写截面尺寸 $b \times h$ 及与轴线关系的几何参数代号 b_1、b_2 和 h_1、h_2 的具体数值,须对应各段分别注写。其中 $b = b_1 + b_2$,$h = h_1 + h_2$。当截面的某一边收缩变化至轴线重合或偏到轴线的另一侧时,b_1、b_2、h_1、h_2 中的某项为零或为负值。

④ 注写柱纵筋

当柱纵筋直径相同、各边根数也相同时(包括矩形、圆柱和芯柱),将纵筋注写在"全部纵筋"一栏中;除此之外,柱纵筋分角筋、截面 b 边中部配筋和 h 边中部配筋 3 项分别注写(对于采用对称配筋的矩形截面柱,可仅注写一侧中部筋,对称边省略不写)。当为圆柱时,表中角筋注写圆柱的全部纵筋。

图 10-11 中 KZ1 和 KZ2 由于 b 边中部配筋和 h 边中部配筋的直径不同,所以分别注写其角筋和中部配筋。

⑤ 注写箍筋类型和箍筋肢数

具体工程所设计的各种箍筋类型图以及箍筋复合的具体方式,须画在表的上部或图中的适当位置,在其上标注与表中相对应的 b、h 并编上其类型号,在箍筋类型栏内注写箍筋类型号,如图 10-11 中箍筋类型 1 所示。

⑥ 注写柱箍筋(包括钢筋)

柱箍筋的注写包括钢筋级别、直径与间距。当为抗震设计时,用"/"区分柱端箍筋加密区与柱身非加密区长度范围内箍筋的不同间距。施工人员须根据标准构造详图的规定,在规定的几种长度值中取其最大值作为加密区长度。当箍筋沿柱全高为一种间距时,则不使用"/"线。当圆柱采用螺旋箍筋时,需在钢筋前加"L"。

图 10-11 中,KZ1 钢筋为 $\phi6$,加密区间距 100,非加密区间距 200;KZa 在基础顶~6.530 处箍筋间距全长均为 $\phi6@100$,而 6.530~屋面,加密区间距 100,非加密区间距 200,所以在表中分段注写。

(2) 截面注写方式

截面注写方式是在分标准层绘制的柱平面布置图的柱截面上,分别在同一编号的柱中选择一个截面,以直接注写截面尺寸和配件具体数值的方式来表达柱平法施工图。图 10-12 即为采用截面注写方式绘制的梁平法施工图。

截面注写内容规定与列表注写规定相近。其具体做法是对所有柱截面按平面注写方式规定进行编号,从相同编号的柱中选择一个截面,按另一种比例原位放大绘制柱截面配筋图,并在各配筋图上继其编号后再注写截面尺寸 $b \times h$、角筋或全部纵筋(当纵筋采用一种直径且能够图示清楚时)、箍筋的具体数值以及在柱截面图标注 b_1、b_2 和 h_1、h_2 的具体数值。

当纵筋采用两种注写方式时,可以根据具体情况,在一个柱平面布置图上用小括号或尖括号来区分和表达不同标注层的注写数值。

2）梁平法施工图制图规则

梁平法施工图是在梁的平面布置图上采用平面注写方式或截面注写方式表达。

梁平面布置图，应分别按梁的不同结构层（标准层），将全部梁及与其相关联的柱、墙、板一起采用适当比例绘制。

（1）平面注写方式

平面注写方式是在梁平面布置图上，分别在不同编号的梁中各选一根梁，在其上注写截面尺寸和配筋具体数值的方式来表达梁的平法施工图。图 10-13 即是采用平面注写方式表达的梁平法施工图。

平面注写包括集中标注与原位标注。集中标注表达梁的通用数值，原位标注表达梁的特殊数值。当集中标注中的某项数值不适用于梁的某部位时，则将该项数值原位标注，施工时原位标注取值优先。

① 梁集中标注

梁集中标注的内容有 5 项必注值及 1 项选注值，集中标注可以从梁的任意一跨引出，规定如下：

a. 梁编号（必注值）

梁编号由梁类型代号、序号、跨数及有无悬挑代号组成，应符合表 10-10 的规定。其中（××A）为一端有悬挑，（××B）为两端有悬挑，悬挑不计入跨数。如图 10-12 中，KL12(4)表示 12 号框架梁，4 跨；WKL9(1)表示 9 号框架梁，1 跨。

表 10-10　梁编号

梁类型	代号	序号	跨数及是否带有悬挑
楼层框架梁	KL	××	(××)、(××A)或(××B)
屋面框架梁	WKL	××	(××)、(××A)或(××B)
框支梁	KZL	××	(××)、(××A)或(××B)
非框架梁	L	××	(××)、(××A)或(××B)
悬挑梁	XL	××	(××)、(××A)或(××B)
井字梁	JZL	××	(××)、(××A)或(××B)

b. 梁截面尺寸（必注值）

该项为必注值，当为等截面梁时，用 $b \times h$ 表示；当为加腋梁时，用 $b \times h Y c_1 \times c_2$ 表示，其中 c_1 为腋长，c_2 为腋高；当有悬挑梁且根部和端部高度不同时，用斜线分隔根部与端部的高度值，即 $b \times h_1/h_2$。如图 10-12 中，KL11 和 KL12 截面尺寸分别为 200×530、200×400。

c. 梁箍筋（必注值）

包括钢筋级别、直径、加密区与非加密区间距及肢数。箍筋加密区与非加密区的不同间距与肢数常用斜线"/"分隔；当梁箍筋为同一种间距及肢数时则不需要用斜线，当加密区与非加密区的箍筋肢数相同时，则将肢数注写一次，箍筋肢数应写在括号内。如图 10-12 中，KL11 箍筋为 $\phi6@100/150(2)$ 表示箍筋为 Ⅰ 级钢筋，直径 $\phi6$，加密区间间距为 100，非加密区间间距为 150，均为两肢箍。

d. 梁上部通长筋或架立筋配置（必注值）

所注规格与根数应根据结构受力要求及箍筋肢数等构造要求而定，当同一纵筋中既有通长钢筋又有架立筋时,应用"＋"将通长钢筋和架立筋相连。注写时须将角部纵筋写在加号的前面,架立筋写在加号的括号内,以示不同直径及其通长筋的区别。当全部常用架立筋时则将其写入括号内。当梁的上部纵筋和下部纵筋为全跨相同,且多数跨配筋相同时,此项可加注下部纵筋的配筋值,用";"将上部与下部纵筋的配筋值分隔开来,少数跨不同者进行原位标注。如图 10-12 中,KL11 上部通长筋 2Φ20,下部通长筋 2Φ16。

e. 梁侧面纵向构造钢筋或受扭钢筋配置(必注值)

当梁腹板高度大于 450 mm 时,须配置纵向构造钢筋,所注写规格与根数应符合规定。此项注写值以大写字母 G 打头,接续注写设置在梁两个侧面的总筋配筋值,且对称配置。当侧面配置受扭钢筋时,此项注写值以大写字母 N 打头,接续注写配置在梁两个侧面的总筋配筋值,且对称配置。受扭纵向钢筋应满足梁侧面纵向构造钢筋的间距要求,且不再重复配置纵向构造钢筋。如图 10-12 中,WL15 在侧面配置 2Φ14 的受扭钢筋,上部通长筋 2Φ20,下部通长筋 5Φ20,KL11 上部通长筋 2Φ20,下部通长筋 2Φ16,侧面未配置受扭钢筋。

f. 梁顶面标高高差(选注值)

指相对于结构层楼面标高的高差值,有高差时将其写入括号内,无高差时不注。梁顶面标高高于所在结构层楼面标高时,其标高高差为正值,反之为负值。

② 梁原位标注

a. 梁支座上部纵筋

该部位含通长筋在内的所有纵筋。当上部钢筋多于一排时,用"/"将各排纵筋自上而下分开;当同排纵筋有两种直径时,用加号"＋"将两种直径的纵筋相连,注写时将角部纵筋写在前面;当梁中间支座两边的上部纵筋不同时,须在支座两边分别标注;当梁中间支座两边的上部纵筋相同时,可只标注一边,另一边省去不注。如图 10-12 中,WKL15 在②号轴线支座左边的上部纵筋为 6Φ20,分两排布置,其中上排 4 根,下排 3 根。

b. 梁下部纵筋

当下部纵筋多于一排时,用"/"将各排纵筋自上而下分开;当同排纵筋有两种直径时,用加号"＋"将两种直径的纵筋相连,注写时将角部纵筋写在前面。当梁下部纵筋不全部伸入支座时,将梁支座下部纵筋减少的数量写在括号中。如图 10-12 中,WKL15 在 C 号轴线支座的下部纵筋为 5Φ20,分两排布置,其中上排 2 根,下排 3 根。

c. 梁附加箍筋或吊筋及其他

将其直接画在平面图中的主梁上,用线引出标注配筋值。当多数附加筋或吊筋相同时,可在梁平法施工图上统一注明;少数与统一注明值不同时,在原位引出。如图 10-12 中,主次梁相交处均在主梁两边各配置 3 道附加箍筋,直接绘在了主梁上,附加箍筋配置情况在左下角的详图上进行了统一的注明:每边附加箍筋、肢数、直径同主梁,@50。

(2) 截面注写方式

截面注写方式是在分标准层绘制的梁平面布置图上,分别在不同编号的梁中选择一根梁用剖面号引出配筋图,并在其上注写截面尺寸和配筋具体数值的方式来表达梁平法施工图。

对所有梁按平面注写方式进行编号,从相同编号的梁中选择一根梁,先将"单边截面号"画在该梁上,再将截面配筋详图画在本图或其他图上。当某梁的顶面标高与结构层的楼面标高不同时,尚应继其梁编号后注写梁顶面标高高差。

在截面配筋详图上注写截面尺寸、上部筋、下部筋、侧面构造筋或受扭、箍筋的具体数值时,其表达方式与平面注写方式相同。截面注写方式既可以单独使用,也可与平面注写方式结合使用，如图10-11中截面单独注写方式。

10.2.5 读图实例

本节给出某别墅框架柱平法施工图(图10-11)和梁平法施工图(图10-12、图10-13)，并结合图10-10(结构平面图及板配筋图)实例说明钢筋混凝土结构图的图示方式和内容。

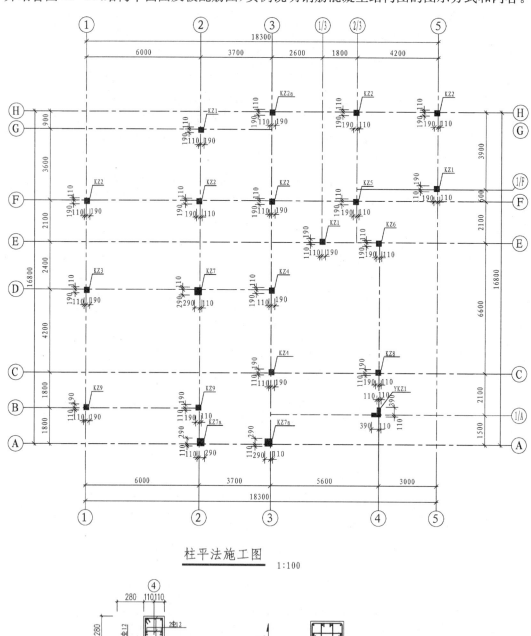

柱平法施工图

1:100

柱表

基础顶~地面箍筋间距加密 $\phi8@100$。

如柱纵筋连接采用绑扎搭接，当柱纵筋直径<20时，该柱箍筋加密区间距为 $5d$（d为柱最小纵筋直径）。

柱号	标高	断面($b \times h$)	角筋	B边一侧中部筋	H边一侧中部筋	箍筋	类型
KZ1	基础顶~屋面	300×300	4⌀16	1⌀14	1⌀14	$\phi6@100/200$	1(3×3)
KZ2	基础顶~屋面	300×300	4⌀16	1⌀16	1⌀16	$\phi6@100/200$	1(3×3)
KZ2a	基础顶~6.530	300×300	4⌀16	1⌀16	1⌀16	$\phi6@100$	1(3×3)
	6.530~屋面	300×300	4⌀16	1⌀16	1⌀16	$\phi6@100/200$	1(3×3)
KZ3	基础顶~3.530	300×300	4⌀20	1⌀16	1⌀20	$\phi6@100/200$	1(3×3)
	3.530~屋面	300×300	4⌀16	1⌀14	1⌀14	$\phi6@100/200$	1(3×3)
KZ4	基础顶~06.530	300×300	4⌀16	1⌀14	1⌀14	$\phi6@100/200$	1(3×3)
KZ5	基础顶~3.530	300×300	4⌀16	1⌀16	1⌀16	$\phi6@100/200$	1(3×3)
KZ6	基础顶~3.530	300×300	4⌀20	1⌀20	1⌀16	$\phi6@100/200$	1(3×3)
	3.530~屋面	300×300	4⌀16	1⌀16	1⌀14	$\phi6@100/200$	1(3×3)
KZ7	基础顶~6.530	400×400	4⌀16	1⌀16	1⌀16	$\phi6@100/200$	1(3×3)
KZ7a	基础顶~3.530	400×400	4⌀16	1⌀16	1⌀16	$\phi6@100/200$	1(3×3)
KZ8	基础顶~屋面	300×300	4⌀18	1⌀18	1⌀14	$\phi6@100/200$	1(3×3)
KZ9	基础顶~屋面	300×300	4⌀22	1⌀22	1⌀16	$\phi6@100/200$	1(3×3)

箍筋类型1
$(m \times n)$

图 10-11　某别墅框架柱平法施工图——列表注写方式

图 10-11 为某别墅的柱平法施工图，由该平法施工图可以看出，该别墅的框架柱有 KZ1~KZ9 和阳台角部的 YKZ1 的框架柱，框架柱的截面尺寸除 YKZ1 外，其他框架柱的截面均为矩形，截面 400×400 和 300×300，从图中可以看出矩形截面的框架柱均为偏心柱，具体偏心尺寸见图。YKZ 为非矩形截面，所以单独画出了该框架柱的详图。同时，由柱表可以看出，KZ1、KZ2、KZ4、KZ5、KZ7、KZ7a、KZ8、KZ9 这 8 类框架柱从底层到屋面截面及配筋情况均相同，因此均只标注一段，但 KZa 在基础顶~6.530 处和 6.530~屋面，截面、中部筋、角筋均相同，箍筋不同，而 KZ3 中部筋不同、KZ6 中部筋和角筋均不相同，所以在表格中分段注写。

图 10-12 为二层梁平法施工图，该平法施工图采用的平面注写方式，一种是集中标注，另一种是原位标注，集中标注表达梁的通用数值，原位标注表达梁的特殊数值。当集中标注中的某项数值不使用于梁的某部位时，则将该项数值原位标注，施工时原位标注取值优先。如 KL5(2) 220×500 为两跨框架梁，其截面大小为 220×500，箍筋为直径 $\phi8$ 的 I 级钢筋，加密区的间距为 100，非加密区的间距为 150，加密区和非加密区肢数相同，均为 2 肢。梁上部通长筋为 2Φ20，下部通长筋为 5Φ20，上部为 2 跨，下部为 3 跨，同时在梁 KL52 支座的左侧原位标注 6Φ20，说明在支座的左侧包含通长筋在内上一排纵筋为 4Φ20，下一排纵筋为 2Φ20，在梁 KL52 支座的右侧一跨的下边原位标注 2Φ16，说明在施工时支座右侧一跨下一排按 2Φ16 配筋。如 WKL9(1) 在梁的两个侧面共配置 2Φ12 受扭纵向钢筋，每侧各配置 1Φ12，该梁顶面的标高为 5.14 m。而 KL(7) 顶面的标高为 6.012 m，说明本区域是一个斜屋面。其余梁的读法与此相同，不再重复。

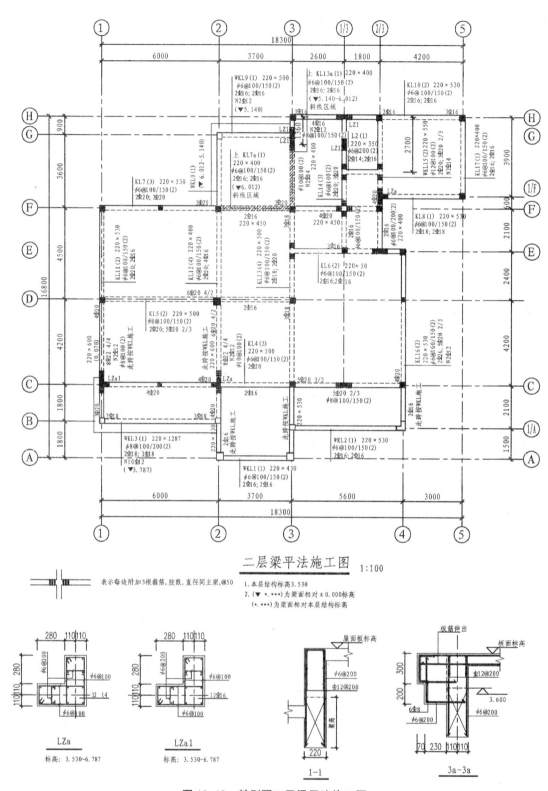

二层梁平法施工图 1:100

1. 本层结构标高3.530
2. (▼ *.***)为梁面相对±0.000标高
   (*.***)为梁面相对本层结构标高

表示每边附加3根箍筋,肢数,直径同主梁,@50

LZa
标高: 3.530~6.787

LZa1
标高: 3.530~6.787

1-1

3a-3a

图 10-12 某别墅二层梁平法施工图

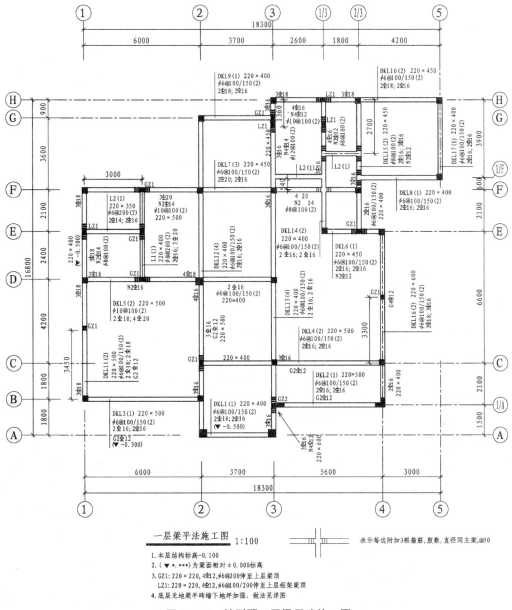

一层梁平法施工图 1:100

表示每边附加3根箍筋,肢数,直径同主梁,@50

1. 本层结构标高-0.100
2. (▼ *.***)为梁面相对于±0.000标高
3. GZ1: 220×220, 4φ12, φ6@200伸至上层梁顶
   LZ1: 220×220, 4φ12, φ6@100/200伸至上层框架梁顶
4. 底层无地梁半砖墙下地坪加强,做法见详图

图10-13 某别墅一层梁平法施工图

10.3 基础图

基础是房屋在地面以下的部分,它承受房屋全部荷载,并将其传递给地基(房屋下的土层)。

根据上部承重结构形式的不同及地基承载力的强弱,房屋的基础形式通常有以下几种:

柱下独立基础、墙（或柱）下条形基础、柱下十字交叉基础、阀形基础及箱型基础等。根据基础所采用的材料不同，可分为砖石基础、混凝土基础及钢筋混凝土基础等。

基础图就是要表达建筑物室内地面以下基础部分的平面布置和详细构造的图样，它是施工放线、开挖基坑及基础施工的依据。基础图通常包括基础平面图和基础详图。基础平面图主要表达基础的平面布置，一般只画出基础墙、构造柱、承重柱和断面以下基础底面的轮廓线。至于基础的细部投影（如基础及基础梁的基本形状、材料和构造等）将反映在基础详图中。图 10-14 为某别墅的基础平面图，图 10-15 为基础详图。

10.3.1 基础平面图

1）图示方法

基础平面图是假想用一水平面沿地面将房屋剖开，移去上面部分和周围土层，向下投影所得的全剖面图。

2）画法特点及要求

（1）图线

剖切到的墙画粗实线（b），可见的基础轮廓、基础梁画中实线（$0.5b$）

（2）比例

基础平面图的比例一般与平面图的比例相同。

（3）定位轴线

基础平面图上的定位轴线及编号应与建筑平面图一致，以便对照阅读。

（4）基础梁、柱

基础梁、柱用代号表示，剖切的钢筋混凝土柱涂黑。

（5）剖切符号

凡尺寸和构造不同的条形基础都需加画断面图，基础平面图上剖切符号要依次编号。

（6）尺寸标注

基础平面图上需标出定位轴线间的尺寸，条形基础底面和独立基础底面的尺寸。整个基础的底面尺寸是标注在基础垫层示意图上的。

10.3.2 基础详图

基础平面图仅表示基础的平面布置，而基础各部分的形状、大小、材料、构造及埋置深度需要画详图来表示。基础详图是用来详尽表示基础的截面形状、尺寸、材料和做法的图样。根据基础平面布置图的不同编号，分别绘制各基础详图。由于各条形基础、各独立基础的断面形式及配筋形式是类似的，因此一般只需画出一个通用的断面图，再附上一个表辅助说明即可。

条形基础详图通常采用垂直断面图表示。独立基础详图通常用垂直断面图和平面图表示。平面图主要表示基础的平面形状，垂直断面图表示基础断面形式及基础底板内的配筋。在平面图中，为了明显地表示基础底板内双向网状配筋情况，可在平面图中一角用局部剖面表示，如图 10-15 所示。

10.3.3 读图实例

图 10-14 和图 10-15 分别为某别墅的基础平面图和基础详图,由图可以看出该基础为独立基础,5 种类型基础的平面尺寸 $A \times B$ 见图 10-14 和柱基配筋表,基础底部的高度为 $200 + H_1$,H_1 与基础的大小有关,从表中可以看出在 $100 \sim 250$ mm 之间变化。在标高 ± 0.000 的上下,基础的保护层厚度发生变化,有垫层处为 35 mm,无垫层处为 70 mm,一般在结构图不必标注,施工时按照表 10-5 的规定。

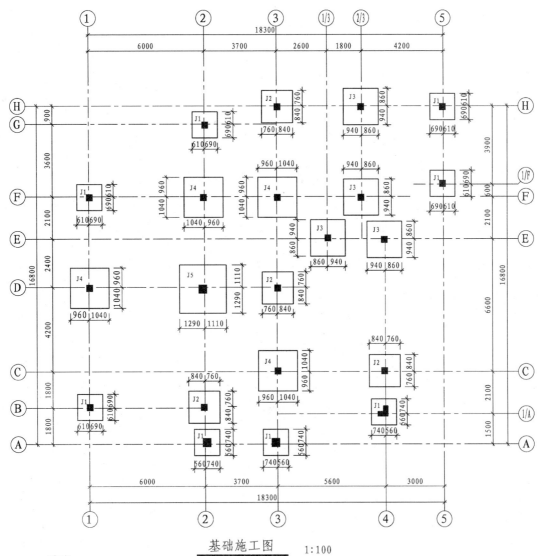

基础施工图   1:100

说明:

1.本工程 ± 0.00 为1985国家高程6.650 m,采用天然地基。

2.挖除1#填土层,基础底设置于2#粉质粘土层,地基承载力特征值 f_{ak}=200 kPa,基础底标高-2.700~-3.000 m。

3.基坑开挖后,须经勘察设计人员验收后方可进行基础施工,施工期间做好排水工作,严禁带水进行基础施工。

4.基础施工完毕,应及时进行回填,基坑及地面的回填土不得使用过湿土、淤泥腐殖及有机质含量大于8%的土。回填土分层夯实,压实系数不小于0.94。具体要求参见《建筑地面设计规范》(GB 50037-96)之第5.0.4条的要求。

图 10-14　基础平面图

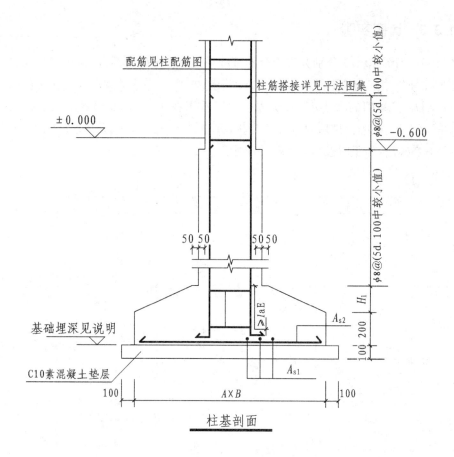

柱基剖面

柱基配筋表

J_x	A	B	H_1	A_{s1}	A_{s2}
J_1	1300	1300	100	$\phi12@200$	$\phi12@200$
J_2	1600	1600	150	$\phi12@200$	$\phi12@200$
J_3	1800	1800	200	$\phi12@180$	$\phi12@180$
J_4	2000	2000	200	$\phi12@160$	$\phi12@160$
J_5	2400	2400	250	$\phi12@130$	$\phi12@130$

图 10-15 某别墅基础详图

11　给水排水施工图

11.1　概述

　　房屋工程图包括建筑施工图、结构施工图和设备施工图。给水排水施工图属于设备施工图的一部分。

　　1）给水排水工程和给水排水施工图

　　给水排水工程包括给水工程和排水工程两部分。给水工程是指水源取水、水质净化、净水输送、配水使用等工程。排水工程是指污水排除、污水汇集、污水处理、污水循环利用或污水排放等工程。

　　给水排水工程分为室内给水排水工程和室外给水排水工程两部分。本章仅介绍室内给水排水施工图。室内给水排水施工图主要包括室内给水排水平面图和室内给水排水系统图。

　　给水排水施工图应遵守《建筑给水排水制图标准》(GB/T 50106—2010)，还应遵守《房屋建筑制图统一标准》(GB/T 50001—2010)。

　　2）室内给水系统的组成(图 11-1，实线为给水管)

　　民用建筑室内给水系统按供水对象可分为生活用水系统和消防用水系统。对于一般的民用建筑，如宿舍、住宅、办公楼等，两系统可合并设置，其组成部分如下：

　　(1)给水引入管——由室外给水系统引入室内给水系统的一段水平管道，又称为进户管。

　　(2)水表节点——引入管上设置的水表及前后设置的闸门、泄水装置等的总称。所有装置一般均设置在水表井内。

　　(3)管道系统——包括给水立管(将水垂直输送到楼房的各层)、给水横管(将水从引入管输送到房间的各相关地段)和支管(将水从给水横管送到用水房间的各个配水点)等。

　　(4)给水附件及设备——管路上各种阀门、接头、水表、水嘴、淋浴喷头等。

　　(5)升压和储水设备——当用水量大，水压不足时，应设置水箱和水泵等设备。

　　(6)消防设备——按照建筑物的防火等级要求需要设置消防给水时，一般应设置消防栓、消防喷头等消防设备，有特殊要求时，另装设自动喷洒消防或水幕设备。

　　3）室内排水系统的组成(图 11-1，虚线为排水管)

　　民用建筑室内排水系统通常用来排除生活用水。雨水管和空调凝水管应单独设置，不与生活用水合流。室内排水系统的组成部分如下：

　　(1)排水设备——浴盆、大便器、洗脸盆、洗涤盆、地漏等。

　　(2)排水横管——连接卫生器具的水平管道，应有一定的坡度指向排水立管。当卫生器具较多时,在排水横管末端应设置清扫口。

(3) 排水立管——连接排水横管和排出管之间的竖向管道。立管在底层和顶层应设置检查口,多层房屋应每隔一层设置一个检查口,检查口距楼、地面高度为 1 m。

(4) 排水排出管——连接排水立管将污水排至室外检查井的水平管道。排出管向检查井方向应有一定坡度。

(5) 通气管——设置在顶层检查口上的一段立管,用来排出臭气,平衡气压,防止卫生器具存水弯的水封破坏,通气管顶端应装置通气帽。通气管应高出屋面 0.3 m 以上,并大于积雪厚度。

(6) 检查井或化粪池——生活污水由排出管引向室外排水系统之前,应设置检查井或化粪池,以便将污水进行初步处理。

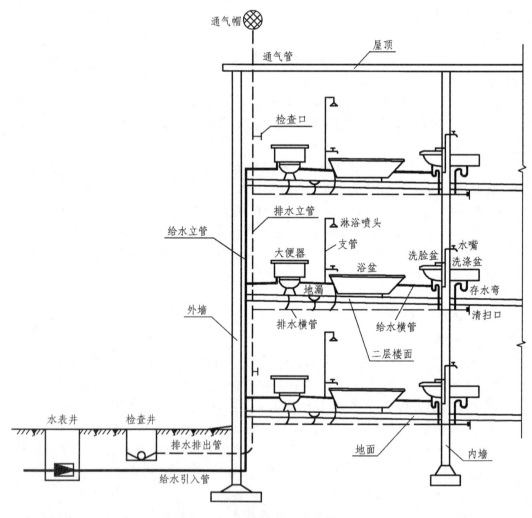

图 11-1 室内给水排水系统的组成

11.2 绘制给水排水施工图的一般规定

1）图线
给水排水施工图常用的各种线型宜符合表 11-1 的规定。

表 11-1 给水排水施工图中图线的选用

名　称	线　型	线　宽	用　途
粗实线	——	b	新设计的各种排水和其他重力流管线
粗虚线	- - -	b	新设计的各种排水和其他重力流管线的不可见轮廓线
中粗实线	——	$0.75b$	新设计的各种给水和其他压力流管线，原有的各种排水和其他重力流管线
中粗虚线	- - -	$0.75b$	新设计的各种给水和其他压力流管线及原有的各种排水和其他重力流管线的不可见轮廓线
中实线	——	$0.5b$	给水排水设备、零(附)件的可见轮廓线,总图中新建的建筑物和构筑物的可见轮廓线,原有的各种给水和其他压力流管线
中虚线	- - -	$0.5b$	给水排水设备、零(附)件的不可见轮廓线,总图中新建的建筑物和构筑物的不可见轮廓线,原有的各种给水和其他压力流管线的不可见轮廓线
细实线	——	$0.25b$	建筑的可见轮廓线,总图中原有的建筑物和构筑物的可见轮廓线,制图中的各种标注线
细虚线	- - -	$0.25b$	建筑的不可见轮廓线,总图中原有的建筑物和构筑物的不可见轮廓线
单点长划线	-·-·-	$0.25b$	中心线,定位轴线
折断线	—／—	$0.25b$	断开界线
波浪线	～～	$0.25b$	平面图中水面线,局部构造层次范围线,保温范围示意线等

2）比例
给水排水施工图常用的比例宜符合表 11-2 的规定。

表 11-2 给水排水制图中常用比例的选用

名　称	比　例	备　注
区域规划图 区域位置图	1：50000、1：25000、1：10000、 1：5000、1：2000	宜与总图专业一致
总平面图	1：1000、1：500、1：300	宜与总图专业一致
管道纵断面图	纵向:1：200、1：100、1：50 横向:1：1000、1：500、1：300	

续表 11-2

名 称	比 例	备 注
水处理厂(站)平面图	1∶500、1∶200、1∶100	
水处理构筑物,设备间,卫生间,泵房平、剖面图	1∶100、1∶50、1∶40、1∶30	
水处理厂(站)平面图	1∶500、1∶200、1∶100	宜与建筑专业一致
水处理厂(站)平面图	1∶500、1∶200、1∶100	宜与相应图纸一致
详图	1∶50、1∶30、1∶20、1∶10、1∶5、1∶2、1∶1、2∶1	

3)标高

标高符号及一般标注方法应符合现行国家标准《房屋建筑制图统一标准》(GB/T 50001—2010)的规定。室内工程应标注相对标高;室外工程宜标注绝对标高,当无绝对标高资料时,可标注相对标高,但应与总图专业一致。标高的标注方法应符合下列规定:

(1)平面图中,管道标高应按图 11-2(a)、(b)的方式标注,沟渠标高应按图 11-2(c)的方式标注。

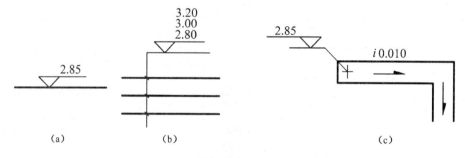

图 11-2 平面图中管道和沟渠标高注法

(2)剖面图中,管道及水位的标高应按图 11-3 的方式标注。

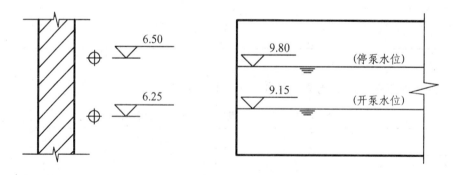

图 11-3 剖面图中管道及水位标高注法

（3）轴测图中，管道标高应按图 11-4 的方式标注。

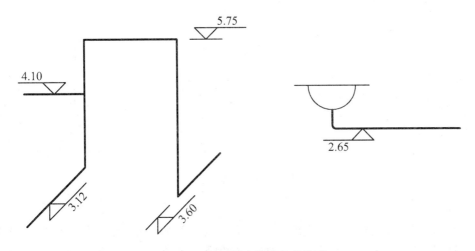

图 11-4　轴测图中管道标高注法

（4）建筑物内的管道也可按本层建筑地面的标高加管道安装高度的方式标注管道标高，标注方法应为 H+×.××，H 表示本层建筑地面标高。

4）管径

管径应以 mm 为单位。不同材料的管材管径的表达方法不同，如钢筋混凝土或混凝土管，管径宜以内径 d 表示；建筑给水排水塑料管材，管径宜以公称外径 dn 表示。当设计中均采用公称直径 DN 表示管径时，应有公称直径 DN 与相应产品规格对照表。

单根管道时，管径应按图 11-5(a)的方式标注；多根管道时，管径应按图 11-5(b)的方式标注。

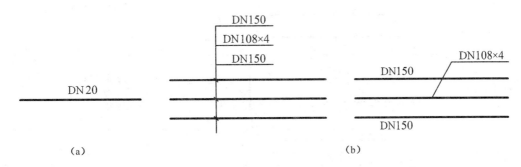

图 11-5　管径表示法

5）编号

当建筑物的给水引入管或排水排出管的数量超过一根时应进行编号，编号宜按图 11-6(a)的方法表示。建筑物内穿越楼层的立管，其数量超过一根时应进行编号，编号宜按图 11-6(b)的方法表示。

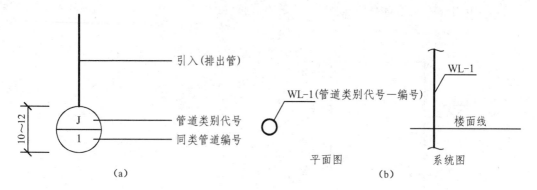

图 11-6　编号表示法

6）图例

管道类别应以汉语拼音字母表示，如用 J 作为给水管的代号，用 W 作为污水管的代号。为了保持图纸整洁，方便认读，给水排水施工图的管道、附件、卫生器具等，均不画出其真实的投影图，采用统一的图例符号来表示，见表 11-3。表中图例摘自《建筑给水排水制图标准》（GB/T 50106—2010）中的一部分。

表 11-3　给水排水施工图中常用的比例

名　称	图　　　例		备　　注
给水管	——— J ——— 冷水给水管 ——— R ——— 热水给水管		
排水管	——— W ——— 污水管 ——— F ——— 废水管 ——— Y ——— 雨水管 ——— K ——— 空调凝水管		废水管可与中水原水管合用
管道立管	XL-1 平面	XL-1 系统	X 为管道类别 L 为立管 1 为编号
排水明沟	坡向 ——→		
立管检查口			
通气帽	成品　蘑菇形		

名　称	图　例	备　注
圆形地漏	平面　　系统	通用。如无水封，地漏应加存水弯
管道连接	（折弯管）　低　（管道交叉） 高　低　低　高　　高	管道交叉在下面和后面的管道应断开
存水弯	S形　　P形	
正三通		
斜三通		
正四通		
闸阀		
角阀		
截止阀		
止回阀		
自动排气阀	平面　　系统	
水嘴	平面　　系统	
浴盆带喷头 混合水嘴		

续表 11-3

名　　称	图　　例	备　　注
台式洗脸盆		
浴盆		
厨房洗涤盆		不锈钢制品
污水池		
淋浴喷头		
坐式大便器		
阀门井及检查井	J-××　W-××　Y-××　　　J-××　W-××　Y-××	以代号区别管道
水表井		
水表		

11.3　室内给水排水施工图

11.3.1　室内给水排水平面图

室内给水排水平面图是表示给水排水管道及设备平面布置的图样,是按照正投影法绘制的。给水平面图包括给水引入管、给水立管、给水横管、支管、卫生器具、管道附件等的平面布置;排水平面图包括排水横管、排水立管、排水排出管等的平面布置。

当给水系统和排水系统不是很复杂时,可将给水管道和排水管道绘制在同一平面图中,管道通常用单粗线表示,可以将不同类型的管道用不同的图例或线型来区别;管道种类较多,在同一张平面图内表达不清楚时,可将各类管道的平面图分开绘制。立管的小圆圈用细实线绘制。

室内给水排水平面图应按下列规定绘制:

(1)建筑物轮廓线、定位轴线和编号、房间名称、楼层标高、门、窗、梁柱、平台、绘图比例等,均应与建筑专业一致,但图线应用细实线绘制。

(2)各类管道、用水器具和设备、主要阀门以及附件等,均应按图例(表11-3),以正投影法绘制在平面图上。

(3)管道立管应按不同管道代号在图面上自左至右按图11-6(b)分别进行编号,且不同楼层的同一立管编号应一致。

(4)敷设在该层的各种管道和敷设在下一层而为本层器具和设备服务的管道均应绘制在本层平面图上。

(5)卫生间、厨房、洗衣房等另绘大样图时,应在这些房间内按规定绘制引出线,并注明"详见水施——××字样"。

(6)管道布置不相同的楼层应分别绘制其平面图;管道布置相同的楼层可绘制一个楼层的平面图,并按规定标注楼层地面标高。

(7)地面层平面图(±0.000)应在图幅的右上方按规定绘制指北针。

(8)建筑各楼层地面标高应标注相对标高,且与建筑施工图一致。

11.3.2 室内给水排水系统图

室内给水排水系统图是给水排水管道和设备的正面斜轴测图,它反映了给水排水系统的全貌。室内给水排水系统图表明了各管道的空间走向,各管段的管径、坡度、标高,以及各种设备在管道上的位置,还表明了管道穿过楼板的情况。

给水系统图和排水系统图应分别绘制。系统图中所有管道均用粗实线绘制。

室内给水排水系统图应按下列规定绘制:

(1)应以45°正面斜轴测的投影规则绘制。

(2)系统图应采用与相对应的平面图相同的比例绘制,当局部管道密集或重叠处不容易表达清楚时,应采用断开绘制画法绘制。

(3)应绘出楼层地面线,并应标注出楼层地面标高。

(4)应绘出横管水平转弯方向、标高变化、接入管或接出管以及末端装置等。

(5)应将平面图中对应管道上的各类阀门、附件、仪表等给水排水要素按数量、位置、比例一一绘出。

(6)应标注管径、控制点标高或距楼层面垂直尺寸、立管和系统编号,并应与平面图一致。

(7)引入管和排出管均应标出所穿建筑外墙的轴线号、引入管和排出管编号、室内地面线与室外地面线,并应标出相应标高。

11.3.3 室内给水排水施工图的阅读

现以某独栋别墅的给水排水施工图为例进行阅读。

本套给水排水施工图包括前面所介绍的给水排水平面图和给水排水系统图(以下简称平面图和系统图)。在前面建筑施工图的学习中我们了解到:该别墅为三层砖混结构,每层的平面布置各不相同,每层均设有用水房间,且管网布置也不相同,所以每层都需要分别绘制平面图。包括一层(图11-7)、二层(图11-10)、三层(图11-11)和顶层(图11-12)平面图。一层平面图另附两张大样图(图11-8和图11-9)。限于幅面,二层和三层平面图直接给出的是局部平面图,二层在中间采用了断开画法。系统图部分则包括冷水给水系统图(图11-13)、热水给水系统图(图11-14)和排水系统图(图11-15)。其中冷水系统图采用断开画法,分成两段,用"接a"和"a"标出。

为清晰起见,线宽选择粗细组合,除管道用粗线之外,其余全部用细线。平面图中给水管道用粗实线,排水管道用粗虚线,由于给水分冷水和热水,排水分污水、废水和雨水,还需要用图例和管道类别代号区分不同类型的管道。系统图中的管道则全部用粗实线绘制。系统图中除管道和给水排水附件外,还应包括所有管道的管径、标高和安装尺寸。平面图除各类管道、用水器具和设备、主要阀门以及附件等必不可少的内容外,只保留了墙线、门窗洞、楼梯、台阶、房间名称、定位轴线、室外地坪和楼地面的标高、指北针等,省略了在建筑施工图中已经表达清楚的内容和尺寸标注,同时也省略了在系统图中表达完整的管径、标高等内容。

(1) 阅读各层平面图,弄清楚各层用水房间、卫生设施的平面位置和数量。这些和平常生活常识密切相关,容易看出。见表11-4。

表 11-4

楼层	用水房间	卫生设施						
		厨房洗涤盆	大便器	洗脸盆	浴盆	污水池	洗衣机	拖把池
一层	中厨	√						
	西厨	√						
	洗衣房		√	√			√	
	卫1		√	√	√			
二层	卫2		√	√				
	卫3		√	√				
	卫4		√	√	√			√
三层	卫5		√	√		√		

(2) 阅读各类给水排水管道水平和垂直输送到用水房间的情况。由于大部分管道是平时装修后看不见的,加上别墅和多层建筑不同,每层的布置各不相同,所以是阅读的难点和重点。

① 读冷水给水系统。从一层平面图可以看出，由于只有一户，该别墅的给水引入管只有一根，在西南角。引入的冷水先向北再向东穿过外墙分别输送到一层的中厨、西厨、洗衣房和卫1四个用水房间。二层、三层需要通过立管穿过楼面垂直输送。在冷水系统图中可以看出，共有7根给水立管，分别用JL-1、JL-2…JL-7进行编号。而平面图上的立管小圆圈则按各层的情况绘出并编号。由于给水立管输送到达的楼层和用水房间各不相同，需要对照平面图仔细阅读后才能分清楚。可以看出：JL-1——太阳能热水器，JL-2——卫5，JL-3——卫4，JL-4——卫1和卫3，JL-5——卫2和西厨，JL-6——洗衣房，JL-7——中厨。值得注意的是，平面图中二层的JL-2和三层的JL-1立管小圆圈，虽然没有直接输送到本层的用水房间，但也要绘出。

② 读热水给水系统。热水由屋顶太阳能热水器供应，再通过热水立管垂直输送到各层用水房间。在热水系统图中可以看出，热水立管共有6根：RL-1——太阳能热水器，RL-2——卫5，RL-3——卫4，RL-4——卫1、卫3和洗衣房，RL-5——卫2和西厨，RL-6——中厨。同样，平面图中二层的RL-2和三层的RL-1立管小圆圈，虽然没有直接输送到本层的用水房间，但也要绘出。

③ 读排水系统。污水和废水由各房间排出，通过污水立管穿过楼面输送到底层，由排水排出管汇集到检查井。在排水系统图中可以看出各排水管道需要分别绘制。一共有5根污水管道和两根废水管道，这里我们不妨换个思路来阅读，看看8个用水房间排水管道的情况。由于污水和废水是分流的，中厨和西厨设废水管道而不设污水管道。W-4和W-5是一层洗衣房和一层卫1的排水管，不需要设排水立管直接排到检查井。阅读其余4个用水房间分别为：卫2——WL-1，卫4和卫5——WL-2，卫3——WL-3。平面图上的立管小圆圈值得注意，由于所有排水管道必须从底层排出，一层应包括所有的排水管道编号，而二层包括本层和三层通过二层楼面的污水管道编号，三层则只有本层的污水管道编号。仔细阅读还可以发现，WL-1和WL-2是折弯管，这样在卫2和卫5的平面图中分别有两处WL-1和WL-2。从一层平面图可以看出，该别墅共有11个检查井，其中4个是污水检查井，WL-4和W-5合用一个检查井，其余全部单独设检查井。另外，还有两个废水检查井和雨水检查井，实现了分流。

（3）阅读管道附件。用水房间的进水附件如水嘴、阀门，排水附件如存水弯、冲洗管、地漏等应根据各用水房间布置的卫生设施来配置，应结合全套图纸一一阅读。由于与日常生活密切相关，对照图例阅读难度不大，限于篇幅，不再一一解读各个房间。这里和大家一起读一读有代表性的卫2。

对照平面图，在系统图上阅读JL-5、RL-5和WL-1，根据标高找出二层的冷水、热水和排水管位置。可以看出，冷水管从东北角进入房间，从东到西装有检修阀门、洗脸盆阀门和浴盆带喷头混合水嘴，管道继续一直向南，经过西南角再向东，装有大便器阀门。热水管则从东到西装有检修阀门、洗脸盆阀门和浴盆带喷头混合水嘴。排水管则按相反的方向阅读，装有大便器的冲洗管、浴盆的存水弯和洗脸盆的存水弯。

除用水房间内的管道附件外，给水引入管上配置有水表1个、止回阀4个；屋顶设有自动排气阀门、冷水阀门和热水阀门各1个；每根污水立管上方均设有通气帽；在污水立管上底层必须设置检查井,二层以上一般要求隔层设置。

(4)阅读平面图中的尺寸,系统图中的管径、标高、安装尺寸等。

平面图只需注出定位轴线尺寸,方便与建筑平面图对照;标高只需标注室外地坪标高和楼地面标高,方便与系统图对照。管道的长度在备料时只需从平面图中近似地按比例量取,在安装时则以实际尺寸为依据,所以图中均不需要标注。

系统图中应该标全所有管道的管径。标高是高度方向的重要依据,高度需按比例绘制。管段的高度尺寸主要根据标高进行计算,所以在系统图中必须标注完整,一般标注相对标高。这里以 JL-5 为例加以说明。从下而上,−0.95 是管道埋深,−0.05 是室内地坪标高,3.55 是二楼楼面标高,H 是楼面的高度,H+0.35、H+0.70、H+0.25 是附件相对于楼面的安装尺寸。另外,还要标出通气帽距屋面的高度 600 和检查口距地面的高度 1000。

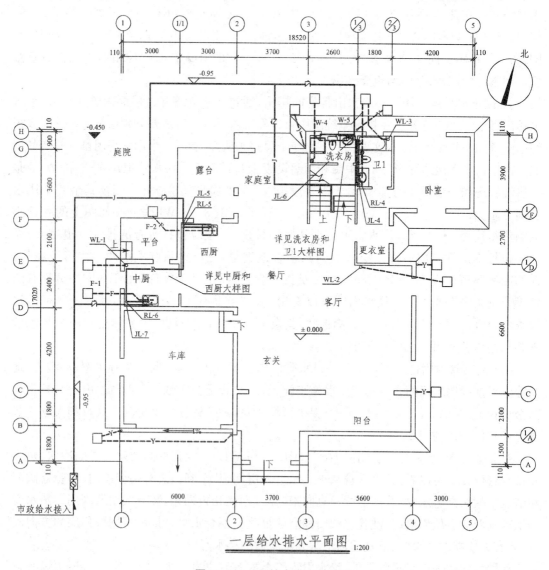

图 11-7　一层给水排水平面图

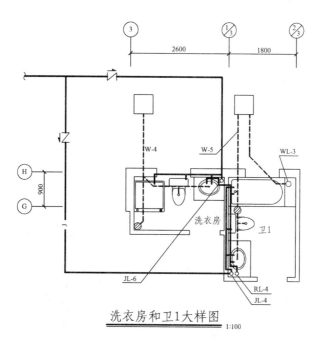

洗衣房和卫1大样图
1:100

图 11-8 洗衣房和卫 1 大样图

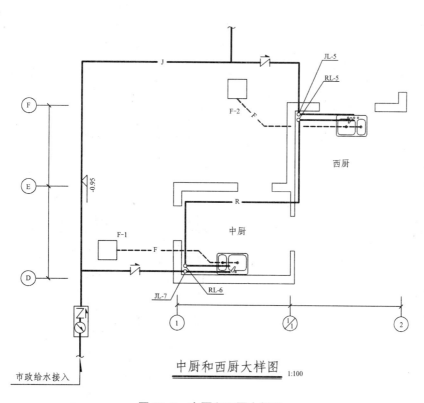

中厨和西厨大样图
1:100

图 11-9 中厨和西厨大样图

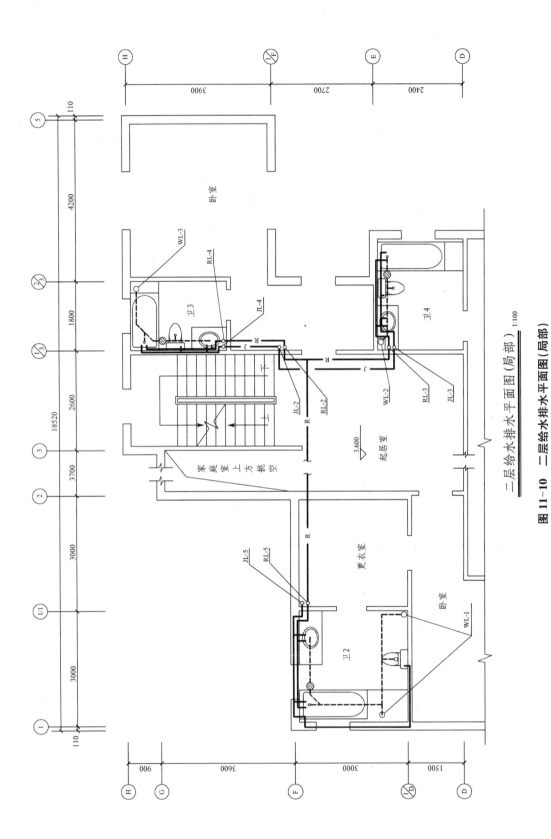

二层给水排水平面图（局部）1:100

图 11-10　二层给水排水平面图（局部）

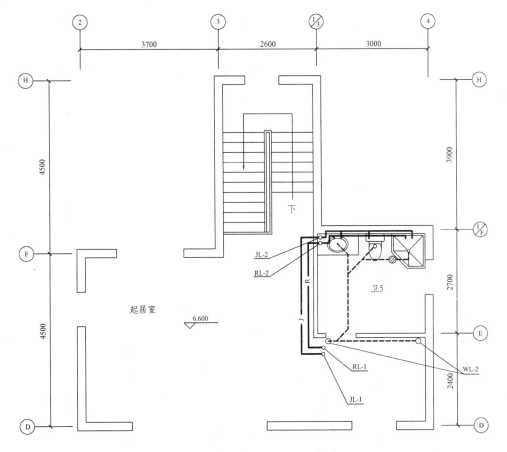

三层给水排水平面图（局部）_{1:100}

图 11-11　三层给水排水平面图(局部)

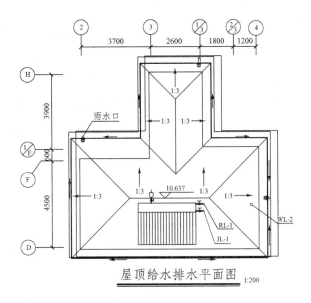

屋顶给水排水平面图_{1:200}

图 11-12　屋顶给水排水平面图

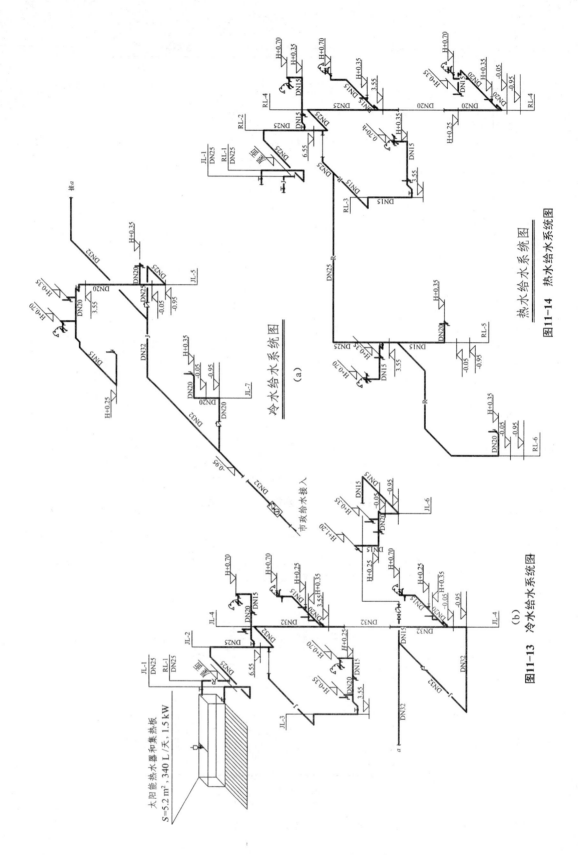

冷水给水系统图

(a)

热水给水系统图

图11-14 热水给水系统图

图11-13 冷水给水系统图

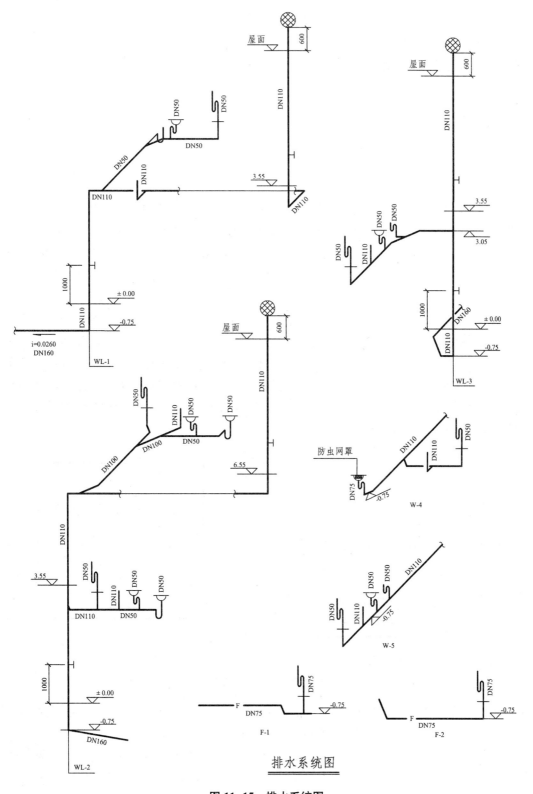

屋面

600

DN110

3.55

DN110

DN50

DN50

DN50

DN50

DN110

DN110

1000

± 0.00

DN110

-0.75

i=0.0260
DN160

WL-1

屋面

600

DN110

屋面

600

DN110

3.55

3.05

DN50

DN50

DN50

DN110

1000

DN160

± 0.00

DN110

-0.75

WL-3

防虫网罩

DN110

DN110

DN50

DN75

-0.75

W-4

DN50

DN50

DN50

DN110

DN100

DN100

6.55

DN110

3.55

DN50

DN50

DN50

DN110

DN110

DN50

1000

± 0.00

-0.75

DN160

WL-2

DN50

DN50

DN50

DN110

DN110

-0.75

W-5

DN75

F

DN75

-0.75

F-1

DN75

F

DN75

-0.75

F-2

排水系统图

图 11-15　排水系统图

12 标高投影

12.1 概述

前面各章均是用多面正投影图来表达空间形体的,它一般适用于表达规则的形体,而对于工程中的一些复杂曲面体,这种多面正投影的方法就不合适。例如,起伏不平的地面就很难用多面正投影图表达清楚,而工程建筑物一般都是在地面上修建的,在设计和施工过程中,常常需要绘制表示地面起伏状况的地形图,以便在图纸上解决有关的工程问题。

工程上常采用标高投影图来表示地形面(如图 12-1),即用一组平行、等距的水平面与地面截交,截得一系列的水平曲线,并在这些水平曲线上标注上相应的高程,便能清楚地表达地面起伏变化的形状,这种在水平投影上加注高程的方法称为标高投影法。这些加注了高程的水平曲线称为等高线,其上每一点距某一水平基准面 H 的高度相等。这种单面的水平正投影图便称为标高投影图。在标高投影图中,必须标明比例或画出比例尺,基准面一般为水平面。

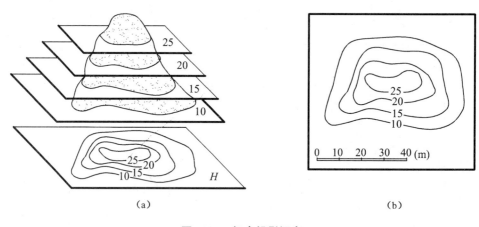

(a)   (b)

图 12-1 标高投影概念

【**例 12-1**】 如图 12-2(a)所示,已知水平投影面 H 为基准面,点 A 在 H 面上方 4 m,点 B 在 H 面下方 3 m,作出空间点 A 和 B 的标高投影图。

【**解**】 由标高投影法的定义,作出空间 A 和 B 两点的水平投影 a 和 b,分别在 a 和 b 的右下角标注距 H 面的高度,并注明绘图比例,即得到两点的标高投影图,如图 12-2(b)所示。

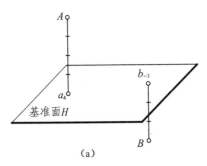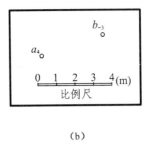

图 12-2 点的标高投影

除了地形这样复杂的曲面外,在土木工程中一些平面相交或平面与曲面、曲面与曲面相交的问题也常用标高投影法表示,如填、挖方的坡脚线和开挖线等。

12.2 直线的标高投影

12.2.1 直线的表示法

直线可由直线上两点或直线上一点及该直线的方向来确定。因此,直线的标高投影有以下两种表示方法:

(1) 直线的水平投影并加注其上两点的标高,如图 12-3(b)所示。

(2) 直线上一点的标高投影,并加注该直线的坡度和方向,如图 12-3(c)所示。并规定表示直线方向的箭头指向下坡。

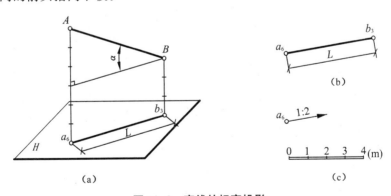

图 12-3 直线的标高投影

12.2.2 直线的坡度和平距

直线上任意两点的高差与其水平距离之比,称为该直线的坡度,用 i 表示。

$$坡度(i) = \frac{高差(H)}{水平距离(L)} = \tan \alpha$$

直线上任意两点的高差为一个单位时的水平距离,称为该直线的平距,用 l 表示。

$$平距(l) = \frac{水平距离(L)}{高差(H)} = \cot \alpha = \frac{1}{i}$$

由上面两式可知,坡度和平距互为倒数,即 $i = 1/l$。坡度越大,平距越小;反之,坡度越小,平距越大。

【例 12-2】 求图 12-4 所示直线 AB 的坡度与平距,并求出直线上点 C 的高程。

【解】 由图可知

$$H_{AB} = 20.5 \text{ m} - 10.5 \text{ m} = 10 \text{ m}$$

根据给定的比例尺量得

$$L_{AB} = 30.0 \text{ m}$$

求坡度和平距:

$$i = \frac{H_{AB}}{L_{AB}} = \frac{10.0}{30.0} = \frac{1}{3}; \quad l = \frac{1}{i} = 3$$

量取 $L_{AC} = 12.0 \text{ m}$,则

$$\frac{H_{AC}}{L_{AC}} = i = \frac{1}{3}; H_{AC} = L_{AC} \times i = 12.0 \text{ m} \times \frac{1}{3} = 4.0 \text{ m}$$

所以 C 点的高程为

$$H_C = 10.5 \text{ m} + 4 \text{ m} = 14.5 \text{ m}$$

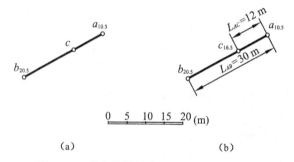

图 12-4　求直线的坡度、平距及 C 点的高程

12.2.3　直线的实长和整数标高点

标高投影中,直线的实长可用直角三角形法求得。如图 12-5 所示,直角三角形中的一直角边为直线的标高投影;另一直角边为直线两端点的高差;斜边为直线的实长;斜边和标高投影的夹角为直线对水平面的倾角 α。

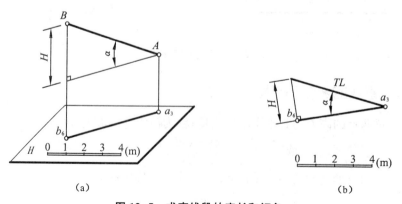

图 12-5　求直线段的实长和倾角

在实际工程中,通常直线两端点的高程不是整数,则需要求出直线上各整数标高点。

【例 12-3】 如图 12-6(a)所示,已知直线 AB 的标高投影为 $a_{2.3}b_{6.9}$,求直线上各整数标高点。

【解】 作一组平行于 $a_{2.3}b_{6.9}$ 的等高线,其间距按比例尺确定(为使图面清晰,等高线和 $a_{2.3}b_{6.9}$ 之间的距离可大一些);分别过 $a_{2.3}$ 和 $b_{6.9}$ 点作等高线的垂线并量取 A、B 两点的高程,则直线 AB 即反映了其实长和倾角实形;直线 AB 与各等高线交于 C、D、E、F 各点,自这些点向 $a_{2.3}b_{6.9}$ 作垂线,即得 c_3、d_4、e_5、f_6 各整数高程点。如图 12-6(b)所示。

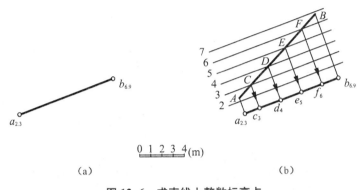

图 12-6 求直线上整数标高点

12.3 平面的标高投影

12.3.1 平面上的等高线和坡度线

平面上的等高线就是平面上的水平线,即该平面与水平面的交线。如图 12-7(a)所示,平面上各等高线彼此平行,当各等高线的高差相等时,它们的水平距离也相等。

平面上的坡度线就是平面上对水平面的最大斜度线,它的坡度代表了该平面的坡度。如图 12-7(b)所示,平面上的坡度线与等高线互相垂直,它们的标高投影也互相垂直。坡度线上应画出指向下坡的箭头。

工程中有时在坡度线的投影上加注整数高程,并画成一粗一细的双线,称为平面的坡度比例尺,如图 12-7(c)所示。P 平面的坡度比例尺用 P_i 表示。

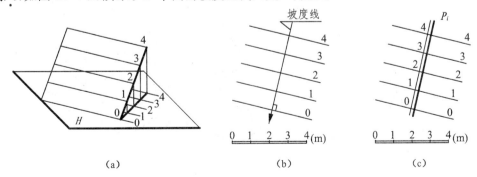

图 12-7 平面上的等高线、坡度线及平面的坡度比例尺

12.3.2 平面的表示法

在正投影中所述的用几何元素表示平面的方法,在标高投影中仍然适用,但常采用如下几种表示方法:

1) 平面上一条等高线和平面的坡度表示平面

如图 12-8 所示,给出平面上一条高程为 10 的等高线和垂直于该等高线的坡度线,并标出其坡度 $i = 1:2$,即表示一个平面。

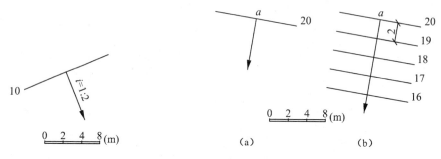

图 12-8 用等高线和坡度线表示平面　　　图 12-9 作平面上的等高线

【例 12-4】 已知平面上一条等高线高程为 20,平面的坡度为 $i = 1:2$,求作平面上整数高程的等高线,如图 12-9(a)所示。

【解】 作已知等高线 20 的垂线,得坡度线;根据图中所给比例尺,从坡度线与等高线 20 的交点 a 开始,连续量取平距 l:

$$l = \frac{1}{i} = 1 : \frac{1}{2} = 2 \text{ m}$$

过各分点作已知等高线的平行线,即得到高程为 19、18、17 等一系列等高线。

2) 用平面上一条倾斜直线和平面的坡度表示平面

如图 12-10(a)所示,给出平面 ABC 上一条倾斜直线 AB 的标高投影 $a_2 b_5$,并标出平面 ABC 的坡度 $i = 1:2$ 和方向,即表示平面 ABC。因平面上坡度线不垂直于该平面的倾斜直线,所以,在标高投影图中采用带箭头的虚线或弯折线表示坡度的大致方向,箭头指向下坡。图 12-10(b)为斜坡面在实际工程中的应用示例。

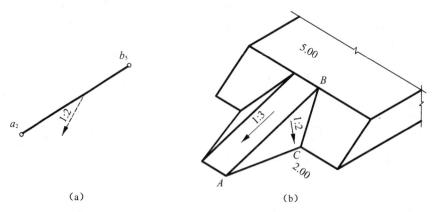

图 12-10 用倾斜直线和平面的坡度表示平面

【例 12-5】 已知平面上一条倾斜直线的标高投影 a_2b_6,平面的坡度为 $i=2:1$,求作该平面上的等高线和坡度线,如图 12-11(a) 所示。

【解】 该平面高程为 2 的等高线必通过 a_2 点,它到 b_6 点的水平距离为

$$L = H/i = 4/2 = 2 \text{ m}$$

以 b_6 为圆心,在平面的倾斜方向作半径为 2 m 的圆弧,并自 a_2 点作该圆弧的切线,该切线即为高程为 2 的等高线;连接 b_6 与切点得平面上的坡度线;将 a_2b_6 四等分,得到直线上高程为 3 m、4 m、5 m 的点,过各分点作直线与等高线 2 平行,即得到一系列的等高线,如图 12-11(b) 所示。图 12-11(c) 为其立体示意图。

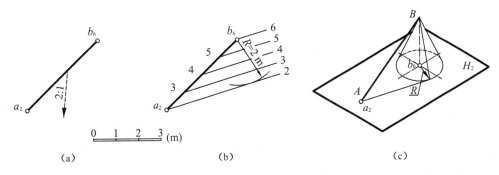

图 12-11 作平面上的等高线和坡度线

3) 用坡度比例尺表示平面

如图 12-12(a) 所示,坡度比例尺的位置和方向给出,即确定了平面。过坡度比例尺上的各整数高程点作它的垂线,就得到平面上相应高程的等高线,如图 12-12(b) 所示。但必须注意:在用坡度尺表示平面时,标高投影的比例尺或比例一定要给出。

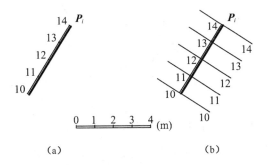

图 12-12 用坡度比例尺表示平面

12.3.3 平面与平面的交线

在标高投影中,平面与平面的交线可用两平面上两对相同高程的等高线相交后所得交点的连线表示,如图 12-13(a) 所示,水平辅助面 H_{15} 和 H_{20} 与 P、Q 两平面的截交线是相同高程的等高线 15 m 和 20 m,它们分别相交于交线上的两点 A 和 B,其作图如图 12-13(b) 所示。

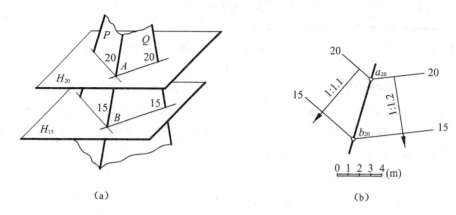

图 12-13 两平面交线的标高投影

在工程中,通常把建筑物相邻两坡面的交线称为坡面交线;坡面与地面的交线称为坡脚线(填方)或开挖线(挖方);在坡面上自高往低作长、短相间且垂直于等高线的细实线,称为示坡线。

【例 12-6】 已知两土堤相交,顶面标高分别为 6 m 和 5 m,地面标高为 3 m,各坡面坡度如图 12-14(a)所示,试作两堤的标高投影图。

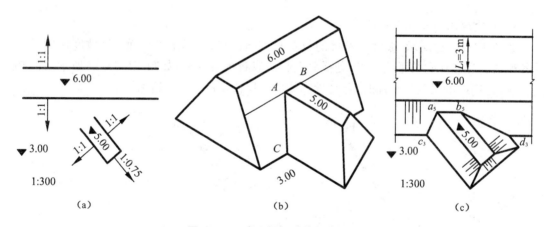

图 12-14 求两堤相交的标高投影

【解】 作相交两堤的标高投影图,需求四种线:各坡面与地面的交线,即坡脚线;支堤顶面与主堤坡面的交线;两堤坡面的交线;示坡线。具体步骤如下:

(1) 求各坡面与地面的交线。以主堤为例,先求堤顶边缘到坡脚线的水平距离 $L = H/i = (6-3) \text{m}/1 = 3 \text{ m}$,则按1:300 的比例在两侧作顶面边缘的平行线,即得两侧坡面的坡脚线。同样方法作出支堤的坡脚线。

(2) 求支堤顶面与主堤坡面的交线。支堤顶面与主堤坡面的交线就是主堤坡面上高程为 5 m 的等高线中的 a_5b_5 一段。

(3) 求两堤坡面的交线。它们的坡脚线交于 c_3、d_3,连接 c_3、a_5 和 d_3、b_5,即得坡面交线 c_3a_5 和 d_3b_5。

（4）作示坡线，如图 12-14(c)所示。

【**例 12-7**】 如图 12-15(a)所示，一斜坡引道与水平场地相交，已知地面标高为 0 m，水平场地顶面标高为 3 m，试画出它们的坡脚线和坡面交线。

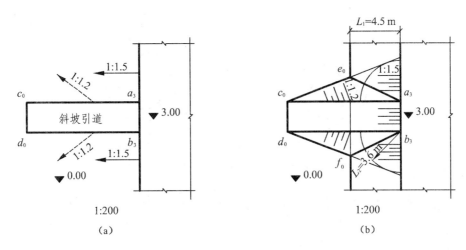

图 12-15 求斜坡与水平场地的标高投影

【**解**】 作图步骤如下：

（1）求坡面与地面的交线。水平场地边缘与坡脚线水平距离 $L_1 = 1.5 \times 3\,\mathrm{m} = 4.5\,\mathrm{m}$。斜坡道两侧坡面的坡脚线求法：分别以 a_3 和 b_3 为圆心，以半径 $L_2 = 1.2 \times 3\,\mathrm{m} = 3.6\,\mathrm{m}$ 画圆弧，自 c_0 和 d_0 分别作两圆弧的切线，即为斜坡两侧的坡脚线。

（2）求坡面的交线。水平场地与斜坡的坡脚线分别交于 e_0 和 f_0，连接 a_3、e_0 和 b_3、f_0，即得坡面交线 $a_3 e_0$ 和 $b_3 f_0$。

12.4 曲面的标高投影

在标高投影中，用一系列高差相等的水平面与曲面相截，画出这些截交线（即等高线）的投影，就可表示曲面的标高投影。这里主要介绍工程中常用的圆锥面、同坡曲面和地形面的标高投影。

12.4.1 正圆锥面

正圆锥面的等高线是同心圆，当高差相等时，等高线的水平距离相等。当圆锥面正立时，等高线的高程值越大则距离圆心越近；当圆锥面倒立时，等高线的高程值越小，则距离圆心越近。如图 12-16 所示。

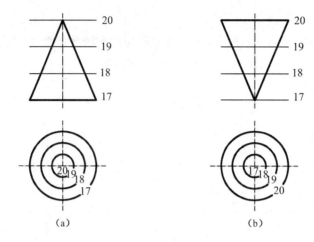

图 12-16　正圆锥面的标高投影

在工程中,常在两坡面的转角处采用坡度相同的锥面过渡,如图 12-17 所示。

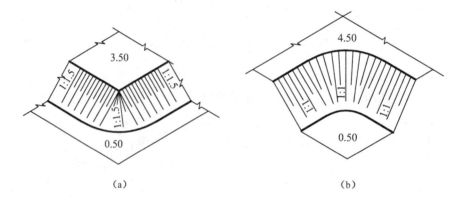

图 12-17　锥面在工程中的应用示意图

【例 12-8】　在土坝与河岸的连接处,用圆锥面护坡,河底标高为 126.0 m,土坝、河岸、圆锥台顶面标高和各坡面坡度如图 12-18(a)所示,试画出它们的标高投影图。

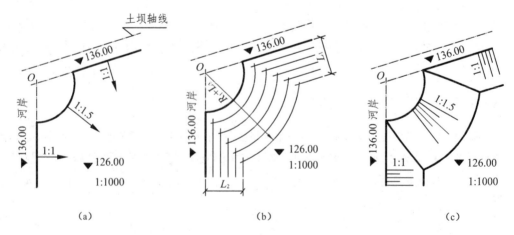

图 12-18　求土坝、河岸、圆锥面护坡的标高投影图

【解】 圆锥面的坡脚线为圆弧,两条坡面交线分别为曲线。作图步骤如下:

(1) 求坡脚线。土坝、河岸、锥面护坡各坡面的水平距离分别为 L_1、L_2、L_3。

$L_1 = (136-126)\text{m} \times 1 = 10\text{ m}$；$L_2 = (136-126)\text{m} \times 1 = 10\text{ m}$；$L_3 = (136-126)\text{m} \times 1.5 = 15\text{ m}$。根据各坡面的水平距离,即可作出坡脚线。圆锥面的坡脚线是圆锥台顶圆的同心圆,所以,半径 R 为圆锥台顶圆 R_1 与水平距离 L_3 之和,即 $R = R_1 + L_3$,如图 12-18(b) 所示。

(2) 求坡面的交线。各坡面相同高程等高线的交点为坡面交线上的点,依次光滑连接各点得交线(曲线),如图 12-18(c) 所示。

12.4.2 同坡曲面

如图 12-19(a) 所示,正圆锥锥轴垂直于水平面,锥顶沿着空间曲线 L 运动得到的包络曲面就是同坡曲面。在工程中,道路弯道处常用到同坡曲面。如图 12-19(b) 所示,一段倾斜的弯道(高速公路出入口),其两侧边坡是同坡曲面,同坡曲面上任何地方的坡度都相同。

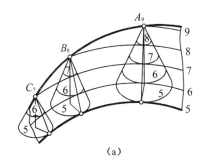
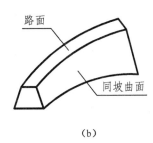

(a)　　　　　　　　　　　　　(b)

图 12-19 同坡曲面

根据同坡曲面的含义,其具有以下特点:

(1) 同坡曲面与运动的正圆锥处处相切。

(2) 同坡曲面与运动的正圆锥坡度相同。

(3) 同坡曲面的等高线与运动正圆锥同高程的等高线相切。

【例 12-9】 如图 12-20(a) 所示,已知平台高程为 29 m,地面标高为 25 m,将修筑一弯曲倾斜道路与平台连接,斜路位置和路面坡度已知,试画出坡脚线和坡面交线。

【解】 作图步骤如下:

(1) 求边坡平距 l:$l = 1$:$H = 1$。

(2) 定出弯道两侧边线上的整数高程点 26、27、28、29。

(3) 以高程点 26、27、28、29 为圆心,半径为 $1l$、$2l$、$3l$、$4l$ 画同心圆弧,即为各正圆锥的等高线。

(4) 作正圆锥面上相同标高等高线的公切曲线,即得边坡的等高线。

(5) 求同坡曲面与平台边坡的交线。如图 12-20(b) 所示。

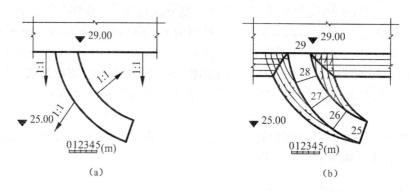

(a)　　　　　　　　　　(b)

图 12-20　求平台与弯曲斜道的标高投影图

12.4.3　地形面的标高投影

地形面是不规则曲面,用一组高差相等的水平面截切地面,得到一组截交线(等高线),并注明高程,即为地形面的标高投影。如图 12-21 所示。

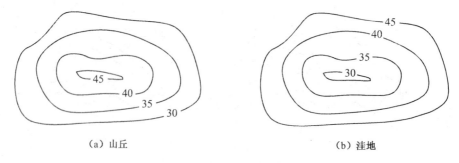

（a）山丘　　　　　　　　（b）洼地

图 12-21　地形面的标高投影

地形面的等高线一般为不规则的曲线,有以下特点:

(1)等高线一般为封闭曲线。

(2)同一地形图内,等高线越密,则地势越陡;反之,则越平坦。

(3)除悬崖绝壁处,等高线均不相交。

用这种方法表示地形面,能够清楚地反映地形的起伏变化和坡度等。如图 12-22 所示,右方环状等高线表示中间高,四周低,为一山头,山头的东面等高线密集,且平距小,说明地势陡峭;反之,西面地势平坦,坡向是北高南低。相邻两山头之间,形状像马鞍的区域称为鞍部。

在地形图中,等高线高程数字的字头按规定应朝上坡方向。相邻等高线之间的高差称为等高距。

在一张完整的地形等高线图中,一般每隔 4 条等高线有一条画成粗线,称其为计曲线。

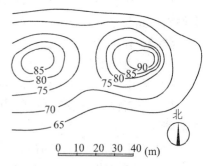

图 12-22　地形等高线图

12.4.4 地形断面图

用铅垂面剖切地形面,剖切平面与地形面的截交线就是地形断面,若画出相应的材料图例,则称为地形断面图。如图 12-23 所示。作图方法如下:

(1) 过 A-A 作铅垂面,它与地面上各等高线的交点为 $1,2,3,\cdots$,如图 12-23(a)所示。

(2) 以 A-A 剖切线的水平距离为横坐标,以高程为纵坐标,按照等高距和比例尺画出一组平行线。

(3) 将图 12-23(a)中的 $1,2,3,\cdots$,各点按其相应的高程绘制到图 12-23(b)的坐标系中。

(4) 光滑连接各交点,并根据地质情况画出相应的材料图例,即得到地形断面图。

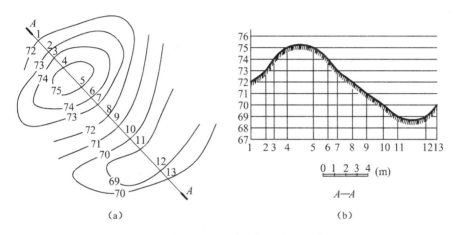

图 12-23 地形断面图

12.5 应用实例

在实际应用中,常利用标高投影求解土石方工程中的坡面交线、坡脚线和开挖线等,采用的基本方法仍然是水平辅助平面求共有点。下面举例说明标高投影的应用。

【例 12-10】 欲修建一水平平台,平台高程为 25,填方坡度为 $i_1 = 1 : 1.2$,挖方坡度为 $i_2 = 1 : 1$,地形面的标高投影已知,求填挖方边界线和各坡面交线,如图 12-24(a)所示。

【解】 作图步骤如下:

(1) 确定填方和挖方的分界点。以地形面上高程 25 的等高线为界,左边为填方,右边为挖方,等高线 25 与平台边线的交点 a_{25}、b_{25} 为分界点。

(2) 确定填方的边界线——坡脚线。填方坡度为 $i_1 = 1 : 1.2$,则平距 $l_1 = 1/i_1 = 1.2$ m,可作出 a_{25}、b_{25} 两点左边平台的等高线 $24,23,22,\cdots$,各等高线与地形面相同高程等高线相交,如图 12-24(b)所示,依次光滑连接各交点得填方的坡脚线。

(3) 确定挖方的边界线——开挖线。挖方坡度为 $i_2 = 1 : 1$,则平距 $l_2 = 1/i_2 = 1$ m,可作出 a_{25}、b_{25} 两点右边平台的等高线 $26,27,28,\cdots$,各等高线与地形面相同高程等高线相交,如图 12-24(b)所示，依次光滑连接各交点得挖方边界线。

（4）确定各坡面交线。由于平台左侧的转角为直角，且填方坡度相同，所以转角两坡面的交线为 45°线，相邻坡脚线分别交坡面交线于 c 和 d 点。

（5）作示坡线，完成全图，如图 12-24(b)所示。

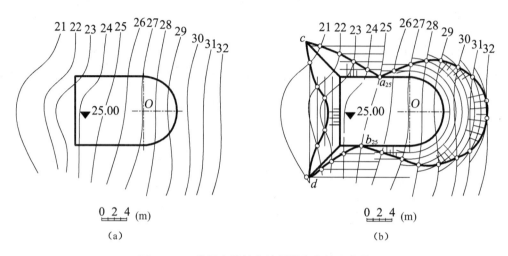

图 12-24　求平台填挖方边界线和各坡面交线

13 透视投影

13.1 概述

13.1.1 基本知识

前述各章的各种图样虽然投影方法不同,但都是按平行投影原理绘制的。平行投影当然有很多优点,但也有一个致命的缺点:直观感差。

现在一般在建筑设计的初步阶段都需要画一种从造型到色彩都非常逼真的效果图,用以研究建筑物的体形和外貌,进行各种方案的比较,最终选取最佳设计方案。图 13-1 就是一幅建筑设计效果图,它是设计师用电脑设计完成的,和照片一样,给人以身临其境的感觉,告诉人们该建筑建成以后的实际效果就是这样。

若用手工绘制这样的效果图,则是按照透视投影的方法绘制,所以也称为透视图。透视投影属于中心投影,其形成方法如图 13-2 所示。假设在人与建筑物之间设立一个透明的铅垂面 V 作为投影面,在透视投影中,该投影面称为画面;投影中心就是人的眼睛 S,在透视投影中称为视点;投射线就是通过视点与建筑物上各个特征点的连线,如 SA、SB、SC 等,称为视线。很显然,求作透视图就是求作各视线 SA、SB、SC⋯与画面的交点 A^0、B^0、C^0⋯,也就是建筑物上各特征点的透视,然后依次连接这些透视点,就得到该建筑物的透视图。所谓透视图,就是当人的眼睛透过画面观察建筑物时,在该画面上留下的影像(就是将观察到的建筑物描绘在画面上),就好像照相机快门打开以后的胶片感光一样。

图 13-1 建筑效果图——透视图

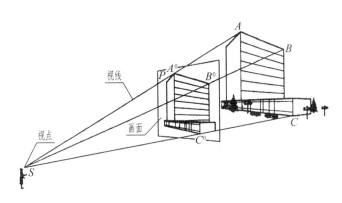

图 13-2 透视图的形成

与按其他投影法所形成的投影图相比,透视图有一个很明显的特点,就是形体距离观察者越近,得到的透视投影越大;反之,距离越远则透视投影越小,即所谓近大远小。从图13-1可以看出,两个单体建筑本身都是对称的,但在透视图中却显得左侧高而右侧低,其原理如图13-2所示,是因为观察者站在建筑物的左前方所致。

13.1.2　常用术语

在学习透视投影时,首先要了解和懂得一些常用术语的含义,然后才能循序渐进的学习和掌握透视投影的各种画法与技巧。现结合图13-3介绍如下。

画面——绘制透视图的投影平面,一般以正立面 V 作为画面。

基面——建筑物所在的地面,一般以水平面 H 作为基面。

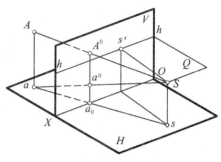

图13-3　常用术语

基线——画面与基面的交线 OX。

视点——观察者眼睛所在的位置,用 S 表示。

站点——观察者所站定的位置,即视点 S 在 H 面上的投影,用小写字母 s 表示。

心点——视点 S 在画面 V 上的正投影 s'。

主视线——垂直于画面 V 的视线 Ss'。

视平面——过视点 S 的水平面 Q。

视平线——视平面 Q 与画面 V 的交线 $h-h$。

视高——视点 S 到 H 的距离,即人眼的高度 Ss。

视距——视点 S 到画面 V 的距离 Ss'。

在图13-3中,空间点 A 与视点 S 的连线称为视线,视线 SA 与画面 V 的交点 A^0 就是 A 点在画面 V 上的透视。A 点在基面 H 上的正投影 a,称为 A 点的基投影(基点),基投影的透视称为基透视,即 A 点的基透视为 a^0。

13.2　点、直线、平面的透视

13.2.1　点的透视

点的透视就是通过该点的视线与画面的交点。如图13-4(a)所示,空间点 A 在画面 V 上的透视,就是自视点 S 向点 A 引的视线 SA 与画面 V 的交点 A^0。

求作点的透视,可用正投影的方法绘制。将相互垂直的画面 V 和基面 H 看成二面体系中的两个投影面,分别将视点 S 和空间点 A 正投射到画面 V 和基面 H 上,然后再将两个平面拆开摊平在同一张图纸上,依习惯 V 在上,H 在下,使两个平面对齐放置并去掉边框。具体作图步骤如图13-4(b)所示:

(1) 在 H 面上连接 sa,sa 即为视线 SA 在 H 上的基投影。

（2）在 V 面上分别连接 $s'a'$ 和 $s'a'_x$，它们分别是视线 SA 和 Sa 在 V 面上的正投影。

（3）过 sa 与 ox 轴的交点 a_0 向上引铅垂线，分别交 $s'a'_x$ 和 $s'a'$ 于 a^0 和 A^0，即为空间点 A 在画面 V 上的基透视和透视。

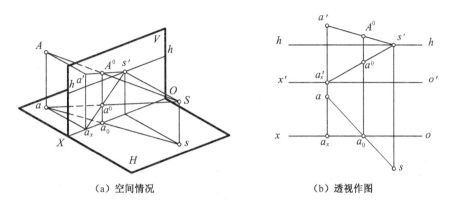

（a）空间情况	（b）透视作图

图 13-4　点的透视作图

不难看出，这实际上就是利用视线的两面正投影求作其与画面的交点（透视），所以，此方法被称为视线交点法，也称为建筑师法，这是绘制透视图的最基本的方法。

13.2.2　直线的透视

直线的透视，一般情况下仍然是直线。当直线通过视点时，其透视为一点；当直线在画面上时，其透视即为自身。

如图 13-5 所示，AB 为一般位置直线，其透视位置由两个端点 A、B 的透视 A^0 和 B^0 确定。A^0B^0 也可以看成是过直线 AB 的视平面 SAB 与画面 V 的交线。AB 上的每一个点（如 C 点）的透视（C^0）都在 A^0B^0 上。

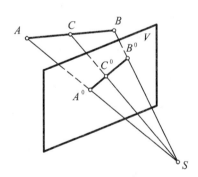

图 13-5　直线的透视

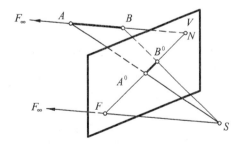

图 13-6　直线的迹点和灭点

直线相对于画面有两种不同的位置：一种是与画面相交的，称为画面相交线；一种是与画面平行的，称为画面平行线。它们的透视特性也不一样。

1）画面相交线的透视特性

如图 13-6 所示，直线 AB 交画面于 N 点，点 N 称为直线 AB 的画面迹点，其透视就是它自己。自视线 S 作 SF_∞ 平行于直线 AB，交画面 V 于 F 点，点 F 称为直线 AB 的灭点，它

是直线 AB 上无穷远点 F_∞ 的透视。连线 NF 称为直线 AB 的全透视或透视方向。

如果画面相交线是水平线,其灭点一定在视平线上,如图 13-7 所示。当直线垂直于画面时,其灭点就是心点。

如果画面相交线相互平行,其透视必交于一点,即有一个共同的灭点 F,如图 13-8 所示,AB 和 CD 相互平行,其迹点分别为 N 和 M,其全透视分别为 NF 和 MF,F 为灭点。

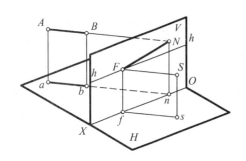

图 13-7　水平线的透视

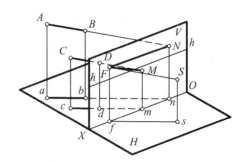

图 13-8　平行两直线的透视

2) 画面平行线的透视特性

画面平行线的透视和直线本身平行,相互平行的画面平行线,它们的透视仍然平行。

如图 13-9 所示,直线 AB 与画面 V 平行,其透视 A^0B^0 平行于直线 AB 本身。由直线的画面迹点和灭点的定义可知,直线 AB 在画面 V 上既没有迹点,也没有灭点。

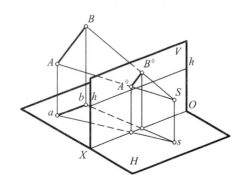

图 13-9　画面平行线的透视

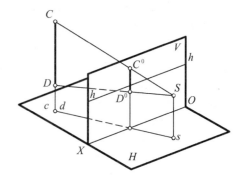

图 13-10　铅垂线的透视

如图 13-10 所示,直线 CD 为平行于画面 V,同时又垂直于基面 H 的铅垂线,其透视 C^0D^0 仍为铅垂线。

【例 13-1】　求图 13-11(a)所示直线 AB 的透视和基透视。

【解】　这是一个与画面相交的一般位置直线,其透视既有迹点,也有灭点,作图步骤如图 13-11(b)所示。

(1) 确定直线的迹点 N 和灭点 F,以确定直线的透视方向。

(2) 在基面 H 上用视线交点法确定 A、B 的透视位置 a_0、b_0,一般称为透视长度。

(3) 过 a_0、b_0 向上作铅垂线交 $s'a_x'$ 和 $s'a'$ 于 a^0、A^0,交 $s'b_x'$ 和 $s'b'$ 于 b^0、B^0。

(4) 连接 A^0B^0 和 a^0b^0,即为直线 AB 的透视和基透视。

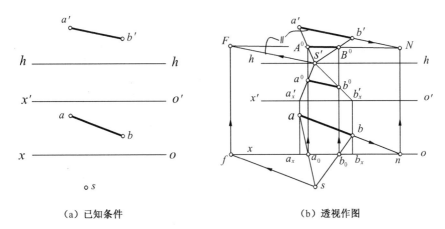

（a）已知条件　　　　　　（b）透视作图

图 13-11　直线的透视作图

13.2.3　平面的透视

平面图形的透视，在一般情况下仍然是平面图形，只有当平面通过视点时，其透视是一条直线。绘制平面图形的透视图，实际上就是求作组成平面图形的各条边的透视。

图 13-12 为基面上的一个平面图形的作图示例，为了节省图幅，这里将 H 面和 V 面重叠在了一起（主要是站点 S 离画面较远），并使 H 面稍偏上方。其作图步骤如下。

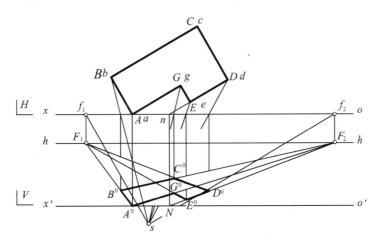

图 13-12　平面图形的透视作图

首先在基面 H 上作图：

（1）过站点 s 作直线 AB、BC 的平行线，分别交基线 ox 于 f_1 和 f_2。

（2）过站点 s 向平面图形的各个端点 A、B、C、D、E、G 作视线，与基线 ox 得到一系列的交点。

（3）延长直线 DE 交基线 ox 于 n。

（4）过基线 ox 上一系列的交点向下作铅垂线。

其次在画面 V 上作图：

（1）在视平线 h—h 上确定灭点 F_1 和 F_2。

（2）在基线 $o'x'$ 上确定迹点 $A(A^0)$、N。

（3）分别过 $A(A^0)$、N 向 F_1 和 F_2 作连线，与相应的铅垂线交于 B^0、E^0、D^0。

（4）根据平行线的透视共灭点的特性，作出 C^0 和 G^0。

【例 13-2】 图 13-13(a) 为一已知矩形的透视，试将其分为四等份。

【解】 利用矩形的对角线的交点是矩形的中点的知识解决，其结果如图 13-13(b) 所示。

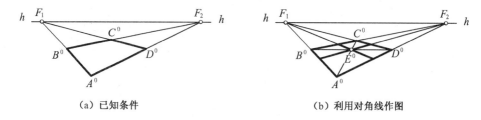

（a）已知条件   （b）利用对角线作图

图 13-13 将透视矩形四等分

（1）连接矩形 $A^0 B^0 C^0 D^0$ 的对角线，交于 E^0。

（2）过 E^0 分别向 F_1 和 F_2 作连线，并反向延长与矩形的边相交。

图 13-14 所示是将一个矩形沿长度方向三等分的作法：在铅垂边线 $A^0 B^0$ 上，以适当的长度自 A^0 量取 3 个等分点 1、2、3，连线 $1F$、$2F$ 与矩形 $A^0 34 D^0$ 的对角线交于点 5、6，过点 5、6 作铅垂线，即将矩形沿纵向分割为全等的 3 个矩形。

图 13-15 所示是将一个矩形沿长度方向按比例分割的作法：直接将铅垂边线 $A^0 B^0$ 划分为 2：1：3 三个比例线段，然后过各分割点向 F 作连线，再过这些连线与对角线 $B^0 D^0$ 的交点作铅垂线，就把矩形沿纵向分割为 2：1：3 三块。

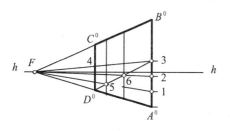

图 13-14 将透视矩形三等分

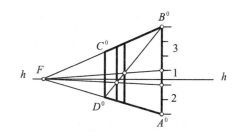

图 13-15 将透视矩形按比例分割

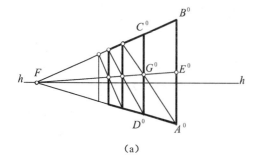

（a）

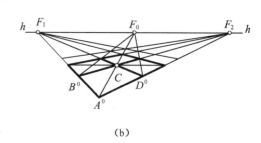

（b）

图 13-16 作连续等大的矩形

图 13-16 所示是作连续等大的矩形。其中图 13-16(a) 是利用中线 $E^0 G^0$ 和对角线过

中点的原理作出的;而图 13-16(b) 则是利用连线排列的矩形的对角线相互平行,其透视共一个灭点(F_0)的原理作出的。

图 13-17 所示为对称图形的作图方法,主要也是利用对角线来解决的。

其中,图 13-17(a) 为已知透视矩形 $A^0B^0C^0D^0$ 和 $C^0D^0E^0G^0$,求作与 $ABCD$ 相对称的矩形。作法:首先作出矩形 $C^0D^0E^0G^0$ 的对角线的交点 K^0,连线 A^0K^0 与 B^0F 交于 P^0,再过 P^0 作铅垂线 P^0L^0,则矩形 $E^0G^0L^0P^0$ 就是与 $A^0B^0C^0D^0$ 相对称的矩形。

图 13-17(b) 是作宽窄相间的连线矩形,读者可自己分析其步骤和原理。

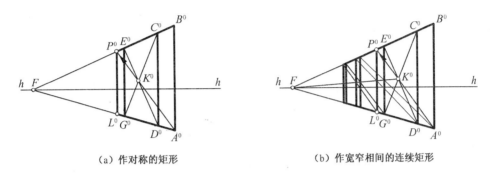

(a) 作对称的矩形   (b) 作宽窄相间的连续矩形

图 13-17　对称图形的透视作图

13.3　平面立体的透视

根据立体和画面的相对位置的不同,透视图可分为一点透视、两点透视和三点透视 3 种,这里主要介绍常用的前两种透视图的画法。

13.3.1　一点透视

所谓一点透视,就是当画面和立体的主要立面平行时,立体有两个主方向(一般是长度和高度方向)因平行于画面而没有灭点,只有一个主方向(一般是宽度方向)有灭点——即为心点。所以一点透视也称为平行透视。

一点透视图一般比较适合近距离的表达室内效果。

【**例 13-3**】　如图 13-18 所示,已知某房间的平面图和剖面图,作其室内一点透视图。

【**解**】　这里假设画面、站点、视角和视高等影响着透视图表达效果的这几个参数是已知的,只介绍作图过程,其步骤如下:

(1) 确定灭点——心点。

(2) 视线交点发作各主要对象的透视位置。

(3) 确定真高线。对于不在画面上的门、窗、写字台和装饰画等,为了确定其透视高度,可以从右侧墙面把它们的高度延伸至画面上以便反映真高,这样的线称为真高线。

(4) 其他细部可按前述平面图形的作法,最后完成全图。

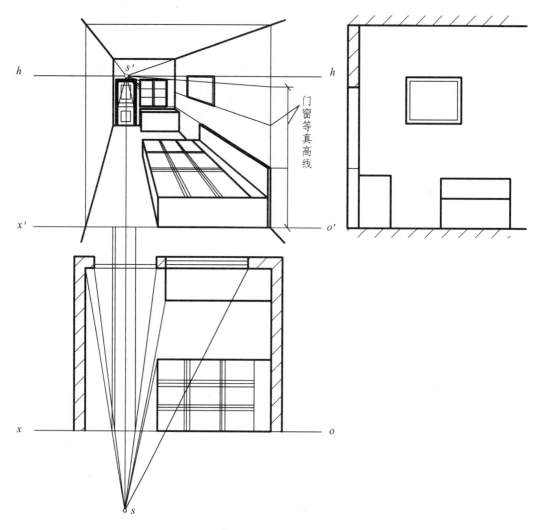

门窗等真高线

图 13-18 建筑物的一点透视画法

13.3.2 两点透视

所谓两点透视,就是当画面和立体的主要立面倾斜时,立体有两个主方向(一般是长度和宽度方向)因与画面相交成角度而有两个灭点,只有高度方向与画面平行而没有灭点,所以两点透视也称为成角透视。

两点透视图一般比较适合表达视野比较开阔的室外效果。

【**例 13-4**】 如图 13-19 所示,已知房屋模型的平面图和侧立面图,试作其两点透视图。

【**解**】 这里的画面、站点、视角和视高等也假设是已知的,只介绍其作图步骤如下:

(1) 确定长(X)、宽(Y)两个主方向的透视灭点 F_x 和 F_y。过站点 s 分别作长、宽方向墙线的平行线,交基线 ox 于 f_x 和 f_y,再过 f_x 和 f_y 作铅垂线交视平线 h—h 于 F_x 和 F_y。

(2) 视线交点法作各轮廓线的透视位置和方向,其中墙线 Aa 在画面上,其透视 A^0a^0 就是其本身。

（3）作屋脊线的真高线。在平面图上延长屋脊线交基线 ox 于 n,n 即为屋脊线迹点的 H 面投影，在画面上反映真高为 N,Nn^0 即为屋脊线的真高线。

（4）作斜坡屋面的投影。屋面斜线和山墙在一铅垂面上，所以它的灭点 F_L 和 F_Y 在一铅垂线上，根据平行线的透视共灭点的原理，作出另一条斜线的透视。

（5）加深透视轮廓线，完成全图。

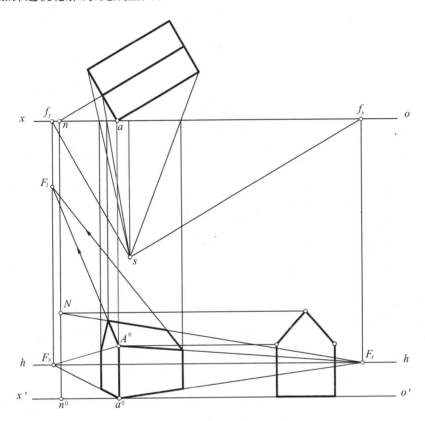

图 13-19　建筑物的两点透视画法

13.4　圆和曲面体的透视

根据圆平面和画面的相对位置的不同，其透视一般有圆和椭圆两种情况。当圆平面和画面相交时，其透视为椭圆。

13.4.1　画面平行圆的透视

圆平面和画面平行时，其透视仍为圆。圆的大小依其距画面的远近不同而改变。图 13-20所示为带切口圆柱的透视，其作图步骤为：

（1）确定前、中、后 3 个圆心 C_1、C_2、C_3 的透视 C_{13}、C_2^0、C_3^0。C_{13} 在画面上，其透视就是其本身；过 C_{13} 作圆柱轴线的透视，再用视线交点法求作 C_2^0、C_3^0 的透视位置。

（2）确定前、中、后 3 个圆的透视半径 R_1、R_2、R_3。R_1 在画面上，其透视反映实长；过 C_2^0 作水平线与圆柱的最左、最右透视轮廓线相交，得到 R_2。同理可得 R_3。

（3）作前后圆的共切线，并加深轮廓线，完成全图。

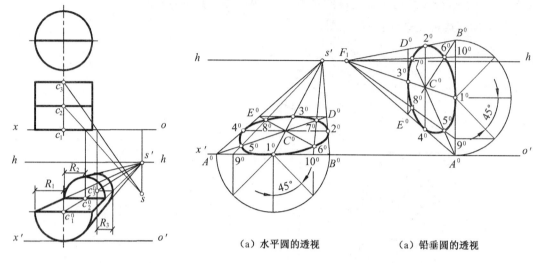

图 13-20　画面平行圆的透视画法

（a）水平圆的透视　　（a）铅垂圆的透视

图 13-21　画面相交圆的透视画法

13.4.2　画面相交圆的透视

圆平面和画面相交（垂直相交或一般相交），当它位于视点之前时，其透视为椭圆；否则，还可能是抛物线或双曲线（对此不做介绍）。

透视椭圆的画法通常采用八点法。图 13-21 所示为画面相交圆的透视画法，现以图（a）的水平圆为例（铅垂圆只要把心点 S 换为灭点 F_1），介绍其作图步骤如下：

（1）作圆的外切正方形 $ABDE$ 的透视 $A^0B^0D^0E^0$。

（2）作对角线以确定透视椭圆的中心 C^0 和 4 个切点 1^0、2^0、3^0、4^0。

（3）作圆周与对角线的交点 5、6、7、8 的透视 5^0、6^0、7^0、8^0。不在同一对角线上两交点的连线 67 和 58，必然平行于正方形的一组对边 AE 和 BD，并与 AB 相交于 9、13 两点；过 9^0、13^0 向心点 S^0 引直线，与对角线相交，就得到 5^0、6^0、7^0、8^0。

（4）光滑连接 1^0、2^0、3^0、4^0、5^0、6^0、7^0、8^0 这 8 个点，并加深轮廓线，即得到相应的透视椭圆。

【例 13-5】　如图 13-22 所示，已知某室内的平面图和剖面图，试作其透视图。

【解】　这是一个画面相交圆的应用实例，有铅垂圆——圆形窗，水平圆——灯池（天花）、地花及圆形柱等。其主要作图步骤如下：

（1）视线交点法确定室内墙面、地面和顶面的透视轮廓。

（2）确定灯池、地花及圆窗等圆心的透视位置，并注意它们的真高或真长的确定。

（3）用八点法作各个圆的透视椭圆，添加细部并加深轮廓线，完成全图。

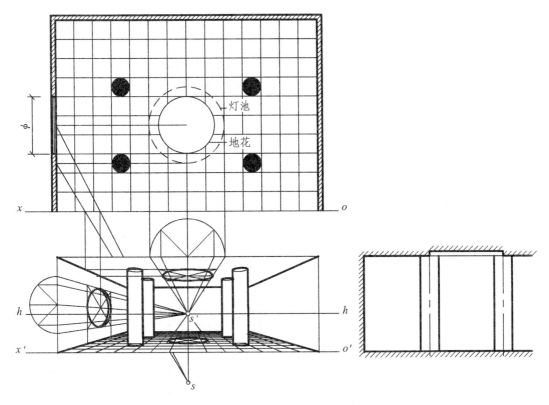

图 13-22　画面相交圆的应用实例

13.5　透视种类、视点和画面位置的选择

13.5.1　透视种类的选择

在绘制透视图之前,必须根据所表达对象的特点和要求,选择合适的透视种类。一般来说,对于狭长的街道、走廊、道路及室内需要表达纵向深度的建筑物,宜选择一点透视;而对于纵、横方向均需要表达,以显示视野比较开阔的建筑物,宜选择两点透视。相对而言,一点透视显得比较庄重,稳重有余而活力不足;两点透视则反之。

13.5.2　画面位置、视点的选择

同样一种透视,还因为画面、视角和视高的不同而差别很大,所以在确定透视种类以后,还必须处理好建筑物、视点和画面之间的相对位置关系,以期取得令人满意的效果。

　1)画面位置的选择

画面与建筑物的前后位置的不同,影响着透视图的大小;画面与建筑物的左右位置(夹角)的变化,影响着透视图侧重面的不同。为使表达的对象不过分失真,一般将建筑物放置在画面的后面,同时考虑作图的简便,还需使建筑物的一些主要轮廓线在画面上,以使其透

视反映真实高度或长度。

一般来说,对于一点透视,画面宜平行于造型复杂、重要的墙面;而两点透视则画面与建筑物的主要立面所成角度要小一些,以便尽可能多的表达此立面。

图 13-23 为在站点不变的情况下,画面与建筑物的夹角的不同对表达效果的影响。其中建筑物 1 的主立面和画面的夹角较小,其透视反映的较多,两个不同主方向立面的透视比例比较协调,如图 13-23(a)所示,效果较好;建筑物 2 的两个不同主方向的立面和画面的夹角相等,其透视比例和实际比例不协调,如图 13-23(b)所示,效果欠佳;建筑物 3 的主立面和画面的夹角与建筑物 1 刚好相反,其透视如图 13-23(c)所示,效果最差。

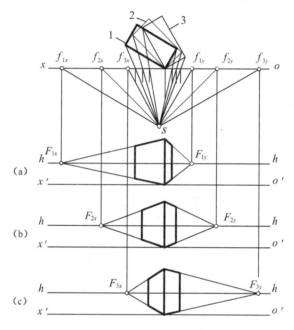

图 13-23　画面和建筑物的夹角

2) 站点、视角和视高的选择

首先是站点的前后位置。站点的前后位置影响着视角的大小。如果站点离画面太近,势必使最左、最右视线之间的夹角——视角过大,而使两边的透视失真。一般室外透视理想的视角在 $28°\sim30°$,即人眼睛观察物体最清晰的视锥角度,对于表达室内近景的一点透视,视角可以在 $45°\sim60°$。图 13-25 是为了节约图纸的幅面,视角达到了 $90°$,因此床就显得失真了。

其次是站点的左右位置。站点的左右位置影响着透视表达的侧重面。一般来说,如果想侧重表达建筑物的左侧,站点就适当右移;同理,如果想使右边成为重点,站点就适当左移;而站点在正中央,即是左右平衡。如图 13-25,考虑到窗子、写字台和床等偏于房间的右侧,而且右边墙上还有一幅画,所以使得右边成为表达的重点,这样,站点就适当左移。但是必须注意:主视线(即垂直于画面的视线)要在视角之间,而且尽量平分视角,才能使得表达的效果较好。

如图 13-24 所示,在画面和建筑物的相对位置不变时,站点 S_1 位置离画面较近,视角较大,所得的透视图如 13-24(a)所示,变形厉害,给人以失真的感觉,透视图效果较差;站点 S_2

位置离画面距离和左右位置都比较适中,视角在30°左右,并且主视线大致是视角的分角线,所得的透视图如13-24(b)所示,真实感较强,透视图效果较好;站点 S_3 位置,虽然视角大小合适,但是由于偏右了,主视线在视角之外,所得的透视图如图13-24(c)所示,建筑物两个主立面的比例失调,透视效果也不如图 13-24(b)。

关于视高,正常人的视高为 1.7 m 左右(由人的身高确定),对于一般绘图,就选择正常值。但有时为了取得某种特殊的效果,可以适当增加或者降低视高。

增加视高,会使得表达的对象有相对矮小的感觉,当从精神上蔑视所表现的对象时,可用这种手法。比如,在杭州岳王庙里,秦桧夫妻的雕像就放在比较低矮的池子里面,游人在高处看,他们就显得矮小了。另外,提高视高也可使地面在透视图中展现得比较开阔。如图13-25所示,由于增加了视高,使室内的家具布置一览无余。

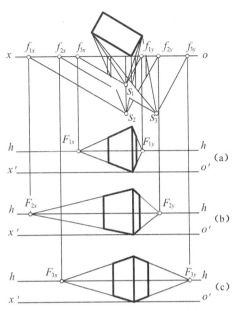

图 13-24　站点位置和视角的选择

图 13-25　增加视高的效果

同样,降低视高会使得表达的对象有相对高大的感觉,一般适合表达位于高处或者在精神上给人有崇高感觉(如人民英雄纪念碑或伟人塑像等)的建筑物。同样是在杭州岳王庙里,岳飞的雕像放在高台上,增加了其雄伟气概,与秦桧夫妻的雕像形成强烈的反差,这是成功应用视高调节的范例。

如图 13-26 所示,位于高坡上的建筑物本来并不高大,但是由于降低了视高,便给人以比较雄伟的感觉。

图 13-26　减小视高的效果

14 道路及桥涵工程图

道路及桥涵工程是大土木工程的一个分支,而桥梁、涵洞及隧道往往作为道路工程的主要附属建筑物。

本章介绍道路及桥涵工程图的图示内容和方法、画法特点及相关的制图标准。

14.1 道路路线工程图

14.1.1 概述

道路是建筑在地面上供车辆和行人通行的窄而长的带状工程构筑物,道路的位置和形状与所在地区的地形、地貌、地物以及地质等有着很密切的关系。按其使用特点可分为公路、城市道路、厂矿道路及乡村道路等。本节主要介绍公路的图示内容和主要特点。

公路一般是指位于城市郊区及城市以外的道路。

由于道路路线有竖向的高度变化(上坡和下坡——竖曲线)与平面的弯曲变化(左弯和右弯——平曲线),所以从整体来看,道路路线实质上是一条空间曲线。其图示方法与一般的工程图样不完全相同,主要是用路线平面图、路线纵断面图和路线横断面图来表达。

14.1.2 路线平面图

路线平面图是从上向下投影所得到的水平投影图,也就是用标高投影法所绘制的道路沿线周围区域的地形图。图 14-1 即为某公路 K3+300 至 K5+200 段的路线平面图。下面分地形和路线两部分分别介绍其内容和画法特点。

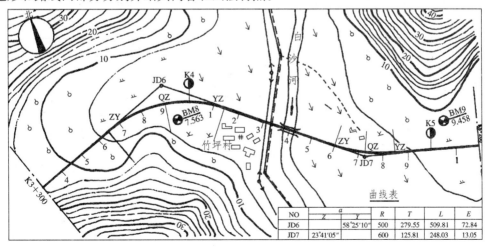

图 14-1 路线平面图

1) 地形部分

(1) 比例:道路路线平面图所用比例一般都比较小,根据地形的起伏情况和道路的性质不同,采用不同的比例来表示。通常在城镇区域为1:500~1:2000;山岭区域为1:2000;丘陵和平原地区为1:5000或1:10000。

(2) 方向:在路线平面图上应画出指北针或测量坐标网,以便表达出道路路线在该地区的方位与走向。如图14-1是用指北针表示方向的,而图14-2则是用测量坐标网表示的。也可两种同时使用。

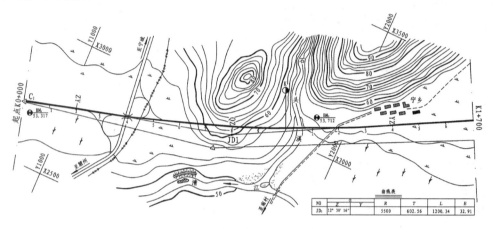

图14-2　测量坐标网表示路线的方位和走向

(3) 地形地貌:平面图中的地形主要是用等高线表示,图14-1中两根等高线之间的高差为2 m,每隔4条等高线画出一条粗的计曲线,并标有相应的高程数字。由图中等高线的疏密情况可以看出,该地区的西南、西北和东北地势较高,其中东北地势最高且陡,一条白沙河自北向南将中间平原地带划分为东、西两部分。

(4) 地物:由于平面图的比例较小,在地形面上的地物如房屋、道路、桥梁、电力线和地面植被等都是用图例表示的。常见的地形、地物图例如表14-1所示。对照图例可知,在白沙河的两岸是水稻田;山坡旱地栽有果树;在河西岸的路南侧有一名为竹坪村的村庄;原有的乡间大路和电力线沿河西岸而行,通过该村;在白沙河上有一座桥梁。

表14-1　常见地形地物图例

名称	符　号	名称	符　号	名称	符　号
房屋		学校	文	菜地	
大路		水稻田		堤坝	
小路		旱田		河流	
铁路		果园		人工开挖	

名称	符　号	名称	符　号	名称	符　号
涵洞		草地	// // //　// //	低压电力线 高压电力线	
桥梁		林地	○　○　○ ○　○	水准点	

2) 路线部分

(1) 设计路线：一般情况下，由于平面图的比例较小，根据《道路工程制图标准》规定，设计路线宜采用加粗的单实线绘制(粗度约为计曲线的 2 倍)。有时在平面图上可能还有一条粗虚线，是作为设计路线的方案比较线。

(2) 里程桩：在平面图中，道路路线的前进方向总是从左向右的，其总长度和各段之间的长度是用里程桩号表示的。里程桩分公里桩和百米桩两种，应从路线的起点至终点依次顺序编号。公里桩宜注写在路线前进方向的左侧，用符号"●"表示桩位，直径延伸至路线且与路线垂直，公里数注写在符号上方，如"K4"表示离起点 4 km。百米桩宜注写在路线前进方向的右侧，用垂直于路线的细短线表示，数字注写在细短线的端部，如在 K4 公路桩的前方注写的 4，表示其桩号为 K4+400，说明白沙河桥的中点距路线起点的距离为 4400 m。

(3) 平曲线：道路路线的平面线型主要是由直线、圆曲线及缓和曲线组成，在路线的转折处应设平曲线。最常见、较简单的平曲线为圆弧，复杂一点的往往还设缓和段，其基本的几何要素如图 14-3 所示。

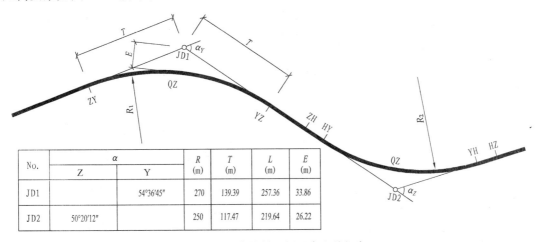

No.	α		R (m)	T (m)	L (m)	E (m)
	Z	Y				
JD1		54°36′45″	270	139.39	257.36	33.86
JD2	50°20′12″		250	117.47	219.64	26.22

图 14-3　平曲线的几何要素和特征点

① 交角点 JD：是路线转弯处的转折符号，是曲线两端直线段的理论交点。

② 转折角 α：是沿路线前进时向左(α_Z)或向右(α_Y)偏转的角度，即延长前一根圆切线与下一根圆切线之间的夹角，表示弯度的大小。

③ 圆曲线半径 R：是平曲线的设计半径，偏角 α 越小，R 越大，表示转弯比较平缓；反之，偏角 α 越大，R 越小，表示转弯比较急，当 $R < 2500$ 时需设计缓和曲线。

④ 切线长 T：是切线的切点与交角点之间的距离。

⑤ 曲线长 L：是曲线两切点之间的距离。

⑥ 外矢距 E：是曲线中点至交角点的距离。

以上各要素均可在路线平面图的曲线表中查得(一般在图的右下角)。

另外,在平曲线上还要注出曲线段的起点 ZY(直圆)、中点 QZ(曲中)、终点 YZ(圆直)的位置(如左侧弯道)。如果设置缓和曲线,则将缓和曲线与前、后直线的切点分别标记为 ZH(直缓)和 HZ(缓直);将圆曲线与前、后缓和曲线的切点分别标记为 HY(缓圆)和 YH(圆缓),如右侧弯道。

(4) 其他

① 水准点:沿路线附近每隔一定距离,就在图中标有水准点的位置,用于施工时测量路线的高程。如 $\frac{BM8}{7.563}$,表示路线的第 8 个水准点,其高程为 7.563 m。

② 角标:一般路线都比较长,会用多张图纸分段表示。为便于图纸拼接,规定在图纸的右上角注写 $\frac{1}{N}$ 或写上"共　张第　张"等,表明各张图纸的编号。

3) 绘制路线平面图的注意事项

(1) 绘制地形图,等高线要求平滑,注意计曲线(b)和首曲线($b/4$)的区别,并标注计曲线的高程。

(2) 绘制路线图,路线用 2 倍($2b$)左右于计曲线的粗实线从左向右,曲直平滑连接,并标注里程桩号、曲线几何要素、特征点等,同时绘制曲线表。

(3) 用细线绘制各种图例,注意植物图例方向向上或向北。

(4) 注写图中的文字、水准点、角标、图名和标题栏等。

(5) 平面图的拼接。平面图中路线的分段宜在整数里程桩处断开,两端均应画出垂直于路线的细点画线作为拼接线,拼接时路线中心对齐,拼接线重合,并以正北方向为准。

14.1.3　路线纵断面图

路线纵断面图是通过道路中心线,用假想的铅垂剖切面(由平面和曲面组合而成)纵向剖切后并展开而得到的。如图 14-4 所示。

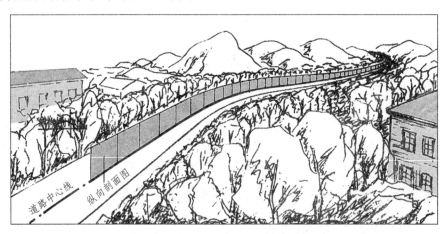

图 14-4　路线纵断面图形成示意图

路线纵断面图主要表达道路的纵向设计线形以及地面的高低起伏状况、地质和沿线设置工程构筑物(如桥梁、涵洞、隧道等)的概况。它主要包括图样和资料两部分,一般图样画在图纸的上部,资料表布置在图纸的下部,图样与资料表的内容要对应。图 14-5 为某公路从 K3+300 至 K4+400 段的断面图,其画法特点与内容如下:

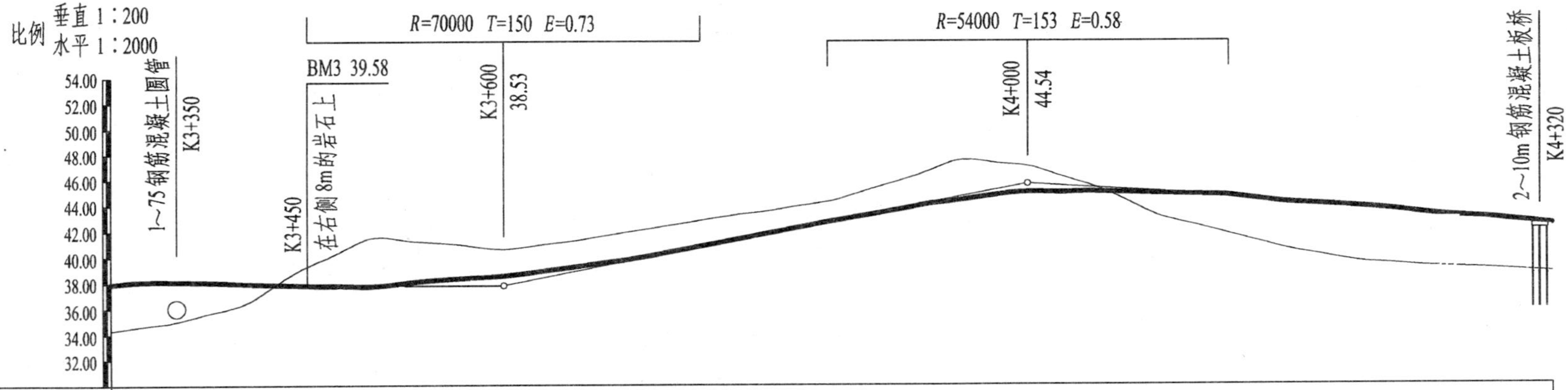

比例 垂直 1:200　水平 1:2000

1~75 钢筋混凝土圆板桥 K3+350

BM3 39.58
K3+450 在右侧8m的电杆上

K3+600 R=70000　T=150　E=0.73　38.53

K4+000 R=54000　T=153　E=0.58　44.54

K4+320 2~10m 钢筋混凝土板桥

JD3　R=3000　α=51°49′13″

图 14-5　路线纵断面图

里程桩号	地面高程	设计高程	挖 深	填 高	坡度(%)/距离(m)
3+300.00	34.30	37.92		3.62	300
3+350.00	35.00	38.18		3.18	
3+400.00	36.30	37.95		1.65	
3+450.00	39.30	37.81	1.49		
3+500.00	41.50	37.75	3.75		
3+550.00	41.10	38.24	2.86		0.3
3+600.00	40.60	38.53	2.07		
3+650.00	39.17	41.20		2.03	
3+700.00	42.00	39.86	2.14		
3+750.00	42.80	40.80	2.00		1
3+800.00	43.50	41.77	1.73		
3+850.00	44.30	42.73	1.57		
3+900.00	45.80	43.82	1.98		
3+950.00	47.50	44.29	3.21		400
4+000.00	47.00	44.54	2.46		
4+050.00	45.40	45.06	0.34		
4+100.00	43.10	45.05		1.95	
4+150.00	41.80	44.72		2.92	
4+200.00	40.50	44.13		3.63	400
4+250.00	39.60	43.83		4.23	
4+300.00	39.20	43.20		4.00	
4+350.00	39.00	42.93		3.93	0.5
4+400.00	38.70	42.43		3.73	

地质概况：该路段主要由第四系松散沉积层所组成，地层岩性主要为低-高液限粘土

平曲线

1）图样部分

（1）比例。纵断面图的水平方向从左向右表示路线的前进方向，即沿路线长度方向展开而得，竖直方向表示设计线和地面的高程。由于路线的高差与其长度相比要小得多，为了能够清晰地表示路线的高度变化，国标规定，长度和高度宜按不同的比例绘制，一般规定竖直方向的比例是水平方向的 10 倍。如本例竖直方向的比例为 1∶200，水平方向的比例为 1∶2000，这样就把路线的坡度明显（夸张）的表达出来了。

为了便于画图和读图，一般还应在纵断面图的左侧按竖向比例画出高程标尺。

（2）设计线和地面线。图中的粗实线是道路的设计线，它是路基边缘各高程点的连线；图中不规则的细折线表示原来地面线，它是路基中心线处原地面上各高程点的连线，即原地面的高。

（3）竖曲线。为保证车辆的顺利行驶，在设计线的纵向变更（变坡点）处，按技术标准的规定应设计圆弧竖曲线，设计线就是由直线和竖曲线共同组成的。竖曲线分为凸曲线和凹曲线两种，样式如图 14-6 所示，一般画在对应变坡点的上方。中部竖线对准变坡点，在竖线的左侧注写变坡点的里程桩号，右侧注写变坡点的高程；上部水平线两端对准竖曲线的始点和终点，其上注写出竖曲线的各几何要素（R、E、T 等，含义同平曲线）。如图 14-6 在里程桩号为 K3+600 处有一凹形变坡点，相应的设有凹形竖曲线；在 K4+000 处有一凸形变坡点，相应的设有凸形竖曲线。

（4）工程构筑物。道路沿线的工程构筑物如桥梁、涵洞等，应在设计线的上方或下方用竖直引出线标注。竖直引出线对准构筑物的中心位置，线的右侧注写里程桩号，线的左侧注写构筑物的名称、大小、位置等。如本图在里程桩号为 K3+350 处有一座直径为 75 cm 的单孔圆管涵洞；在里程桩号为 K4+400 处有一座钢筋混凝土板桥，共两跨，每跨 10 m。

（5）水准点。沿线还需标注出测量的水准点：竖直引出线对准水准点，在竖线的左侧注写里程桩号，右侧注写其位置，水平线上方注写其编号和高程，如图 14-7 所示。

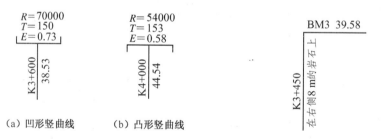

（a）凹形竖曲线　　（b）凸形竖曲线

图 14-6　竖曲线的表示

图 14-7　水准点的表示

2）资料表部分

路线纵断面图的实测数据资料表与图样上下对齐布置，以便阅读。这种表示方法较好地反映出纵向设计在各里程桩号处的高程、填挖方工程量、地质条件和坡度以及平曲线和竖曲线的配合关系。

（1）地质概况。根据实测数据，在表中注写出沿线各段的地质情况，是设计、施工的地质资料依据。

（2）坡度和距离。注写设计线各段的纵向坡度和对应的水平距离长度，表格中的对角线方向与实际坡度方向一致，坡度和距离分别注写在对角线的上、下两侧。

（3）标高。表中有设计标高和地面标高两栏,它们与图样所绘高程对应,分别表示设计线和地面线上各点的高程。由此两高程可以确定填、挖方的高度。

（4）填、挖高度。填、挖方的高度数值应该是各对应点的设计高程与地面高程之差的绝对值,设计线在地面线上方时需挖土,设计线在地面线下方时需填土。

（5）里程桩号。桩号的数值应与桩号位置对齐注写,从左向右里程加大,单位为米,各高程、填挖深度等数值应与桩号对齐。在平曲线的始点、中点、终点和桥涵等构筑物的中心点及水准点等处可设置加桩。

（6）平曲线。为了将平面线型与路线纵断面图对照起来,通常在表中画出平曲线的示意图,直线段用水平线表示,道路左转弯用凹折线表示,右转弯用凸折线表示,有时还需注出平曲线各要素的值。当路线的转折角小于规定值时可不设平曲线,但需画出转折方向,"∨"表示左转弯,"∧"表示右转弯。

（7）超高。为了减小汽车在弯道上行驶时的横向作用力,道路在平曲线处需设计成外侧高内侧低的形式,道路边缘与设计线的高差称为超高,如图14-8所示。

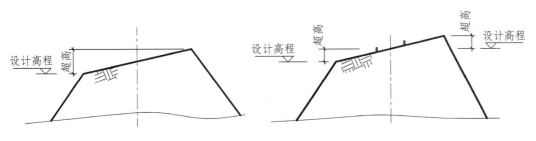

图14-8　道路的超高

3）绘制路线纵断面图时的注意事项

（1）路线纵断面图应从左向右按路线前进方向绘制,竖直方向的比例比横向比例大10倍。

（2）当路线坡度发生变化时,变坡点用直径为2 mm的中粗线表示,切线用细虚线表示。

（3）在最后一张或每一张图纸的右下角画出标题栏,注明路线名称、纵横比例等,每张图纸的右上角还应标注角标,注明图纸序号和总张数。

14.1.4　路基横断面图

路基横断面图是用假想的剖切平面垂直于道路的中心线剖切而得到的断面图。其作用是表达各中心桩处横向地面的起伏状况及设计路线的形状和尺寸,为路基施工提供资料依据并为计算土石方量提供面积资料。

1）路基横断面图的基本形式

一般情况下,路基横断面图的基本形式有以下3种(如图14-9)：

（1）填方路基。如图14-9(a)所示,整个路基都在地面线上方,全部为填土区,称为路堤。在图下方注有该断面的里程桩号、中心线处的填方高度 h_T(m) 和该断面的填方面积 A_W(m²)。

（2）挖方路基。如图14-9(b)所示,整个路基都在地面线下方,全部为挖土区,称为路堑。在图下方也注有该断面的里程桩号、中心线处的挖方深度 h_T(m)和该断面的挖方面积 A_W(m²)。

（3）半填半挖路基。如图 14-9(c)所示，该路基断面一部分在填土区，一部分在挖土区，是前两种路基的综合。在图下方同样注有该断面的里程桩号、中心线处的填（或挖）方深度 h(m)和该断面的填方和挖方面积 A_W(m²)。

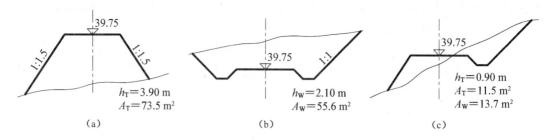

图 14-9　路基横断面图的基本形式

2）路基横断面图的绘制

（1）横断面图的布置。在同一张图纸内绘制的路基横断面图，应按里程桩号的顺序排列，从图纸的左下方开始，先自下而上，再从左向右排列，如图 14-10 所示。

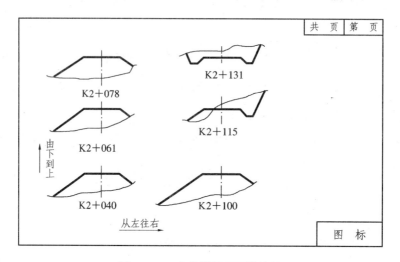

图 14-10　路基横断面图的绘制

（2）图线。横断面图中的路面线、路肩线、边坡线、护坡线等均用粗实线表示；原有地面线用细实线表示；路中心线用点画线表示。

（3）比例。横断面图的水平和高度方向一般采用相同的比例绘制。

（4）角标。每张横断面图的右上角应注明图纸的编号及总张数。

14.1.5　城市道路与高速公路

1）城市道路

城市道路一般由车行道、人行道、绿化带、分隔带、交叉口和交通广场以及高架桥、高速公路、地下通道等各种设施组成。

城市道路的线型设计也是通过路线平面图、路线纵断面图和路基横断面图来表达的，它们的图示方法和特点与公路路线工程图完全相同，不再赘述。但是城市道路所在的地形较野外公路平坦，并且设计是在城市规划和交通规划的基础上实施的，交通情况和组成部分比公路复杂，因此，体现在横断面上，城市道路比公路复杂得多。

城市道路横断面图的主要组成部分有车行道、人行道、绿化带、分隔带等，其布置形式按路面板块划分有一块板、两块板、三块板和四块板4种基本形式，如图14-11所示。

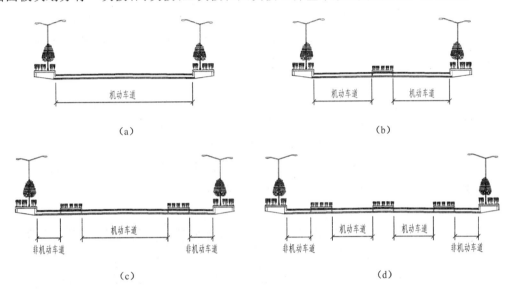

图 14-11　城市道路横断面图的基本形式

为了计算土石方工程量和施工放样，与公路横断面一样也需绘制各个中心桩处的现状横断面，并加绘设计横断面，标出中心桩的里程和设计标高，称为施工横断面图。

对分期修建的道路不仅要绘制近期设计横断面图，还要绘制远期规划设计横断面图。

2）高速公路

高速公路是高标准的现代化公路，它的特点是车速快，通行能力强，有4条以上车道并设中央分离带，采用全封闭立体交叉，全部控制出入，有完备的交通管理设施等。高速公路路基横断面图主要由中央分离带、车行道、硬路肩、土路肩等组成，常见的横断面形式如图14-12所示。

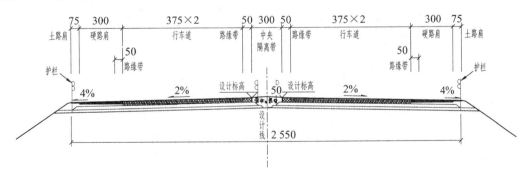

图 14-12　高速公路横断面形式

14.2 桥梁工程图

14.2.1 基本知识

桥梁是道路工程中很重要的附属构筑物。当道路通过河流、湖泊、山川及其他路线(公路或铁路)时,就需要修建桥梁。其作用是既可以保证桥上的交通运行,又可以保证桥下面宣泄水流、船只的通航及公路或铁路的运行。

1) 桥梁的分类

桥梁的形式很多,分类方法的不同其说法往往也不一样,常见的分类形式如下:

(1) 按结构形式分,有梁桥、拱桥、钢架桥、桁架桥、悬索桥、斜拉桥等。

(2) 按用途分,有公路桥、铁路桥、农桥、人行桥、运水桥(渡槽)等。

(3) 按建筑材料分,有钢桥、钢筋混凝土桥、木桥、石桥、砖桥等。

(4) 按桥梁全长和跨径的不同分,有特大桥、大桥、中桥、小桥等。

表 14-2 大、中、小桥的区分

桥梁分类	多孔桥全长 L(m)	单孔桥跨径 l(m)	桥梁分类	多孔桥全长 L(m)	单孔桥跨径 l(m)
特大桥	$L \geqslant 500$	$l \geqslant 100$	中桥	$30 \leqslant L < 100$	$20 \leqslant l < 40$
大桥	$100 \leqslant L < 500$	$40 \leqslant l < 100$	小桥	$8 \leqslant L < 30$	$5 \leqslant l < 20$

特大桥近年来用得比较多的主要是悬索桥和斜拉桥,它不仅考虑了桥梁的功能,而且也增设了人文景观。虽然各种桥梁的结构形式和建筑材料有所不同,但图示方法是基本相同的。其中钢筋混凝土桥的应用最为广泛,本节主要介绍这种桥梁的有关知识。

2) 桥梁的组成

桥梁由上部结构、下部结构和附属结构三部分组成,如图 14-13 所示。

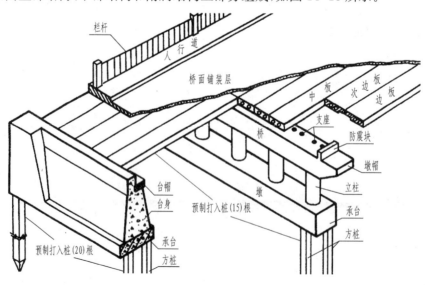

图 14-13 桥梁的组成

上部结构一般包括上部承重结构（主梁或主拱圈）和桥面系（桥面铺装层、车行道、人行道等）。

下部结构一般包括桥台、桥墩和基础。桥台包括台帽、台身、承台三部分，常用重力式U形桥台，设在桥梁两端。桥墩包括墩帽（上盖梁）、立柱、承台（下盖梁）三部分，设在桥中央，承受桥上传递的荷载。基础通常以桩基础最为常见。

附属结构一般包括栏杆、灯柱、岗亭及护岸和导流结构物等。

设计一座桥梁需要绘制许多图纸，不同的设计阶段有不同的图纸，一般包括桥位平面图、桥位地质断面图、桥梁总体布置图和构件结构图等。

14.2.2 桥位平面图

桥位平面图主要表示道路路线通过江河、山谷时建造桥梁的平面位置，通过地形测量将桥位附近一定范围内的地形、地物、河流、水准点、地质钻探孔等用图样表达清楚，如图14-14所示。它表明了桥梁的位置及其与周围地形地物的关系，是桥梁设计、施工定位的依据。常用比例为1：500、1：1000、1：2000等。

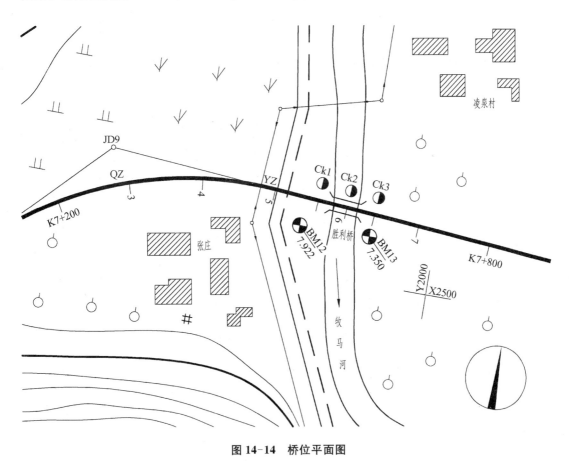

图14-14 桥位平面图

桥位平面图的画法要求与路线平面图基本相同，不同之处在于必须注明为取得地质资料而设置的钻孔位置和为了控制河道两岸桥台标高而设置的水准点位置。

14.2.3　桥位地质纵断面图

桥位地质纵断面图是沿桥位平面轴线用铅垂面剖切而得,实质上是桥位所在位置的地形纵断面图,表示桥梁所在位置的水文、地质情况,包括河床断面线、最高水位线、常水位线和最低水位线,是设计桥梁、桥墩、桥台和计算土石方工程量的依据,如图 14-15 所示。

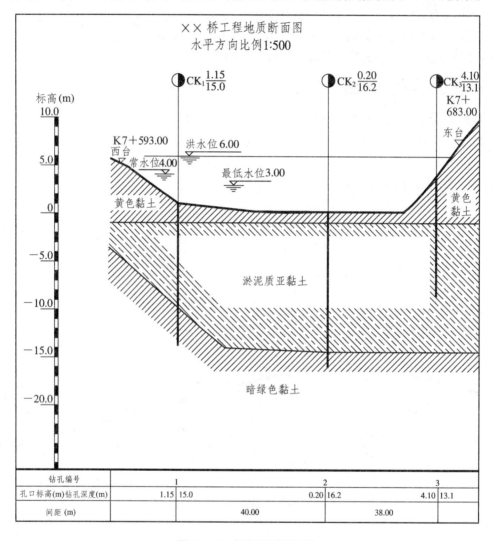

图 14-15　桥位地质断面图

图中河床断面线是由测量而得,用粗实线表示。水位线取自水文资料,在细实线下再画3 条渐短的细实线。其中洪水位是河床中最大的设计水位,根据桥梁的重要性及公路等级,常以 25 年、50 年、100 年一遇的最大水位作为设计洪水位;常水位是河道的经常性水位;枯水位是河道的最低水位。

土质由上而下分层标出,不同层分界线用中实线分开。

钻孔处用粗实线表示,并用引出线(细实线)标注其孔口标高和钻孔深度,在图的下方还有对应的钻孔资料表。

为了清晰地显示地质和河床深度变化的情况,可以将竖向标高比例较水平方向比例放大数倍画出。图 14-15 中竖向采用 1∶200,水平方向采用 1∶500。

14.2.4 桥梁总体布置图

桥梁总体布置图主要表明桥梁的形式,跨径,孔数,总体尺寸,各主要构件的相互位置关系,桥梁各部分的标高、材料数量及总的技术说明等,是指导桥梁施工的最主要图样,是施工时确定桥墩、桥台位置及安装构件和控制标高的依据,一般包括平面图、立面图、横剖面图。

图 14-16 为牧马河胜利桥总体布置图,该桥为 3 孔钢筋混凝土简支梁桥,总长度为34.90 m,总宽度 14 m,中孔跨径 13 m,两个边孔跨径 10 m。桥中间设有两个柱式桥墩,两端为重力式混凝土桥台,桥台和桥墩的基础均采用钢筋混凝土预制打入桩。桥上部承重构件为钢筋混凝土空心板梁。

1) 立面图

桥梁一般是左右对称的,所以立面图常常是用半立面图和半纵剖面图组合而成。如图 14-16所示,左半立面为左侧桥台、1#桥墩、板梁、人行道栏杆等主要部分的外形视图;右半纵剖面图是沿桥梁中心线纵向剖开而得到的,2#桥墩、右侧桥台、桥面铺装层及河床断面等均应按剖切方法绘制,其中多孔板、立柱、基桩等构件是沿轴线方向剖切的,规定按不剖表示。由于基桩较长,采用折断画法。在左半立面图中,河床断面线以下的结构如桥台、基桩等用虚线表示,右半纵剖面图中该线以下部分均画实线。

图中还标注出了各重要部位的高程,如水位高程、桥面中心标高、梁底标高、桥墩和桥台及基桩重要位置处的标高等,同时还标注了桥梁的纵向尺寸,桥墩的高、宽尺寸,以及基桩的位置尺寸等。

2) 平面图

平面图通常从左往右采用分层拆卸画法(桥涵、水工图的常用画法,拆卸掉遮挡部分,将剩下部分作投影),以表达桥梁从上往下各层次的现状和尺寸。

图 14-16 中,平面图以左右对称线为界,左半部分由上往下直接投影,表达桥面车行道(宽 10 m)、人行道(两侧各宽 2 m)、栏杆以及桥下的锥坡;右半部分假想拆卸掉桥梁的上部结构,分别表达 2#桥墩的上盖梁、下盖梁和立柱的平面形状及立柱的相对位置,右岸桥台的台帽、台身、承台和基桩的平面形状、桥台的总体尺寸及基桩的排列形式。

3) 横剖面图

横剖面图一般以桥梁中心对称线为界,采用分别视向桥墩和桥台的横剖面的合成视图,分别反映桥梁各部分的宽度和高度的形状、尺寸以及桥墩、桥台下基桩的横向排列尺寸。

图 14-16 所示的横剖面图中,以对称线为界,Ⅰ-Ⅰ剖面图表达的是 2#桥墩各组成部分(墩帽、承台、立柱基桩等)的投影;Ⅱ-Ⅱ剖面图表达的是右侧桥台各组成部分(台帽、台身、承台、基桩等)的投影。从Ⅰ-Ⅰ、Ⅱ-Ⅱ所表达的合成视图中可以看出,桥墩、桥台处的上部结构相同,由 10 块钢筋混凝土预制空心板拼接而成,横向坡度为 1.5%,桥墩下的基桩比桥台下的基桩密集。

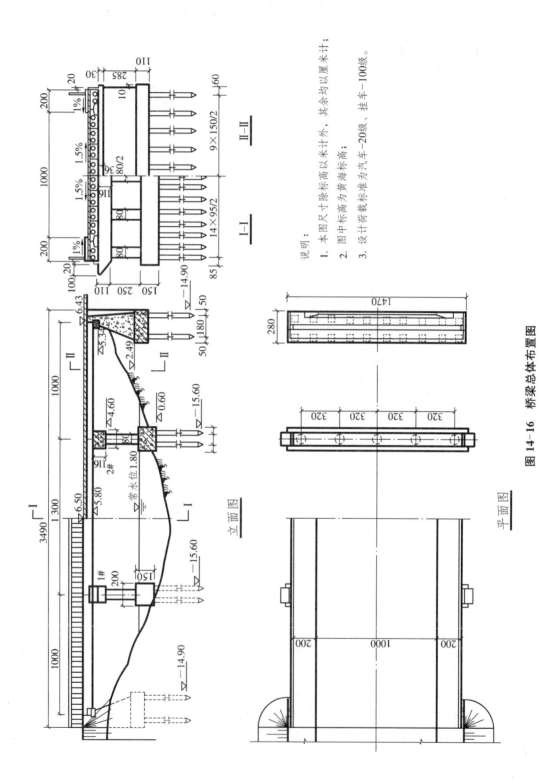

说明：
1. 本图尺寸除标高以米计外，其余均以厘米计；
2. 图中标高为黄海标高；
3. 设计荷载标准为汽车-20级，挂车-100级。

图 14-16　桥梁总体布置图

由于桥梁总体布置图所采用的比例一般较小,桥梁各细部结构的情况很难逐一表达清楚,另外各承重构件的构造情况(如钢筋混凝土构件钢筋的配置情况)也无法表示,所以桥梁施工图除了总体布置图外,还应配以适当数量的构件结构图。

14.2.5　构件结构图

构件结构图主要表达各构件的大小、形状、材料、钢筋配置等情况,常采用比较大的比例,如1:10、1:20、1:30、1:50,某些局部甚至采用更大的比例如1:2、1:3、1:5等,因此,构件结构图也称为详图或大样图。

1) 桥台图

桥台属于桥梁的下部结构,主要作用是支撑上部的板梁,并承受路堤填土的水平推力。图14-17所示为U形重力式桥台的结构图。该桥台由基桩、承台、侧墙、台身和台帽组成。

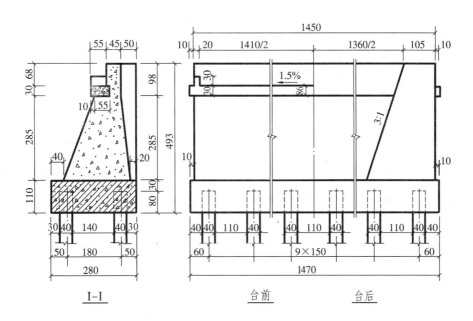

I-I　　　　　台前　　　　台后

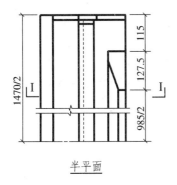

半平面

说明:
1. 本图尺寸单位均为厘米;
2. 全桥两个桥台共40根桩。

图 14-17　桥台构造图

桥台图一般由 3 个视图构成:立面图、平面图和横立面图。立面图一般采用剖面图表达,剖切位置选在台身处,既可表达桥台的内部构造,又可显示其所用材料,如该桥台的台身和侧墙所用材料为混凝土,而台帽和承台则采用的是钢筋混凝土;平面图采用的是视图,正投影,由于尺寸较大,可只画对称的一半;横立面图采用的是 1/2 台前、1/2 台后的合成视图。所谓台前是指人站在桥下正对着桥台观看;台后是指假想拆卸掉路面,人站在路基处正对着桥台观看,一般只画看到的部分。

从图 14-17 中可以看出,该桥台的长为 280 cm,宽为 1470 cm,高为 493 cm,桥台下的基桩分两列布置,列距为 180 cm,桩距为 150 cm,每个桥台有 20 根桩。

2) 桥墩图

图 14-18 所示为桥墩构造图,该桥墩由基桩、承台、上盖梁和墩帽组成。

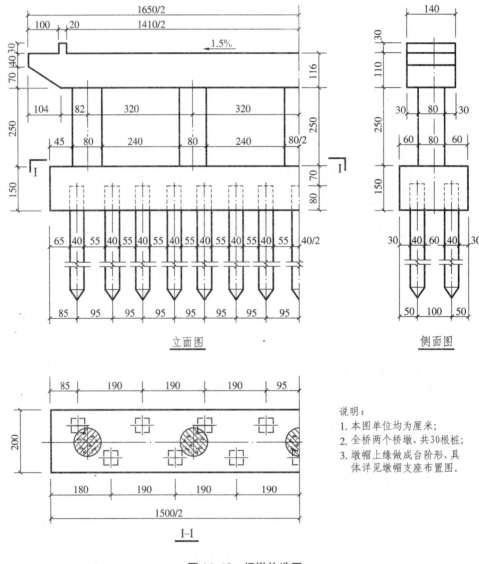

图 14-18　桥墩构造图

桥墩图一般也由 3 个图构成:立面图、平面图和侧面图。由于桥墩是左右对称的,故立面图和平面图只画了对称的一半,其中平面图采用的是剖面画法,剖切位置选在立柱处,实质上为承台平面图。承台的基本形状为长方体,长 1500 cm,宽 200 cm,高 150 cm。承台下的基桩分两列交错(呈梅花形,故工程上称为梅花桩)布置,施工时先将预制桩打入地基,下端到达设计深度(标高)后再浇筑承台,桩的上端伸入承台内部 80 cm,在立面图中这一段用虚线绘制。承台上有 5 根圆形立柱,直径为 80 cm,高为 250 cm。立柱上面是墩帽,墩帽的全长为 1650 cm,宽 140 cm,高度在中部为 116 cm,两端为 110 cm,有一定的坡度,为的是使桥面形成 1.5% 的横坡。墩帽的两端各有一个 20 cm×30 cm 的抗震挡块,是防止空心板移动而设置的。

3) 钢筋混凝土空心板梁图

钢筋混凝土空心板梁是该桥梁上部结构中最主要的受力构件,它两端搁置在桥墩和桥台上,中跨为 13 m,边跨为 10 m。

图 14-19 所示为边跨 10 m 的空心板构造图,由立面图、平面图和断面图组成,主要表达空心板的形状、构造和尺寸。整个桥宽由 10 块板拼接而成,由中间往两侧分别有中板 6 块、次边板 2 块(在中板两侧各一块)和边板 2 块(两侧的最外边),因 3 种板的宽度和构造各不相同,但厚度相同,均为 55 cm,故只绘制中板的立面图,而分别绘制了各种板的平面图和横断面图。由于板的纵向是对称的,所以立面图和平面图只画了左边一半。边板长名义尺寸与桥的跨径一致,为 10 m,但减去板的接头缝隙后实际长度为 996 cm。断面图反映了 3 种板各自的断面形状和详细尺寸。另外,图中还绘制了板与板之间的铰缝大样图,以表明施工的具体做法。

基桩的外形简单,无需视图表达。但基桩、承台、墩帽及板梁等内部都布置有密集的钢筋,在正式施工图中都应画出其对应的配筋图(这里省略)。

14.3 涵洞工程图

14.3.1 概述

涵洞是宣泄小流量流水的工程构筑物,主要用于排洪、排污水、调节水位等,是道路工程中比较重要的附属构筑物。

按设计标准规定,涵洞与桥梁的区别在于跨径的大小,凡单孔跨径小于 5 m 或多孔跨径小于 8 m,以及圆管涵、箱涵,不论管径或跨径大小,孔数多少均称为涵洞。但是现实生活中人们的理解是这样的:桥梁是连接路的工程构筑物,也就是说路断了而架桥,桥下面的河流(或路)是贯通的;涵洞是连接水的工程构筑物,即河流断了而设涵洞,涵洞上面的路(或水流)是贯通的。在河流下面过水的涵洞,习惯上又称为地龙。如果既连接路又连接河流(并且能控制水流量)的构筑物一般称为水闸。

涵洞上面一般都有较厚的填土,填土不仅可以保持路面的连续性,而且分散了车辆的集中压力,并减少它对涵洞的冲击力,可以起到很好的保护作用。

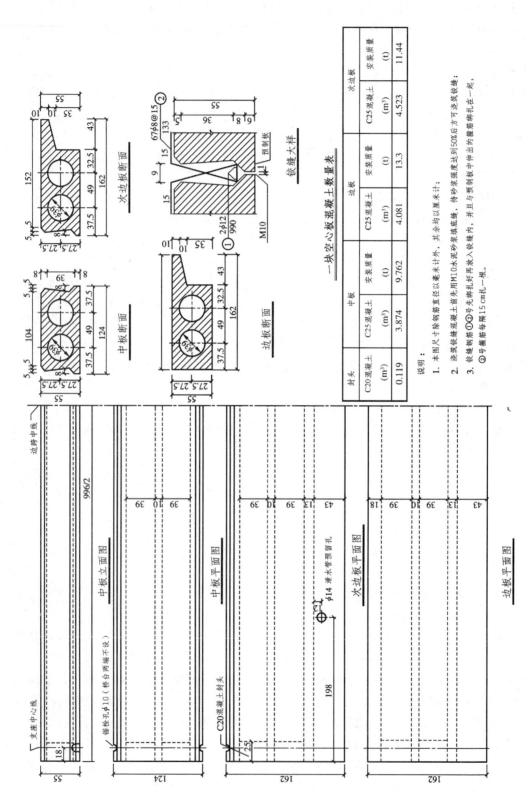

图 14-19　边跨 10 m 空心板构造图

一块空心板混凝土数量表

封头		中板			边板		次边板	
C20混凝土 (m³)	C25混凝土 (m³)	C25混凝土 (m³)	安装质量 (t)		C25混凝土 (m³)	安装质量 (t)	C25混凝土 (m³)	安装质量 (t)
0.119		3.874	9.762		4.081	13.3	4.523	11.44

说明:

1. 本图尺寸除钢筋直径以毫米计外, 其余均以厘米计;
2. 浇筑铰缝混凝土前先用M10水泥砂浆填底, 待砂浆强度达到50%后方可浇筑铰缝;
3. 铰缝钢筋①②号先绑扎好再放入铰缝内, 并且与预制板中伸出的箍筋绑扎在一起, ②号箍筋每隔15 cm扎一根。

涵洞的分类方法很多,按建筑材料分有钢筋混凝土涵、混凝土涵、砖涵、木涵、陶涵、缸瓦罐涵、金属涵等;按构造形式分有圆管涵、盖板涵、拱涵、箱涵等;按洞身断面形式分有圆形涵、卵形涵、拱形涵、梯形涵、矩形涵等;按洞口形式分有一字式(端墙式)、八字式(翼墙式)、领圈式、走廊式等。

各种形式的涵洞一般均由洞口、洞身、基础三部分组成,如图 14-20 所示。洞口由端墙或翼墙、护坡、缘石、截水墙、底板等组成,进、出水洞口连接着洞身及路基边坡,它的主要作用是防渗、保证涵洞和两侧路基免受冲刷,并使水流顺畅。洞口常见的形式有一字式(端墙式)、八字式(翼墙式)、领圈式、走廊式等。洞身是涵洞的主要部分,它的主要作用是保证水流量要求,承受路基土及车辆等荷载压力,常见的洞身形式有圆形涵、卵形涵、拱形涵、梯形涵、矩形涵等。基础在整个涵洞下部,承受上部传来的荷载并传递给地基。

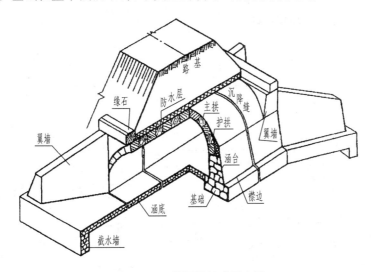

图 14-20　拱涵的组成示意图

14.3.2　涵洞工程图的内容和表达方法

涵洞的主体结构通常用一张总图来表达,包括纵剖面图、平面图、横断面图等,少数细节及钢筋配置情况在总图中不易表达清楚时应另画详图。现以图 14-21 为例,介绍涵洞工程图的内容及表达方法。

1)纵剖面图

涵洞的纵向是指水流方向,即洞身的长度方向,一般规定水流方向为从左往右。纵剖面图是沿着涵洞的中心线纵向剖切的,凡是剖切到的各部分如截水墙、底板、洞顶、防水层、缘石、路基等均按剖切方法绘制,画出相应的材料图例,另外能看到的各部分如翼墙、端墙、涵台、基础等也应画出它们的投影。

由于该涵洞进、出口的构造和形式是基本相同的,即整个涵洞的左右是对称的,故纵剖面图只画了左边的一半。一般同类型的涵洞其构造大同小异,仅仅是尺寸大小的区别,因此往往用通用标准图表示。故这里的路基宽度 B_0 和厚度 F,洞身的长度 B_2 和高度 H、h_2 等,在图中都没有注明具体数值,可根据实际情况确定。翼墙的坡度一般与路基的边坡相同。整个涵洞较长,考虑到地基不均匀沉降的影响,在翼墙和洞身之间设有沉降缝,洞身部分每隔

4~6 m 也应设有沉降缝,沉降缝的宽度均为 2 cm。主拱圈是用条石砌成的,内表面为圆柱面,在纵向剖面图中用上疏下密的水平细线形象地表示其投影。拱顶的上面有 15 cm 厚的黏土胶泥防水层。端墙的断面为梯形,背面不可见部分用虚线表示,斜面坡度为 3:1。端墙上面有缘石。

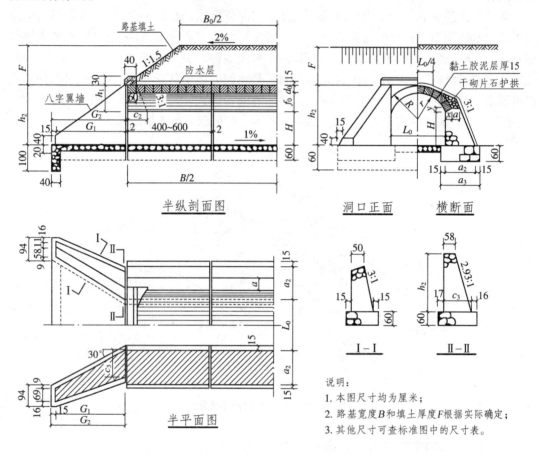

说明:
1. 本图尺寸均为厘米;
2. 路基宽度 B 和填土厚度 F 根据实际确定;
3. 其他尺寸可查标准图中的尺寸表。

图 14-21 八字式单孔石拱涵构造图

2) 平面图

和纵剖面图一样,平面图也只画出左边一半,而且采用了半剖画法:后面一半为涵洞的外形投影图,是移去了顶面上的填土和防水层以及护拱等画出的,拱顶圆柱面部分同样用疏密有致的细实线表示,拱顶与端墙背面交线为椭圆曲线;前面一半是沿着涵台基础的上面(襟边)做水平剖切后画出的剖面图,为了突出翼墙和涵台的基础宽度,涵底板没有画出,这样就把翼墙和涵台的位置表示得更清楚了。

3) 侧面图

涵洞的侧面图也常采用半剖画法:左半部为洞口部分的外形投影,主要反映洞口的正面形状和翼墙、端墙、基础的相对位置,所以习惯上称为洞口正面图;右半部为洞身横断面图,主要表达洞身的断面形状,主拱、护拱和涵台的连接关系,以及防水层的设置情况等。

4) 详图

八字式翼墙是斜置的,与涵洞纵向成 30°角。为了把翼墙的形状表达清楚,在两个位置进行了剖切,并且画出了Ⅰ-Ⅰ和Ⅱ-Ⅱ断面图,从这两个断面图可以看出翼墙及其基础的构造、材料、尺寸和斜面坡度等内容。

以上各个图样是紧密相关的,应该互相对照联系起来读图,才能将涵洞工程的各部分位置、构造、形状和尺寸等完全搞清楚。

由于此图是石拱涵的标准通用构造图,适用于矢跨比 $f_0/L_0 = 1/3$ 的各种跨径($L_0 = 1.0 \sim 5.0\,\mathrm{m}$) 的涵洞,故图中一些尺寸是可变的,用字母代替,可根据需要选择跨径、涵高等主要参数,然后从标准图册的尺寸表中查得相应的各部分尺寸。例如确定跨径 $L_0 = 300\,\mathrm{cm}$,涵高 $H = 200\,\mathrm{cm}$ 后,可查得相应的各部分尺寸如下:

拱圈尺寸:$f_0 = 100$,$d_0 = 40$,$r = 163$,$R = 203$,$x = 37$,$y = 15$;

端墙尺寸:$h_1 = 125$,$c_2 = 102$;

涵台尺寸:$a = 73$,$a_1 = 110$,$a_2 = 182$,$a_3 = 212$;

翼墙尺寸:$h_2 = 340$,$G_1 = 450$,$G_2 = 465$,$c_3 = 174$。

以上尺寸单位均为cm。

15　计算机绘图

15.1　AutoCAD 的基本知识

AutoCAD 是美国 Autosesk 公司推出的集二维绘图、三维设计、参数化设计、协同设计及通用数据库管理和互联网通信功能为一体的计算机辅助设计绘图软件。它以简便、灵活、精确、高效的特点和绝对的主导地位，受到使用者的广泛欢迎。目前是使用最为广泛的基础绘图软件。

15.1.1　AutoCAD 2015 的工作界面

AutoCAD 2015 的工作界面如图 15-1 所示。

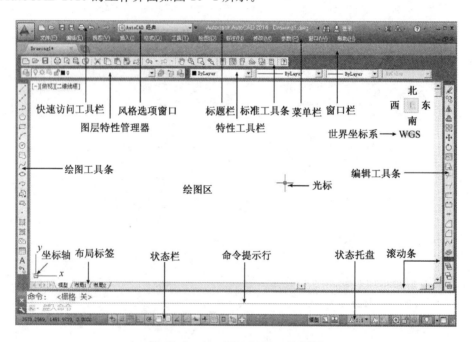

图 15-1　AutoCAD 2015 工作界面

1) 第一行

(1) 快速访问工具栏

该工具栏是窗口操作系统的标准工具条的一部分，包括：【新建】【打开】【存储】【另存为】【打印】【放弃】和【重做】7 项，其中前 5 项也是【文件】菜单的主要内容，负责对整个文件的操作。

（2）风格选项窗口

点击该窗口右侧的黑三角，会弹出如图15-2所示的下拉菜单，绘图者依自己的需要和使用习惯，选择相应的风格（【工作空间】），其中经典风格是自AutoCAD 2000版本以来使用者最喜欢的界面风格。

所以，现在二维绘图默认的就是这种风格界面，一般不需要改变。

图 15-2 【风格选项】窗口

（3）标题栏 Autodesk AutoCAD 2014 Drawing1.dwg

这里显示的是当前软件的版本（AutoCAD 2015）和文件名（Drawing1.dwg）。后面还有【检索】【登录】等不常用工具。

2）第二行：菜单栏

内容包括：【文件（F）】【编辑（E）】【视图（V）】【插入（I）】【格式（O）】【工具（T）】【绘图（D）】【标注（N）】【修改（M）】【参数（P）】【窗口（W）】和【帮助（H）】等。括号里的大写字母是启用各菜单所对应的快捷键。每个菜单都以下拉列表的方式展开，如果在某个选项后有黑色三角形，说明有下级子菜单，鼠标指向该选项，将呈现子菜单列表；如果在某个选项后有…，那么点击该选项将弹出一个新的对话框或窗口。这些菜单里几乎囊括了AutoCAD的所有操作命令。

对于初学者而言，首先应该学会使用【帮助】菜单。如果对某项命令不会用时，那么在发出命令后点击【帮助】菜单，在开启网络的情况下，AutoCAD系统将详细介绍该命令的用法。这是AutoCAD的最大特点之一，相当于自带了一部详细的操作说明书。

3）第三行：窗口栏 Drawing1

显示当前窗口的文件名，光标指向该文件名，会浮动显示该文件的路径和空间（模型和布局）信息。点击文件名右边的按钮【×】可以关闭该文件；点击按钮【＋】可以打开另外的文件，同时在该行显示相应的文件名。

4）第四行：标准工具栏

在这里除了第一行的【快速访问工具栏】的7项内容外，还包含了【打印预览】【发布…】（——将图形发布为电子图集）【3DDWF】（——启动三维DWF发布界面）【截切】【复制】【粘贴】【特性匹配】【图块编辑器】【实时平移】【实时缩放】【特性】等工具。

5）第五行：图层特性管理器

左侧是【图层特性管理器】，右侧是【特性】工具条，内容包括图线的线型、粗细、颜色及图层的设置、显示、冻结、锁定等内容，是 AutoCAD 的重要内容之一。

6）左侧：绘图工具栏

【绘图】工具栏位于界面的左侧，纵向排列（也可以拖动到顶部或中部成为横放），这是经典风格的代表性之一。内容包括各种常用的绘图工具，与【绘图】菜单的功能相同，但更加醒目，是 AutoCAD 最具代表性的内容，以后将重点介绍。

7）右侧：编辑工具栏

【编辑】（【修改】）工具栏位于界面的右侧，纵向排列（也可以拖动到顶部或中部成为横放），这也是经典风格的代表性之一。内容包括各种常用的编辑工具，与【编辑】菜单的功能相同，但更加醒目，也是 AutoCAD 最具代表性的内容，灵活、熟练地掌握将有助于极大地提高绘图速度和质量，以后也将重点介绍。

8）底部第一行：布局标签

该项内容用于在【模型空间】和【布局空间】的切换，正常绘图都是在【模型空间】的状态下，对于初学者不予考虑【布局空间】问题。

9）底部二、三行：命令提示行

该项内容位于界面下方的第二、三行，当执行（输入或点击按钮）某项命令后，上一行会显示相应的命令名称，下一行会提示操作者具体的操作，是初学者的操作指南，只要按照提示一步一步操作，就可以实现目标。因此，初学者一定要注意按提示操作。

10）最下面一行：状态栏

状态栏最左边的数字显示的是当前光标所在位置的坐标值。往右则依次有【推断约束】【捕捉模式】【栅格显示】【正交模式】【极轴追踪】【对象捕捉】【三维对象捕捉】【对象捕捉追踪】【允许/禁止动态 UCS】【动态输入】【显示/隐藏线宽】【显示/隐藏透明度】【快捷特性】【选择循环】和【注释监视器】15 个功能开关按钮。作为辅助工具，对精确绘图、提高图形质量非常有益，后面随时用到，也将重点介绍。

11）右下角：状态托盘

从左到右的按钮分别是：【模型与布局空间转换】【快速查看布局】【快速查看图形】【注释比例】【注释可见性】【自动添加注释】【切换工作空间】（转换风格）【锁定】【硬件加速】【隔离对象】【状态栏菜单】【全屏显示】等。对初学者一般较少应用，所以本书不作详细介绍，想深入学习者请参考其他专业书籍。

12）中部：绘图区

绘图区是指在操作界面中部的大片空白区域，用户完成一幅设计图的主要工作都是在绘图区完成的。所以开始绘图前，可以对绘图区做一些设置，以便于在舒适的状态下工作。

15.1.2　AutoCAD 的基本操作

1）命令的输入

AutoCAD 的命令必须在【命令：】状态下输入。

（1）键盘输入——直接从键盘输入命令名，然后按回车键或空格键。

（2）菜单输入——单击菜单名，出现下拉菜单，选择所需命令，单击该命令。

（3）图标按钮输入——单击代表所需命令的图标按钮。

（4）重复输入——在【命令：】提示后用回车键或空格键响应，可重复执行前一条命令。

2）二维点坐标的输入

坐标的输入方法主要有：

（1）绝对坐标

输入格式为【x,y】，表示输入点相对于原点【0,0】的坐标。

如【130,100】表示该点的 x 坐标值为 130，y 坐标值为 100。

（2）相对坐标

输入格式为【@$\Delta x,\Delta y$】，表示输入点相对于前一个点的坐标差。

如前一个点的坐标为【130,100】，输入点的相对坐标为【@50,－20】，则该点向左移 50，向下移 20，绝对坐标为【180,80】。

（3）极坐标

输入格式为【@距离＜角度】，表示输入点相对于前一个点的距离和角度。在缺省状态下，角度以 x 正方向为度量基准，逆时针为正，顺时针为负。

如前一个点的坐标为【180,80】，输入点的极坐标【@100＜30】，则该点相对于前一个点的距离为 100，由前一个点到该点构成的向量与 x 正方向之间的夹角为 30°。

3）图形文件的管理

新建、打开、保存文件的按钮位于【标准】工具条中。

（1）新建文件

拾取 按钮，弹出如图 15-3 所示的【创建新图形】对话框。该对话框共有 4 个选项，它们分别为：

——打开图形（打开一个已存在的图形文件）。

——从草图开始（按默认设置创建一个空白的新图，有公制和英制两种单位制选项）。

——使用样板（从系统现存的样板文件中选用一个作为空白新图）。

——使用向导（引导用户按照系统

图 15-3　【创建新图形】对话框

预定义的步骤依次设置新图的绘图单位、精度、角度、方向、绘图区域等内容,分有快速设置和高级设置两个选项)。

新建的图形文件,系统将自动取名为 Drawing1.dwg,也可在存盘时由用户改名保存。

(2) 打开文件

拾取 按钮,弹出如图 15-4 所示的【选择文件】对话框。在搜索窗口中选择需要打开的文件即可。

图 15-4 【选择文件】对话框

(3) 保存文件

在对图形进行处理时,应当经常点击 按钮进行保存。AutoCAD 自动为图形文件加上扩展名.dwg,当已有的图形文件经改动后重新保存时,AutoCAD 自动为原来的文件制作一个同名的备份文件,扩展名.bak。

如果要创建图形的新名字或新的版本格式而不影响原图形,可以单击菜单条【文件…另存为】,弹出如图 15-5 所示的【图形另存为】对话框,以一个新名称保存它。如果需要将文件保存为不同类型的图形文件,可在【文件类型】窗口中选择多种扩展名,如样板文件.dwt、图形交换文件.dxf 等。为了使绘制的图形能够在各个版本的 AutoCAD 中打开,建议在【文件类型】窗口中选择较低版本,如 AutoCAD 2000 图形(.dwg)。

图 15-5 【图形另存为】对话框

15.1.3　辅助绘图工具

为了快捷、精确地绘制图形，AutoCAD 提供了许多辅助绘图工具，包括正交、栅格、捕捉、对象捕捉、对象追踪、极轴等，可通过命令行、状态栏、功能键和快捷菜单来调用，其中位于最下方的状态栏最直观、方便。如图 15-6 所示。现简介其中四种常用的功能。

图 15-6　状态栏

1）正交功能

有 3 种方式可以启用该功能：

（1）键盘输入命令 Ortho。

（2）点击状态栏的【正交】按钮 ▣ 。

（3）按 F8 功能键。

在正交状态下，光标只能在水平或垂直方向上移动，这样可以精确绘制水平线或垂直线。

2）栅格功能

有 3 种方式可以启用该功能：

（1）键盘输入命令 Grid。

（2）点击状态栏的【栅格】按钮 ▦ 。

（3）按 F7 功能键可以显示带有一定间距的栅格。栅格相当于手工绘图的坐标纸，利用它可以直观地确定要绘制对象的长度、位置和倾斜角度。

3）捕捉功能

有 3 种方式可以启用该功能：

（1）键盘输入命令 Snap。

（2）点击状态栏的【捕捉】按钮 ▦ 。

（3）按 F9 功能键可以调用捕捉功能。该功能打开后，光标只能按照给定的间距跳动。

右击【栅格】或【捕捉】按钮，在弹出的快捷菜单中拾取【设置…】，打开【草图设置】对话框（图 15-7），在【捕捉和栅格】选项卡中可以对捕捉和栅格的间距进行设置。捕捉与栅格的间距可以相同也可以不同，绘图时，常将两种间距设为相同或相关的值，这样可以捕捉到栅格上的点。

4）对象捕捉功能

对象捕捉功能可以准确地捕捉对象上的某些特殊点，如直线的端点、中点，圆的圆心、象限点等。点击二维捕捉按钮 ▣ ，弹出如图 15-8 所示的【对象捕捉】快捷菜单，可以看到对象捕捉的模式有十多种。

利用快捷菜单捕捉的点为临时捕捉，一次有效。而利用【草图设置】对话框中的【对象捕捉】选项卡（图 15-9）所选定的捕捉点类型，可连续捕捉，直至关闭对象捕捉为止。

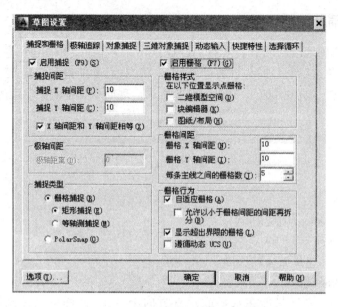

图 15-7 【草图设置】(【捕捉】)对话框

图 15-8 【对象捕捉】快捷菜单

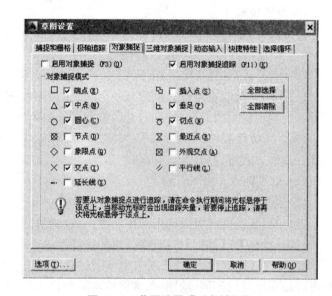

图 15-9 草图设置(【对象捕捉】)

15.2 常用绘图命令

绘制二维图形是 AutoCAD 的基本功能。二维图形可以看作是由点、直线、曲线、文字等各种图形对象组成的。绘图命令可以从键盘输入,也可以从绘图菜单或【绘图】工具条中选取。AutoCAD 的【绘图】工具条如图 15-10 所示。

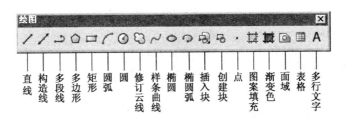

图 15-10 【绘图】工具条

15.2.1 绘制直线

1) 绘制直线段

直线命令可以绘制一段或几段直线段。下面举例说明。

【例 15-1】 绘制图 15-11 所示的多边形 *ABCDE*。

【解】 拾取 按钮,命令行提示:

命令:_line 指定第一点:10,30(用绝对坐标输入 *A* 点)↙

指定下一点或 [放弃(U)]:10,10(用绝对坐标输入 *B* 点)↙

指定下一点或 [放弃(U)]:@20,0(用相对坐标输入 *C* 点)↙

指定下一点或 [闭合(C)/放弃(U)]:@10<90(用极坐标输入 *D* 点)↙

指定下一点或 [闭合(C)/放弃(U)]:@30<30(用极坐标输入 *E* 点)↙

指定下一点或 [闭合(C)/放弃(U)]:*C*(闭合回到 *A* 点)↙

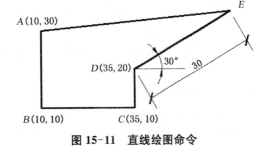

图 15-11 直线绘图命令

有几点需要说明:

(1) 在一个命令下可输入一系列端点,画出由多条直线组成的折线,每条线段都是一个独立的实体。用回车结束命令。

(2) 输入 U,则会删除直线段中最后绘制的线段。多次输入 U 将按绘制次序的逆序逐个删除线段。

(3) 输入 C,则以第一条直线段的起点作为最后一条直线段的端点,形成一个闭合的多边形,同时结束命令。只有在绘制了两条以上的线段之后,才能使用 C 选项。

2) 绘制构造线

构造线命令可以绘制两端都无限延长的直线。构造线通常作为辅助作图线使用。

拾取 按钮,命令行提示:

命令:_xline 指定点或 [水平(H)/垂直(V)/角度(A)/二等分(B)/偏移(O)]:(拾取一点作为构造线的起点)↙

指定通过点:(指定通过点确定构造线的方向)↙

指定通过点:(指定通过点确定另一条起点相同、方向不同的构造线)↙

如图 15-12 所示,给定起点 P_1 后,再给定通过点 P_2、P_3、P_4,可以连续绘制出从 P_1 到各通过点的多条构造线,直到按回车键结束命令。

一般可用水平和铅直的构造线控制图形的【长对正、高平齐】等投影关系,画好图形后可以删除不用的构造线。

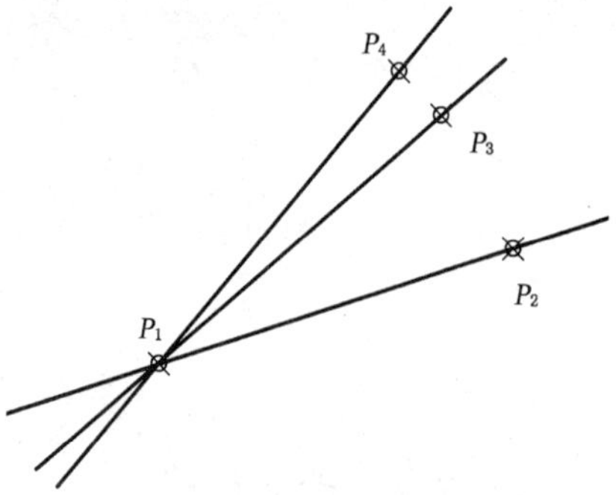

图 15-12 构造线绘图命令

15.2.2 绘制多边形

1)绘制矩形

矩形是一种常用的图形,可以用直线命令绘制,但 AutoCAD 提供的画矩形命令更快速方便,只要输入矩形对角线的 2 个点即可。下面举例说明。

【例 15-2】 绘制一个长 420、宽 297 的矩形。

【解】 拾取 ▭ 按钮,命令行提示:

命令:_rectang

指定第一个角点或〔倒角(C)/标高(E)/圆角(F)/厚度(T)/宽度(W)〕:(在屏幕上拾取一点作为矩形的第一个角点)↙

指定另一个角点或〔面积(A)/尺寸(D)/旋转(R)〕:@420,297(用相对坐标输入法输入矩形的另一个角点)↙

2)绘制正多边形

正多边形命令用来绘制 3~1024 条边的正多边形。

拾取 ⬠ 按钮,命令行提示:

命令:_polygon 输入边的数目〈4〉:5(绘制五边形)↙

指定正多边形的中心点或〔边(E)〕:

选项说明:

(1)指定正多边形的中心点:AutoCAD 是以假想圆作为画正多边形的依据,中心点即为假想圆的圆心。指定中心点后命令行继续提示:

输入选项〔内接于圆(I)/外切于圆(C)〕〈I〉:

内接于圆(I):是指正多边形内接于假想圆〔图 15-13(a)〕。中心点到多边形的顶点即为圆的半径。

外切于圆(C):是指正多边形外切于假想圆〔图 15-13(b)〕。中心点到边的距离即为圆的半径。

(2)边(E):输入两点绘制多边形。多边形的边长由两点间的距离确定,多边形的方向则由两点的位置和输入顺序决定,系统将自动从第一点开始逆时针画多边形。如图 15-14 所示。

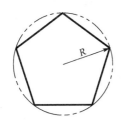

图 15-13（a） "I"方式绘制正多边形

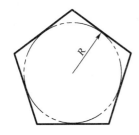

图 15-13（b） "C"方式绘制正多边形

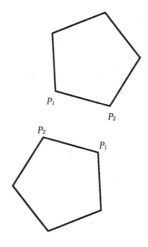

图 15-14 "边长方式"绘制正多边形

15.2.3 绘制规则曲线

1）绘制圆

拾取 ⊘ 按钮,命令行提示:

命令: _circle 指定圆的圆心或［三点(3P)/两点(2P)/相切、相切、半径(T)］:

AutoCAD 提供了 6 种绘制圆的方法。在下拉菜单绘图→ 圆子菜单中一目了然。如图 15-15 所示。

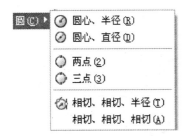

图 15-15 圆子菜单

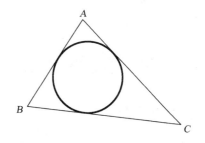

图 15-16 绘制内切圆

选项说明:

(1) 圆心、半径:通过指定圆心和半径画圆。

(2) 圆心、直径:通过指定圆心和直径画圆。

(3) 两点:确定两个端点后,以这两点之间的距离为圆的直径,绘制一个圆。

(4) 三点:确定不在同一直线上的 3 个点,绘制一个圆。

(5) 相切、相切、半径:画与已有的两个对象相切,半径为指定值的圆。

(6) 相切、相切、相切:该方式只能从下拉菜单中调用,可画出与 3 个对象都相切的圆。

【例 15-3】 利用圆命令绘制如图 15-16 所示三角形 ABC 的内切圆。

【解】 鼠标点击菜单:绘图→圆→相切、相切、相切,命令行提示:

命令:_circle 指定圆的圆心或三点(3P)/两点(2P)/相切、相切、半径(T)]:_3P

指定圆上的第一点:tan 到(选择线段 AB)↙

指定圆上的第二点:tan 到(选择线段 BC)↙

指定圆上的第三点:tan 到(选择线段 CA)↙

2) 绘制圆弧

该命令的选项有 12 种之多,如图 15-17 所示。其中有 3 对只是输入参数的顺序不同,所以实际是 8 种。具体可通过指定圆弧的起点、端点、圆心、角度、长度、半径、方向等参数的方法绘制。读者可自行练习。

图 15-17 圆弧子命令

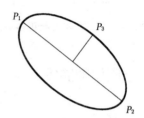

图 15-18 输入端点绘制椭圆

3) 绘制椭圆

椭圆是由两个轴定义的,较长的轴称为长轴,较短的轴称为短轴。AutoCAD 可以利用椭圆命令绘制椭圆。

如图 15-18 所示,拾取 ⬭ 按钮,命令行提示:

命令:_ellipse

指定椭圆的轴端点或[圆弧(A)/中心点(C)]:(拾取 P₁)↙

指定轴的另一个端点:(拾取 P₂)↙

指定另一条半轴长度或 [旋转(R)]:(拾取 P₂)↙

若输入字母 R,则选择旋转方式绘制椭圆,命令行继续提示:

指定绕长轴旋转的角度:(输入角度数值)

此方式将指定两点 $P_1 P_2$ 的距离作为圆的直径,并令圆绕直径旋转指定的角度再投影到屏幕平面上形成椭圆,系统允许输入的角度是 0°～80°。不同的旋转角度将产生不同的椭圆,如图 15-19 所示。

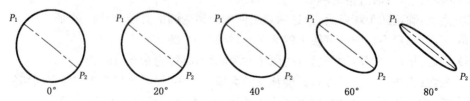

图 15-19 输入角度绘制椭圆

15.2.4 绘制点

1) 设置点样式

在【格式】菜单中选择【点样式】，系统会弹出如图 15-20 所示的对话框。该对话框列出了多种点的显示样式，其中默认状态下的显示为"·"，在绘图过程中，用户可以根据需要选择不同的点样式。确定点的大小时有两个选项，即【相对于屏幕设置大小】和【按绝对单位设置大小】。

2) 绘制单点和多点

在【绘图】菜单中选择【点】，可以看到绘制点有 4 个选项，选择【单点】只能绘制一个点。而选择【多点】子菜单或拾取【绘图】工具条中的 ▪ 按钮，可以一次连续绘制多个点，直到按回车键结束命令。

3) 绘制等分点

另外两个选项【定数等分】和【定距等分】是用来绘制作图的参考点。

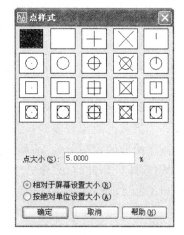

图 15-20 【点样式】对话框

【定数等分】是将选定的对象（指直线、圆弧、圆、多义线、椭圆等）按给定的数目进行等分，并在等分处以点对象或者块做标记。这些点对象作为辅助绘图的参考点。

【定距等分】是将选定的对象按给定的距离等分。

【例 15-4】 如图 15-21 所示，将直线 5 等分。

【解】 点击绘图菜单：点→定数等分，命令行显示：

命令：_divide

选择要定数等分的对象：(选择直线段)↙

输入线段数目或 [块(B)]：5↙

图 15-21 定数等分直线

15.3 常用修改命令

在绘图过程中需要修改已有图形，AutoCAD 提供了丰富的修改命令。熟练地掌握修改图形的方法，并将绘图命令与修改命令有效地结合起来，才能真正提高绘图效率。修改命令是绘制二维图形的基本功能。二维图形可以看作是由点、直线、曲线、文字等各种图形对象组成的。绘图命令可以从键盘输入，也可以从绘图菜单或【绘图】工具条中选取。Auto-CAD 的【修改】工具条如图 15-22 所示。

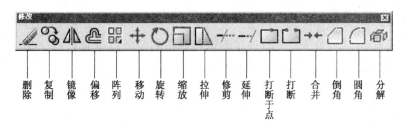

图 15-22 【修改】工具条

15.3.1 目标选择

在进行修改操作时,常出现"选择对象:"的提示,要求用户选择修改的对象。此时,十字形光标消失,代之出现的是一个小矩形方框,称为拾取框。AutoCAD 提供了多种选择方式,常用的有:

1) 点选

这是系统的默认方式。使用时可用拾取框逐个选中对象后直接点取,对象变虚或增亮表示被选中。

2) 窗口 W 选和 C 选

当被选对象较多时,用一个矩形框将对象一次选中,这就是窗口选。在 AutoCAD 中,用于拾取的窗口分为 W 和 C。在屏幕空白处按下鼠标左键不放,向右方拖动所成的窗口为 W(实线框),此时,完全处于窗口内的对象被选中;按下鼠标左键后若向左方拖动,将形成窗口 C(虚线框),此时,处于窗口内及与窗口相交的对象全部都被选中。如图 15-23 所示。

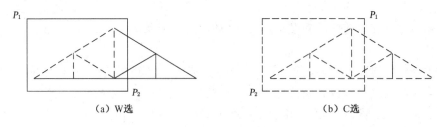

（a）W选 （b）C选

图 15-23 目标选择

15.3.2 图形的删除

拾取 ✐ 按钮,按命令行提示选择对象,可以删除图形中已经绘制的对象。

15.3.3 图形的复制

1) 复制

复制命令可以将选定的对象做一次或多次拷贝,并保留原图。

拾取 🔁 按钮,命令行提示:

命令:_copy

选择对象:(选取要复制的对象)↙

指定基点或位移,或者［重复(M)］:(指定一点作为对象复制的基点)↙

指定位移的第二点或〈用第一点作位移〉:(再指定一点,以两点间的距离和方向确定复制对象的位置)↙

【例 15-5】 已知图 15-24(a),用复制命令完成如图 15-24(b)所示的楼梯立面图。

【解】 拾取 🔁 按钮,按命令行提示先选择原图的两条直线对象,然后拾取基点 P_1,再根据提示先后拾取 P_2、P_3、P_4,即完成作图。

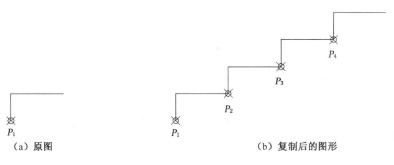

（a）原图　　　　　　　　　　　　（b）复制后的图形

图 15-24　复制

2）镜像

镜像命令可以绘制与原有图形对称的图形。下面举例说明。

【例 15-6】　已知图 15-25(a)，镜像门的开启线。

【解】　拾取 ▲ 按钮，命令行提示：

命令：_mirror

选择对象：(选取门的开启线和文字 M1)✓

指定镜像线的第一点：(拾取 A 点)✓

指定镜像线的第二点：(拾取 B 点)✓

是否删除源对象？［是(Y)/否(N)］〈N〉：✓

可获得图 15-25(b)。

两个重要说明：

(1) 是(Y)：绘出镜像对象，同时删除源对象。如图 15-25(c)所示。

(2) 文本镜像的结果由系统变量 Mirrtext 控制：Mirrtext＝0 为默认值，文本作可读镜像，如图 15-25(b)所示；Mirrtext＝1，文本作完全镜像，如图 15-25(c)所示。

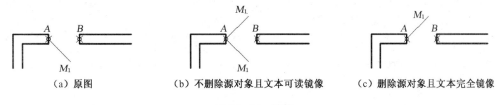

（a）原图　　　　　（b）不删除源对象且文本可读镜像　　　　　（c）删除源对象且文本完全镜像

图 15-25　镜像

3）阵列

阵列命令可以由源对象复制出一组相同的对象，有矩形阵列、路径阵列和环形阵列 3 种方式。启动【阵列】命令可以通过以下 3 种方式：

① 命令行输入：ARRAY 或 AR，按空格键。

② 菜单栏：【修改】→【阵列】→【矩形阵列】/【路径阵列】/【环形阵列】。

③ 工具栏：选择【修改】工具栏的【矩形阵列】图标 ▦、【路径阵列】图标 ◠、【环形阵列】图标 ▦。

(1) 矩形阵列

矩形阵列是将选定对象的副本分布到行数、列数和层数的任意组合。选择该选项后出现以下提示：

ARRAYRECT 选择对象：(选择要阵列的对象，如图 15-26 所示，按【空格键】结束选择)。

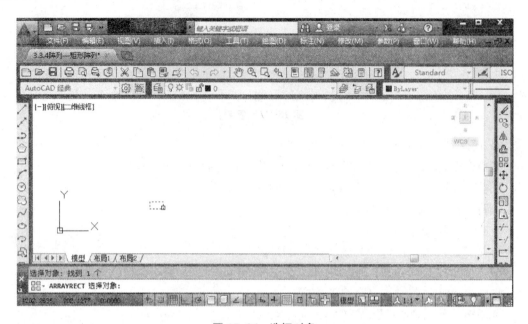

图 15-26　选择对象

ARRAYRECT 选择夹点以编辑阵列或[关联(AS) 基点(B) 计数(COU) 间距(S) 列数(COL) 行数(R) 层数(L) 退出(X)]〈退出〉：(通过控制夹点调整阵列间距、行数、列数和层数；也可以分别选择各选项设置阵列对象，如图 15-27 所示)

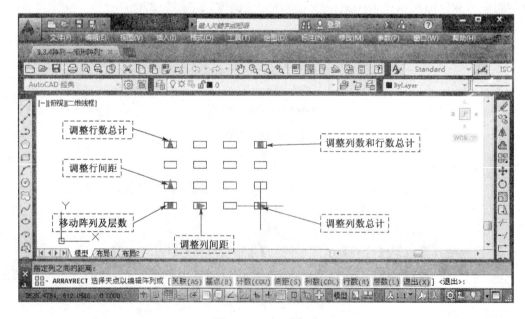

图 15-27　矩形阵列

各选项含义如下：

① 关联（AS）：指定是否在阵列中创建项目作为关联阵列对象，或作为独立对象。

② 基点（B）：指定用于在阵列中放置项目的基点。

③ 计数（COU）：指定行数和列数并使用户在移动光标时可以动态观察结果，是一种比"行和列"选项更快捷的方法。

④ 间距（S）：指定行间距和列间距并使用户在移动光标时可以动态观察结果。

⑤ 列数（COL）：编辑阵列中的列数和列间距。

⑥ 行数（R）：编辑阵列中的行数和行间距，以及它们之间的增量标高。其中增量标高是指设置每个后续行的增大或减小的标高。

⑦ 层数（L）：指定三维阵列的层数和层间距。

用户还可以设置阵列角度，在阵列行和列的基本参数设置完成后，选择阵列对象，光标悬停在夹点上时出现设置轴角度选项，如图 15-28 所示。图中虚线框内为其余夹点悬停状态时的选项按钮，点击轴角度按钮以设置角度。

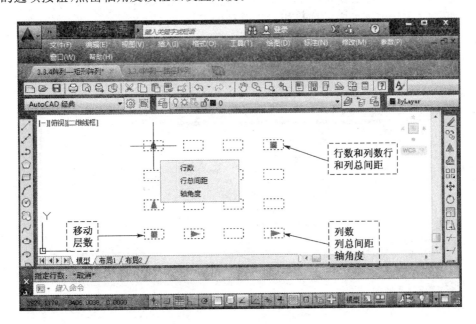

图 15-28　矩形阵列编辑

（2）路径阵列

路径阵列是沿路径或部分路径均匀分布选定对象的副本，路径可以是直线、多段线、三维多段线、样条曲线、螺旋、圆弧、圆或椭圆。选择该选项后，命令行提示如下：

ARRAYPATH 选择对象：（选择要阵列的对象，按空格键结束选择，如图 15-29（a）所示）

ARRAYPATH 选择路径曲线：（选择选定的图形对象要分布的路径曲线，选择路径曲线后，绘图区如图 15-29（b）所示）

ARRAYPATH 选择夹点以编辑阵列或［关联（AS）方法（M）基点（B）切向（T）项目（I）行（R）层（L）对齐项目（A）Z 方向（Z）退出（X）］〈退出〉：（通过控制夹点调整图形对象

副本的个数及间距;也可以分别选择各选项设置阵列对象)

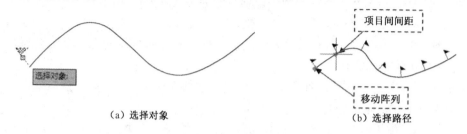

（a）选择对象　　　　　　　　　　（b）选择路径

图 15-29　路径阵列（选择）

各选项含义如下：

① 关联（AS）：指定是否在阵列中创建项目作为关联阵列对象，或作为独立对象。

② 方法（M）：选择沿路径分布项目的方式，有定数等分和定距等分两种方式。

③ 基点（B）：指定用于在相对于路径曲线起点的阵列中放置项目的基点。

④ 切向（T）：指定阵列中的项目相对于路径的起始方向对齐。

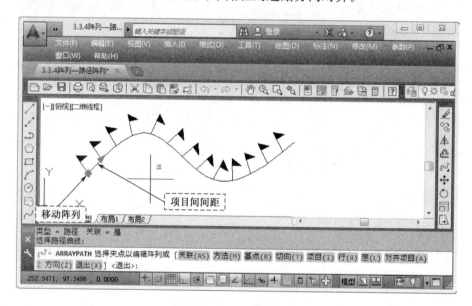

图 15-30　路径阵列夹点

⑤ 项目（I）：根据"方法"设置，指定项目之间的距离和项目数，默认情况下，使用最大项目数填充阵列，这些项目使用输入的距离填充路径。用户可以指定一个更小的项目数，也可以启用"填充整个路径"，以便在路径长度更改时调整项目数。比如将图 15-30 中的阵列对象在整个路径曲线中均匀布置 10 个，绘图过程命令行提示如下：

ARRAYPATH 选择夹点以编辑阵列或[关联（AS）方法（M）基点（B）切向（T）项目（I）行（R）层（L）对齐项目（A）Z 方向（Z）退出（X）]〈退出〉：M

ARRAYPATH 输入路径方法 [定数等分（D）/定距等分（M）]〈定距等分〉：D

ARRAYPATH 选择夹点以编辑阵列或[关联（AS）方法（M）基点（B）切向（T）项目（I）行（R）层（L）对齐项目（A）Z 方向（Z）退出（X）]〈退出〉：I

ARRAYPATH 输入沿路径的项目数或 [表达式(E)]〈13〉：10

ARRAYPATH 选择夹点以编辑阵列或[关联(AS) 方法(M) 基点(B) 切向(T) 项目(I) 行(R) 层(L) 对齐项目(A) Z方向(Z) 退出(X)]〈退出〉：A

ARRAYPATH 是否将阵列项目与路径对齐？[是(Y)/否(N)]〈否〉：Y

ARRAYPATH 选择夹点以编辑阵列或[关联(AS) 方法(M) 基点(B) 切向(T) 项目(I) 行(R) 层(L) 对齐项目(A) Z方向(Z) 退出(X)]〈退出〉：(按空格键退出,完成如图 15-31 所示图形)

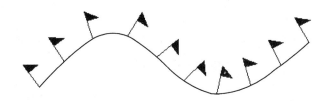

图 15-31　路径阵列结果

⑥ 行(R)：指定阵列中的行数和行之间的距离以及行之间的增量标高。

⑦ 层(L)：指定三维阵列的层数和层间距。

⑧ 对齐项目(A)：指定是否对齐每个项目以与路径的方向相切。对齐相对于第一个项目的方向。

⑨ Z方向(Z)：控制是否保持项目的原始 Z 方向或沿三维路径自然倾斜项目。

（3）环形阵列

环形阵列是指把对象绕阵列中心等角度均匀分布,阵列后的图形呈环形。选择该选项后,命令行提示：

ARRAYPOLAR 选择对象：(选择要阵列的对象,按空格键结束选择)

ARRAYPOLAR 指定阵列的中心点或[基点(B) 旋转轴(A)]：(指定分布阵列项目所围绕的点)

ARRAYPOLAR 选择夹点以编辑阵列或[关联(AS) 基点(B) 项目(I) 项目间角度(A) 填充角度(A) 行(ROW) 层(L) 旋转项目(ROT)]) 退出(X)]〈退出〉：(通过控制夹点调整角度和填充角度;也可以分别选择各选项输入数值)

【例 15-7】　绘制如图 15-32 所示餐桌椅。

【解】　该图形由餐桌和餐椅两部分组成,首先绘制餐椅并创建成图块,然后用【圆】命令绘制餐桌,最后对餐椅使用【环形阵列】命令围绕餐桌。

作图步骤如下：

（1）使用【直线】【圆弧】【偏移】等命令绘制餐椅,并创建成图块。

（2）使用【圆】命令绘制餐桌,绘圆时利用"对象捕捉追踪"透明命令,将餐椅与餐桌放置如图 15-33(a)所示位置。

（3）使用【环形阵列】绘制阵列餐椅。执行过程如下：

命令：_arraypolar

命令提示行：ARRAYPOLAR 选择对象：(选择餐椅为对象,如图 15-33(b)所示,按空格键结束选择)

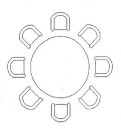

图 15-32　餐桌椅

命令行提示:ARRAYPOLAR 指定阵列的中心点或[基点(B)/旋转轴(A)]:(捕捉点击餐桌圆心为阵列的中心点,如图 15-33(c)所示)

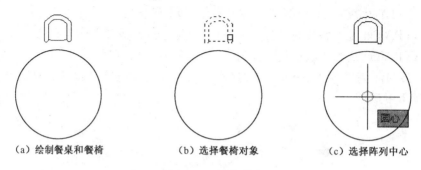

（a）绘制餐桌和餐椅　　　　（b）选择餐椅对象　　　　（c）选择阵列中心

图 15-33　绘制餐桌

命令行提示:ARRAYPOLAR 选择夹点以编辑阵列或[关联(AS)/基点(B)/项目(I)/项目间角度(A)/填充角度(F)/行(ROW)/层(L)/旋转项目(ROT)/退出(X)[〈退出〉:F

命令行提示:ARRAYPOLAR 指定填充角度(＋＝逆时针,－＝顺时针)或[表达式(EX)]〈360〉:(按空格键取默认值 360)

命令行提示:ARRAYPOLAR 选择夹点以编辑阵列或[关联(AS)/基点(B)/项目(I)/项目间角度(A)/填充角度(F)/行(ROW)/层(L)/旋转项目(ROT)/退出(X)[〈退出〉:I

命令行提示:ARRAYPOLAR 输入阵列中的项目数或[表达式(E)]〈6〉:8(按空格键确认,绘图区如图 15-34 所示)

命令行提示:ARRAYPOLAR 选择夹点以编辑阵列或[关联(AS)/基点(B)/项目(I)/项目间角度(A)/填充角度(F)/行(ROW)/层(L)/旋转项目(ROT)/退出(X)[〈退出〉:x(X 或按空格键退出,图形绘制完成)

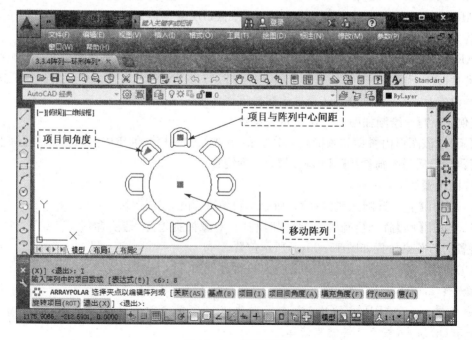

图 15-34　阵列餐椅

15.3.4 改变图形的位置和大小

1）移动

拾取 ✛ 按钮可调用此命令。移动命令可以将选定的对象从图中某一位置移至另一个位置，不改变对象的方向和大小。操作和复制命令相似，也是输入基点和指定位移量。区别是移动只能做一次移动，且原来的对象消失。

2）旋转

旋转命令可以将选定的对象绕某一基准点旋转，不改变对象大小但改变其方向。

拾取 ⟳ 按钮，命令行提示：

命令：_rotate

UCS   当前的正角方向：ANGDIR＝逆时针   ANGBASE＝0

选择对象：（选择旋转的对象）↙

指定基点：（选择旋转的基点）↙

指定旋转角度或［复制［C］/参照（R）］：（输入角度值，正值逆时针旋转，负值顺时针旋转）↙

其他选项说明：

（1）复制［C］：旋转后原来的对象不消失。

（2）参照（R）：通过指定参考角度和所需的新角度确定一个相对旋转角度，将选定的目标以相对角度绕基点旋转。

【**例 15-8**】 将图 15-35 中门的开启线旋转到 45°角。

图 15-35   门的旋转

【**解**】 图 15-35(a)只要以 A 为基点，输入旋转角度 45 即可。

图 15-30(b)选定参照方式后，命令行提示：

指定参照角〈0〉：（捕捉 A 点）指定第二点：（捕捉 B 点）

指定新角度：45↙

3）缩放

缩放命令可将选定的对象按需要的比例任意放大或缩小。下面举例说明。

【**例 15-9**】 将如图 15-36(a)所示的门放大 1.5 倍。

【**解**】 拾取 ▦ 按钮，命令行提示：

命令：_scale

选择对象：（选择门作为对象）↙

指定基点：（拾取 A 作为基点）↙

指定比例因子或［参照（R）］：1.5↙

此时,可得到图 15-36(b)。

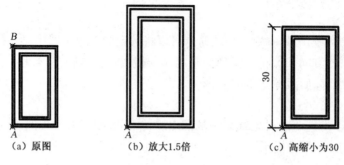

(a) 原图　　　　　(b) 放大1.5倍　　　　　(c) 高缩小为30

图 15-36　门的缩放

若想由图 15-36(a)得到如图 15-36(c)所示的高度为 30 的门,需要选择参照方式,此时,命令行提示:

指定参照长度〈1〉:(捕捉 A 点)指定第二点:(捕捉 B 点)
指定新长度:30↙

15.3.5　改变图形的形状

1) 拉伸
拉伸命令可以将对象按指定的方向或角度拉长、缩短或移动。
以图 15-37 为例,拾取 ▯ 按钮,命令行提示:

命令:_stretch
以交叉窗口或交叉多边形选择要拉伸的对象...
选择对象:(用交叉窗口或交叉多边形选择要拉伸的对象)↙
指定基点或位移:(拾取 P_1)↙
指定位移的第二个点或〈用第一个点作位移〉:(拾取 P_2)↙

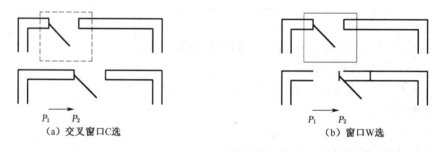

P_1　　P_2　　　　　　　　　　　P_1　　P_2
(a) 交叉窗口C选　　　　　　　　　　(b) 窗口W选

图 15-37　门的拉伸

用 C 方式选择要拉伸的对象,被选对象会移动,与该对象连接的其他一些对象将被拉伸或压缩,以保持移动部分与未动部分的连接关系不变。如图 15-37(a)所示。而用 W 方式选择对象,只是被选对象会移动,与该对象连接的其他对象不作改变。如图 15-37(b)所示。

2）修剪

修剪命令可以使对象沿一个或多个所确定的边界被剪切掉一部分。下面举例说明。

【例 15-10】 将图 15-38（a）中直线超出圆弧部分的 *PA* 段修剪掉。

【解】 拾取 ┤┄ 按钮，命令行提示：

命令：_trim

当前设置：投影＝UCS，边＝无

选择剪切边…

选择对象：（选择圆弧）↙选择要修剪的对象，或按住 Shift 键选择要延伸的对象，或［栏选（F）/窗交（C）/投影（P）/边（E）/ 删除（R）/放弃（U）］：（拾取 PA 之间任意一点）↙

结果如图 15-38（b）所示。

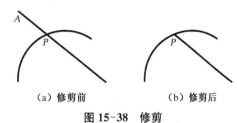

(a) 修剪前 (b) 修剪后

图 15-38 修剪

【例 15-11】 将图 15-39（a）的"井"字图形修剪成图 15-39（b）的十字路口。

【解】 拾取 ┤┄ 按钮，按命令行提示，先选择剪切边，即将 4 条线全部选定，回车，再选择被修剪的对象，拾取 *AB*、*BC*、*CD*、*AD* 段。

（a）修剪前

（b）修剪后

图 15-39 修剪图形

3）延伸

延伸命令可以将直线、圆弧等精确地延伸至指定的边界。该命令的操作步骤和方法与修剪命令类似。

如图 15-40 所示，拾取 ┄┤ 按钮，按命令行提示，先选择直线作为边界的边，再选择圆弧作为要延伸的对象。值得注意的是：拾取 *A* 端和 *B* 端分别得到图 15-40（b）和图 15-40（c）。

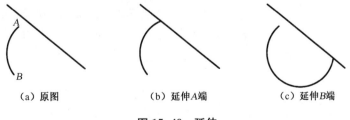

（a）原图

（b）延伸*A*端

（c）延伸*B*端

图 15-40 延伸

4）倒圆角

倒圆角可以用指定半径的圆弧将两个对象光滑地连接起来。倒圆角前需要先设置圆角半径。

拾取 ▨ 按钮，按命令行提示先后选择第一个对象和第二个对象，两个对象选定后，就用给定的半径连接它们。当选择对象拾取点的位置不同，圆角的位置也不同。读者可以自行练习。

T 选项可以控制倒圆角后是否修剪选定的边，如图 15-41 所示。

在实际绘图中，Fillet 命令还可以把圆角半径设为 0，用来处理没有能相交的线段，如图 15-42 所示。

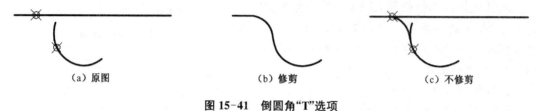

（a）原图   （b）修剪   （c）不修剪

图 15-41   倒圆角"T"选项

5）倒斜角

倒斜角命令可以用斜线连接两个对象。倒斜角前需要设置两个距离。

如图 15-43(a)所示，拾取 ▨ 按钮，按命令行提示，先设置两个倒角距离 D_1 和 D_2，再选取线 1 和线 2，得到图 15-43(b)。

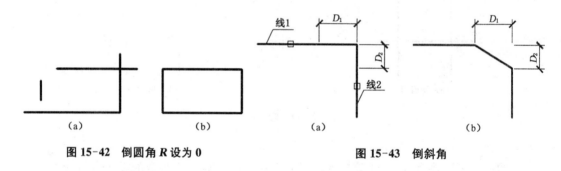

（a）   （b）   （a）   （b）

图 15-42   倒圆角 R 设为 0   图 15-43   倒斜角

15.3.6   夹点编辑

夹点功能可以帮助用户使用拉伸、移动、旋转、缩放、镜像等命令快速地编辑图形。

1）夹点

夹点是指选定对象上的特征点，如直线上的端点和中点、圆的圆心和象限点、块的插入点等。不调用任何命令，在【命令】提示下选择对象，该对象上显示夹点（小方框标记），如图 15-44 所示。建立夹点后，可按 Esc 键取消夹点。

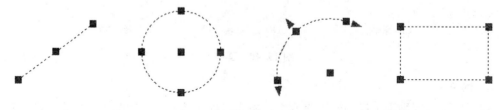

图 15-44   夹点

2）夹点编辑

一旦在对象上建立起夹点，命令行将等待用户输入命令。此时将光标对准某一个夹点再点取它，夹点颜色改变成红色，这个夹点称为基点。这时，命令行给出命令并提示：

＊＊拉伸＊＊

指定拉伸点或［基点(B)/复制(C)/放弃(U)/退出(X)］：

当看到这一行提示时，就表示可以使用夹点编辑方式。夹点编辑有 5 种命令：拉伸、移动、旋转、缩放和镜像。键入 Enter 或空格键，可在这 5 种命令之间循环，同时命令行给出相应的提示。读者可以自行练习。

15.4　图层与属性

在绘制一幅图时，除了要确定对象的形状、大小以外，还要确定对象的特性，如图层、颜色、线型、线宽等。

15.4.1　图层概述

为了方便图形的组织和管理，AutoCAD 引入了图层的概念。图层可以想象成透明的薄片(图 15-45)，所有图层的图面尺寸、坐标系统、缩放系数均相同，且层与层之间完全对齐。在一幅图形中，可以定义任意多的图层，将图形中的不同对象放在不同的图层上，不同的图层用图层名加以区分，各图层叠合在一起，就组成一幅完整的图形。

图 15-45 是按线型分图层，将粗实线、虚线、点划线放在不同的图层中。也可以按图线的功能分层，如在建筑工程图中，按功能把墙线放在命名为"墙"的图层上，该图层设置一定的颜色、线型和线宽。这样，就可以通过图层的控制管理所有墙线特性。

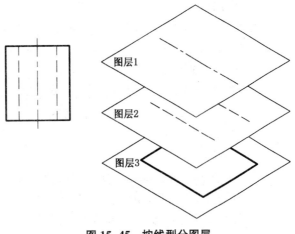

图 15-45　按线型分图层

15.4.2　图层特性管理器

图层特性管理器是用于管理图层的工具，它可以设置当前图层、重命名现有图层、设置图层特性、控制图层状态及图层的打印样式等。

拾取　，弹出【图层特性管理器】对话框，如图 15-46 所示。图层的主要操作如下：

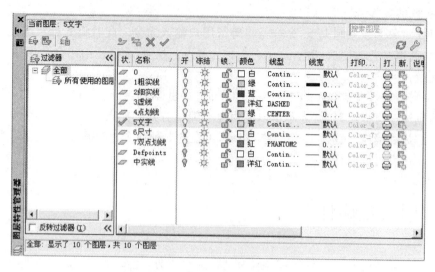

图 15-46　【图层特性管理器】对话框

1）创建新图层

对话框中显示的只有 0 层。拾取 ![按钮] 按钮，新图层将以临时名称"图层 1""图层 2""图层 3"……显示在图层列表中，单击【确定】按钮即可。

2）删除图层

选择要删除的图层，单击 ✖ 按钮即可。当前层、0 层、包含对象的层、依赖外部参照的图层不能被删除。

3）设置当前图层

在图层列表中选择要成为当前层的图层，然后单击 ✔ 按钮即可。也可以双击该图层名，使其成为当前层。

4）图层的重命名

选择要改名的图层，单击它的名称，输入新的名称即可。0 层不可以重命名。

5）设置图层的颜色、线型和线宽

（1）设置图层的颜色

单击所选图层的颜色图标，便弹出【选择颜色】调色板（图 15-47），从中选择一种颜色后，单击【确定】按钮即可。

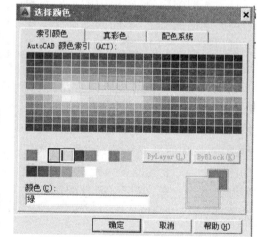

图 15-47　选择颜色

（2）设置图层的线型

单击所选图层的线型图标，便弹出【选择线型】对话框（图 15-48）。在该对话框中选择需要的线型后，单击【确定】按钮即可。

如果在【选择线型】对话框中没有所需的线型，则要从线型库中装载所需的线型。单击【加载】按钮，这时弹出【加载或重载线型】对话框（图 15-49）。在该对话框的线型列表中选择所需的线型后，单击【确定】按钮即可。

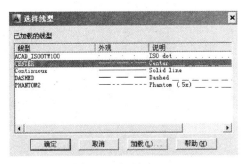

图 15-48 【选择线型】对话框

图 15-49 【加载或重载线型】对话框

（3）设置图层的线宽

单击所选图层的线宽图标，便弹出【线宽】对话框（图略）。在该对话框中选择需要的线宽后，单击【确定】按钮即可。

6）设置图层状态

缺省状态下，新创建的图层均为【打开】【解冻】和【解锁】的开关状态。在绘图时可根据需要改变图层的开关状态，对应的开关状态为【关闭】【冻结】和【加锁】。其各项功能见表 15-1。

表 15-1　图层状态

图层状态	图标	显示	编辑	运算	打印
打　开	💡	✓	✓	✓	✓
关　闭	💡	✕	✕	✓	✕
解　冻	○	✓	✓	✓	✓
冻　结	❄	✕	✕	✕	✕
解　锁	🔓	✓	✓	✓	✓
锁　定	🔒	✓	✕	✓	✓

15.4.3　【对象特性】工具条的使用

【对象特性】工具条可以快速、方便地查看或管理对象的图层，并可以为新对象设置不依赖于图层的颜色、线型、线宽等。分别点击各选项右侧的"V"，即可在弹出的窗口中选择相应的选项，如图 15-50(a)、(b)、(c)所示，但是一般情况下不建议初学者使用。

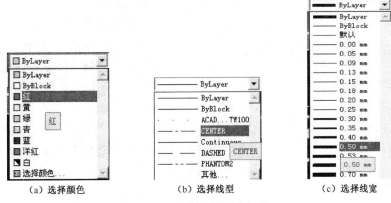

　　（a）选择颜色　　　　　　（b）选择线型　　　　　（c）选择线宽

图 15-50　【对象特性】选择窗口

15.5　文字

一张完整的工程图样,还必须有相应的文字信息,AutoCAD 提供了较强的文字功能。

15.5.1　设置文字样式

拾取【文字】工具条中的 按钮,弹出【文字样式】对话框,如图 15-51 所示。

该对话框可以完成新建文字样式、删除文字样式和设置当前文字样式的操作,另外还可以设置字体、文字高度和文字效果如颠倒、反向、宽度因子、倾斜角度等内容。

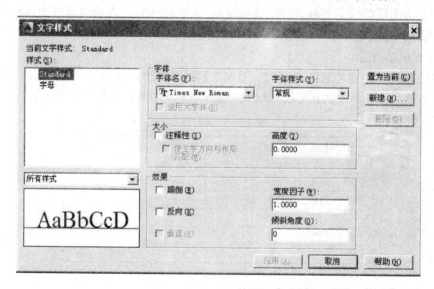

图 15-51　【文字样式】对话框

15.5.2　文字书写

1) 文字输入的两种方式

在【文字】工具条中可以看到,AutoCAD 提供了两种不同的方式输入文本,即单行文字和多行文字。

单行文字是在图形中按指定文字样式并以动态方式输入文字,每一行是一个独立的对象,它只适合于不需要多种文字的简短内容的输入。多行文字可以一次输入多行文字,并且各行文字都以指定宽度排列对齐。可以将书写的段落文字作为整体对象进行编辑。下面重点介绍多行文字的输入。

2) 多行文字

拾取【绘图】工具条中的 按钮,按命令行提示输入两个对角点,弹出如图 15-52 所示的多行文字编辑器,它包括【文字格式】工具栏和【多行文字在位编辑器】两部分。在编辑器中选择字体、字高等内容,输入相关文字内容,按【确定】按钮即可。

（a）【文字格式】工具栏

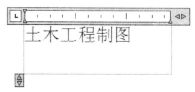

（b）【多行文字在位编辑器】

图 15-52 多行文字编辑器

3）特殊字符的输入

在工程图中，经常要书写一些特殊字符，这些字符不能直接由键盘输入，AutoCAD 为这些字符提供了控制码，通过在键盘上直接输入这些控制码即可实现特殊字符的输入。表 15-2 列出了一些常用特殊字符的控制码和含义。

表 15-2 特殊字符的控制码及其含义

特殊字符	含 义	控制码
°	角度单位	％％C
Φ	直径符号	％％D
±	公差符号	％％P
％	百分比符号	％％％
——	下划线	％％U
——	上划线	％％O

15.5.3 文字编辑

拾取【文字】工具条中的 按钮，按命令行提示选择要编辑的文字，则会弹出如图 15-52 所示的多行文字编辑器，可对文字的特性和内容进行修改。

15.6 尺寸标注

尺寸标注是工程图样中不可缺少的一个组成部分。图形表达物体的形状结构，而尺寸反映的是物体各部分的大小及它们之间的相对位置。利用 AutoCAD，能够方便地进行各种类型的尺寸标注。图 15-53 是【尺寸标注】工具条。

图 15-53 【尺寸标注】工具条

15.6.1　设置尺寸标注样式

在工程制图中,一个完整的尺寸由尺寸线、尺寸界线、尺寸终端和尺寸数字四部分组成。AutoCAD中,这4个部分是以块的形式存在的。AutoCAD的默认标注样式与土木工程图中的尺寸标注要求不完全相符,因此在标注尺寸前首先需要设置相应的尺寸标注样式。

拾取 ,弹出如图15-54所示的【标注样式管理器】对话框。利用该对话框可以进行新建标注样式、修改样式、将某样式置为当前样式及替代和比较的操作。限于篇幅,这里仅举一例说明。选择【修改】按钮,弹出【修改标注样式】对话框,如图15-55所示。该对话框共有7个选项卡,其内容包含了系统所有与尺寸标注有关的系统变量,用户可根据需要自行调整其中各项的内容。对话框的右上方有一示例窗口,用户所做的调整将实时显示于此。

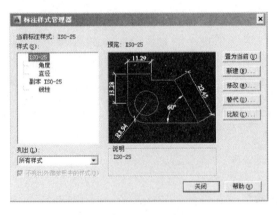

图 15-54　【标注样式管理器】对话框

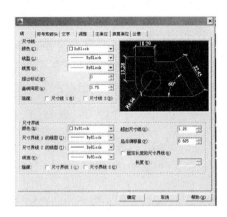

图 15-55　【修改标注样式】对话框

15.6.2　基本尺寸注法

尺寸标注的类型较多,这里主要介绍土木工程图中常用的几种标准类型,如线性标注、对齐标注、半径标注、直径标注、角度标注、连续标注、基线标注等,下面主要通过举例来说明。

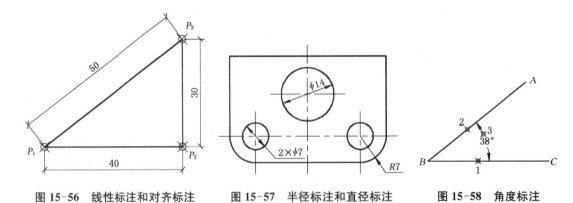

图 15-56　线性标注和对齐标注　　　图 15-57　半径标注和直径标注　　　图 15-58　角度标注

1) 线性标注——用于标注水平和垂直方向的尺寸

【例15-12】　标注图15-56中的尺寸40和30。

【解】 拾取 ⊢⊣ 按钮,按命令行提示在屏幕上指定 P_1 和 P_2 作为尺寸界线原点,通过拖动鼠标确定尺寸线的位置,系统自动测量长度值 40 并将其标出。同理指定 P_1 和 P_3 作为尺寸界线原点可得尺寸 30。注意将箭头改为【建筑标记】。

2) 对齐标注——用于标注倾斜方向的尺寸,对齐标注的尺寸线与被标注对象平行

【例 15-13】 标注图 15-56 中的尺寸 50。

【解】 拾取 ⟍ 按钮,命令行提示与线性标注基本相同,指定 P_1 和 P_3 作为尺寸界线原点可得尺寸 50。

3) 半径标注——用于标注圆弧的半径

【例 15-14】 标注图 15-57 中的半径尺寸 $R7$。

【解】 拾取 ⊘ 按钮,按命令行提示点取圆弧,指定尺寸线的位置,即标出圆弧的半径。

4) 直径标注——用于标注圆弧的直径

【例 15-15】 标注图 15-57 中的直径尺寸 $\phi15$ 和尺寸 $2 \times \phi7$。

【解】 拾取 ⊘ 按钮,命令行的提示和操作与半径标注基本相同。注意,$2 \times \phi7$ 需要修改。

5) 角度标注——用于标注角度,角度标注中一般要求水平放置文字

【例 15-16】 标出图 15-58 中 $\angle ABC$ 的角度。

【解】 拾取 △ 按钮,按命令行提示先后在直线 BC 和直线 AB 上拾取点 1 和点 2,最后拾取点 3 作为标注位置。注意,将文字的对齐方式改为【水平】。

6) 连续标注——用于标注首尾相连的连续尺寸

连续标注的前提是当前尺寸中已有一个线性标注、坐标标注或者角度标注,每一个后续标注将使用前一个标注的第二个尺寸界线作为本标注的第一个尺寸界线。

【例 15-17】 对图 15-59 进行连续标注。

【解】 先利用线性标注,以点 1 和点 2 为尺寸界线原点,标注第一段尺寸 10;然后拾取 ⊢⊢⊢ 按钮,按命令行提示拾取点 3 标注尺寸 20,再拾取点 4 标注尺寸 15。

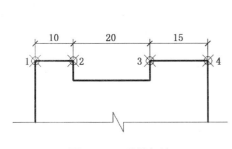

图 15-59 连续标注

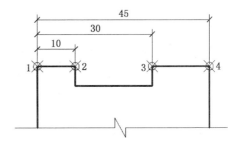

图 15-60 基线标注

7) 基线标注

【例 15-18】 对图 15-60 进行基线标注。

【解】 先标注第一段尺寸 10,然后拾取 ⊟ 按钮按命令行提示拾取点 3 标注尺寸 30,再拾取点 4 标注尺寸 45。

15.7 图块

图块是将单个或多个图形对象组合起来,并赋予名称后形成的一种新的实体。图块可以作为独立的实体插入到图形的任何位置。在插入过程中可以进行缩放和旋转。

在工程制图中,使用块技术可以提高绘图的效率。例如可以将建筑图中的门、窗等以及常用符号创建为图块,绘图时根据需要随时进行调整。

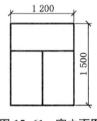

图 15-61　窗立面图

15.7.1 创建块

在当前图形中创建的块,称为内部块,它只能在当前图形中调用。举例说明。

【例 15-19】　将如图 15-61 所示的窗立面图创建为块。

【解】　拾取【绘图】工具条中的 🔲 按钮,弹出【块定义】对话框(图 15-62)。在【名称】文本框中输入块的名称【窗】。在【基点】选项区域内,单击【拾取点】按钮,切换到绘图窗口,用鼠标拾取窗的左下角点,确定基点位置。在【对象】选择区域内选择【保留】单选按钮,再单击【选择对象】按钮,切换到绘图窗口,使用窗口选择方式选择图形,然后按回车键返回【块定义】对话框。在【说明】文本框中输入对图块的说明,如【窗立面,高1500,宽1300】。完成后,单击【确定】按钮保存设置,即完成了【窗】块的设置,如图 15-62 所示。

图 15-62　【块定义】对话框

15.7.2 插入块

插入块用来将已定义的块插入到当前图形文件中。举例说明。

【例 15-20】　插入例 15-19 中所创建块【窗】。

【解】　拾取【绘图】工具条中的 🔲 按钮,弹出【插入】对话框(图 15-63)。在【名称】下拉列表框中选择块名【窗】。在【插入点】选项区域中选择【在屏幕上指定】复选框。在【缩放比例】选项区域中输入 X、Y 和 Z 比例因子 1、2 和 1。在【旋转】选项区域中输入块的旋转角度30。确定,在屏幕上拾取插入的点,即插入如图 15-64 所示的窗。

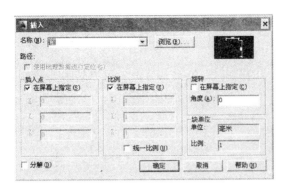

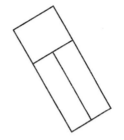

图 15-63 【插入】对话框   图 15-64 【插入】的窗

注意:分解复选框控制是否分解插入的块。分解关闭时,插入后的图块将作为一个整体。分解打开时,插入后的图块将分解为各单独的图形实体,块定义不添加到图形中。

15.8 绘制复杂的对象

为了方便绘图,AutoCAD 为一些复杂对象提供了专门的绘制和编辑命令,如多段线、多线、剖面线等。

15.8.1 多段线的绘制

多段线是由不同宽度的若干直线段或圆弧线段组成的整体,AutoCAD 把它作为单一实体。图 15-65 是一些多段线的实例。

图 15-65 多段线的实例

拾取【绘图】工具条中的 按钮,启动多段线命令,按命令行提示指定多段线的第一点,此时,命令行继续提示:

指定下一点或 [圆弧(A)/半宽(H)/长度(L)/放弃(U)/宽度(W)]:

多段线可以用直线方式和圆弧方式来绘制。

1)直线方式

用直线方式绘制多段线的操作与直线命令基本相似。不同的是:由直线绘制的是多段单独的对象,而多段线绘制的是一个整体;多段线可以由宽度(W)或【半宽(H)】选项控制多段线的起点和端点宽度,线段的终点宽度与起点宽度可以不一样。

2)圆弧方式

当选取【A】项后,由直线方式转为圆弧方式。圆弧线段的起点是前一个线段的终点。

此时,命令行提示:

指定圆弧的端点或[角度(A)/圆心(CE)/闭合(CL)/方向(D)/半宽(H)/直线(L)/半径(R)/第二个点(S)/放弃(U)/宽度(W)]:

可根据两点绘制与前一直线段相切的圆弧段;直线(L)选项可以转换为绘制直线多段线;角度、圆心、方向、半径、第二个点选项绘制圆弧方法类似于圆弧命令,在此不再赘述。

15.8.2 多线的绘制和编辑

多线是指多条相互平行的直线,可以包含1~17条,这些线可以有自身的线型、颜色和位置。在建筑图中利用多线绘制平面图的墙线非常方便。

1)定义多线样式

在【格式】菜单中选取【多线样式···】子菜单,弹出【多线样式】对话框,如图15-66所示。这里只介绍新建多线样式。

在对话框中拾取【新建】按钮,弹出如图15-67所示的【创建新的多线样式】对话框。在【新样式名】编辑框中输入一个新样式名如【QX】,单击【继续】按钮,弹出如图15-68所示的【新建多线样式:QX】对话框,各选项的说明如下:

图15-66 【多线样式】对话框　　　　**图15-67 【创建新的多线样式】对话框**

(1)【说明】编辑框:该项用来对所定义的多线进行说明,所用字符不能超过256个。

(2)【图元】选项区:列表框中显示每根多线相对于多线原点的偏移量、颜色和线型,它们可通过下面的【偏移】【颜色】【线型】对应项分别设置。比如要绘制370 mm厚墙,轴线距墙内缘120 mm,轴线的位置相当于多线的中心,则两条多线的偏移量分别选择250和-120。

(3)【封口】【填充】【显示连接】的形式如图15-69所示。

2)绘制多线

在【绘图】菜单中选择【多线】子菜单,命令行提示:

命令:_mline

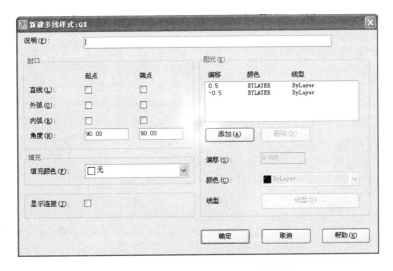

图 15-68 【新建多线样式：QX】对话框

图 15-69 连接点显示与端点形式

当前设置：对正＝上，比例＝20.00，样式＝STANDARD

指定起点或[对正(J)/比例(S)/样式(ST)]：

主要选项说明：

(1) 对正(J)：此选项用于选择绘制多线时的偏移方式。有上偏移(T)、无偏移(Z)和下偏移(B) 3 种方式可供选择。如图 15-70 所示。

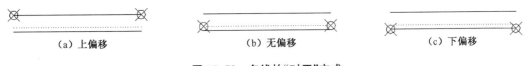

图 15-70 多线的"对正"方式

(2) 比例(S)：设置多线宽度比例。若输入比例因子 3，则两条平行线之间的间距比定义的要增大 3 倍。若比例因子为负值，多线的各元素反向偏移绘出。

3) 编辑多线

下拉菜单：修改→对象→多线，弹出如图 15-71 所示的【多线编辑工具】对话框。该对话框中有 13 个图标，分别为 13 个编辑工具，可以对十字形、T 形及有拐角和顶点的多线进行编辑。具体操作为：根据需要选择适当的编辑工具，分别拾取两条多线，完成编辑(对于 T 形多线编辑，必须先选择 T 形的"竖"，后选择"横")。如图 15-72 所示。

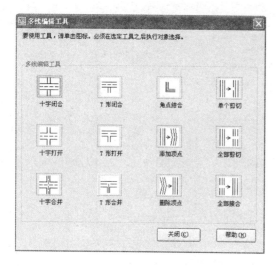

图 15-71 【多线编辑工具】对话框

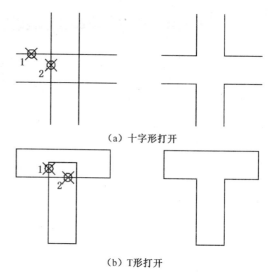

（a）十字形打开

（b）T形打开

图 15-72　多线编辑

15.8.3　图案填充

图案填充功能可以将特定的图案填充进一个封闭的区域中。在工程制图中，主要用于在剖面区域进行剖面符号或材料图例符号的绘制。下面简单介绍填充材料的操作过程。

【例 15-21】　对图 15-73(a)所示的基础断面图填充钢筋混凝土和砖图例。

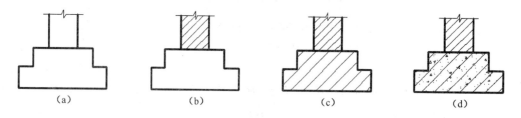

（a）　　　　　　　　　（b）　　　　　　　　　（c）　　　　　　　　　（d）

图 15-73　基础断面图填充

【解】　步骤如下：

（1）拾取【绘图】工具条中的 ▨ 按钮，弹出【图案填充和渐变色】对话框，如图 15-74 所示。

（2）选择填充图案：单击【图案】后面的【…】按钮，弹出如图 15-75 所示的【填充图案选项板】对话框，该对话框列出各种预定义图案的图标以供查看和选择。在【ANSI】选项卡中选择【ANSI31】图案，单击【确定】按钮。回到【图案填充和渐变色】对话框。

（3）设置角度和比例。角度的默认值为 0，可根据需要设置填充图案的旋转角度。比例的默认值为 1，可根据需要选择不同的比例值将图案放大或缩小。

（4）在【边界】选项区域拾取 ▦ 按钮切换到绘图窗口，在图形中的填充区域内拾取一点来指定填充区域的边界。

（5）按回车键回到【图案填充和渐变色】对话框，拾取【预览】按钮可以回到绘图窗口查看效果，满意按回车键确认，不满意可以按【Esc】取消，重新设置参数直到满意为止。单击

【确定】按钮,填充效果如图 15-73(b)所示。

同理,可按上述步骤对基础墙填充钢筋混凝土材料,需填充 2 次,分别为【ANSI】选项卡中的【ANSI31】图案和【其他预定义】选项卡中的【AR-CONC】图案。填充结果如图 15-73(c)和图 15-73(d)所示。

图 15-74 【图案填充和渐变色】对话框

图 15-75 【填充图案选项板】对话框

15.9 绘制工程图的一般步骤

AutoCAD 是一个实用绘图软件,仅仅了解其内容和主要命令是不够的,必须加以大量的绘图练习。本节通过实例,对使用该软件绘图的方法和步骤作简要说明。

【例 15-22】 绘制如图 15-76 所示的平面图形并标注尺寸。

【解】 步骤如下:

(1) 设置 3 个图层

粗线层——线型为实线,线宽为 0.7。

轴线层——线型为点划线,线宽为 0.19。

标注层——线型为实线,线宽为 0.19。

(2) 绘制图形

绘制图形时,要分析图形的组成,以确定用哪些绘图命令来绘制。图 15-76 由圆、圆弧和一些直线组成。由此可知,可能要用到的绘图命令有直线命令 、圆命令 和圆弧命令 。

(3) 修改图形

AutoCAD 提供了大量的修改命令。修改图 15-76 可能需要用到的修改命令有复制命

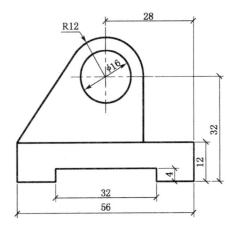

图 15-76 平面图形的绘制

令 🔧 和修剪命令 ⊣ 。

（4）标注尺寸

图 15-76 中需要用到的尺寸标注类型有线性标注、半径标注、直径标注、连续标注和基线标注。

15.10 专业图绘制实例

学习了 AutoCAD 的基础知识后，基本掌握了 AutoCAD 有关命令的应用。能将这些命令综合应用，并绘制复杂的专业图是我们学习 AutoCAD 的最终目的。下面以建筑平面图为例，介绍土木工程专业图的绘图技巧。

【例 15-23】 绘制如图 15-77 所示的建筑平面图。

【解】 步骤如下：

（1）设置绘图环境

手工绘图前要做一些前期工作，如选择图纸、布置图面、确定比例等。设置绘图环境就是计算机绘图的前期工作，一般包括设置绘图界限、设置图层、绘制图框和标题栏。

① 设置绘图界限

在绘图时首先应根据图形尺寸的大小确定绘图的比例，选择图幅。按图 15-77 的尺寸选择 A4 图幅竖放，1∶100 的比例比较合适。但应用计算机绘图时，为了画图方便，可先按照 1∶1 比例绘制，最后通过出图比例控制图幅的大小。所以，此图的绘图界限应按照 A4 图幅的标准尺寸扩大 100 倍，即设为 21000×29700。

具体操作为，单击菜单：格式→图形界限，命令行提示：

命令：limits

重新设置模型空间界限：指定左下角点或[开(ON)/关(OFF)]〈0.0000,0.0000〉：↙

指定右下角点或[开(ON)/关(OFF)]〈21000.0000,29700.0000〉：↙

② 设置图层

图层的设置可以按图线进行设置，也可以按功能进行设置，各图层的颜色自定。

加粗线层——线型为实线，线宽为 1.0，用来绘制图框。

粗线层——线型为实线，线宽为 0.7，用来绘制墙、标题栏边框等。

中粗线层——线型为实线，线宽为 0.5，用来绘制门窗、楼梯、阳台等。

轴线层——线型为点划线，线宽为 0.35，用来绘制定位轴线。

标注层——线型为实线，线宽为 0.35，用来绘制标注尺寸。

文字层——线型为实线，线宽为 0.19，用来书写文字。

③ 绘制图框和标题栏

利用矩形、复制、拉伸、修剪、文字等命令可以绘制出图框及标题栏，具体尺寸可参考第 1 章的相关内容。

（2）绘制建筑平面图

① 绘制定位轴线、定位轴线编号

利用直线命令绘制第一条横向和纵向的定位轴线，按照定位轴线间的距离复制生成其

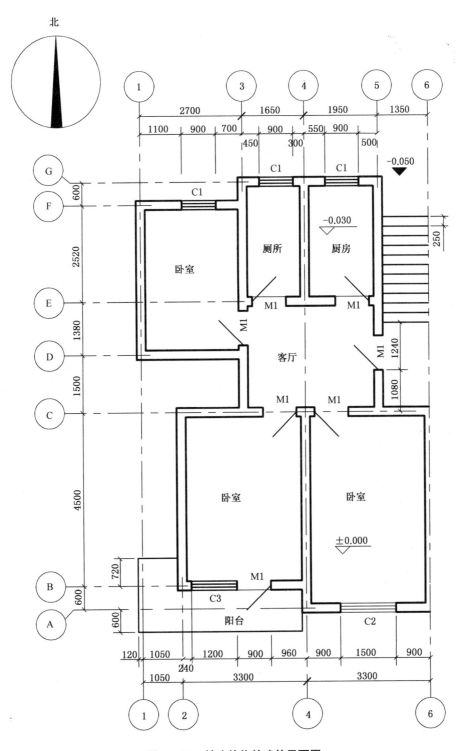

图 15-77 某建筑物的建筑平面图

他的定位轴线。用圆命令和多行文字绘制定位轴线编号。

②　绘制墙体

墙体是双线,应用多线命令绘制比较合适。具体操作见第 15.8.2 节多线的绘制和编辑。

③　绘制门、窗

由于图中门窗的形式相同,只是尺寸略有不同,所以可以首先创建门窗图块,然后在使用时按比例直接插入即可。具体操作见第 15.7 节图块。

④　绘制阳台、楼梯

⑤　尺寸标注

需要用到的标注类型有线性标注、连续标注。具体操作见第 15.6 节尺寸标注。

⑥　书写文字

用多行文字命令书写房间的名称及门窗编号等。

参考文献

1　唐人卫,等. 画法几何及土木工程制图. 南京:东南大学出版社,2006

2　何铭新,等. 画法几何及土木工程制图. 武汉:武汉工业大学出版社,2002

3　孙靖立,等. 现代工程图学. 呼和浩特:内蒙古大学出版社,2006

4　许松照,等. 画法几何与阴影透视. 北京:中国建筑工业出版社,1989

5　于习法,等. 画法几何及土木工程制图. 南京:东南大学出版社,2010

6　钱可强,等. 建筑制图. 北京:化学工业出版社,2003

7　肖明和,等. 建筑工程制图. 北京:北京大学出版社,2009

8　乐颖辉,等. 建筑工程制图. 青岛:中国海洋大学出版社,2010

9　莫章金,等. 建筑工程制图与识图. 北京:高等教育出版社,2007

10　罗康贤,等. 建筑工程制图与识图. 广州:华南理工大学出版社,2008

11　周玉明,等. 画法几何与建筑制图. 北京:清华大学出版社,2008

12　汪颖,等. 画法几何与建筑工程制图. 北京:科学出版社,2004

13　王莹,等. AutoCAD与土木工程绘图. 北京:中国电力出版社,2008